变电站运行与检修技术丛书

110kV 变电站
开关设备检修技术

丛书主编　杜晓平

本书主编　王翊之　方　凯

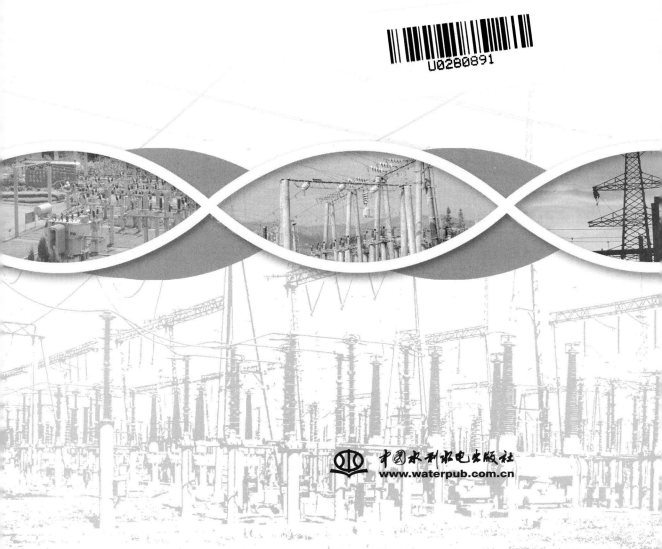

中国水利水电出版社
www.waterpub.com.cn

内 容 提 要

  本书是《变电站运行与检修技术丛书》之一。本书结合多年来现场工作的宝贵经验，主要介绍了 110kV 变电站开关设备检修技术。全书共分 26 章，主要介绍了高压开关的基本知识和高压断路器、SF_6 断路器、隔离开关等的相关内容。

  本书既可作为从事变电站运行管理、检修调试、设计施工和教学等相关人员的专业参考书和培训教材，也可作为高等院校相关专业师生的教学参考用书。

图书在版编目（ＣＩＰ）数据

110kV变电站开关设备检修技术 / 王翊之，方凯主编
－－ 北京 ： 中国水利水电出版社，2016.1(2023.2重印)
（变电站运行与检修技术丛书 / 杜晓平主编）
ISBN 978-7-5170-3979-2

Ⅰ．①1… Ⅱ．①王… ②方… Ⅲ．①变电所－开关站
－设备检修 Ⅳ．①TM643

中国版本图书馆CIP数据核字(2015)第321372号

书　　名	变电站运行与检修技术丛书 **110kV 变电站开关设备检修技术**	
作　　者	丛书主编　　杜晓平 本书主编　　王翊之　方　凯	
出版发行	中国水利水电出版社 （北京市海淀区玉渊潭南路 1 号 D 座　　100038） 网址：www. waterpub. com. cn E - mail：sales@mwr. gov. cn 电话：(010) 68545888（营销中心）	
经　　售	北京科水图书销售有限公司 电话：(010) 68545874、63202643 全国各地新华书店和相关出版物销售网点	
排　　版	中国水利水电出版社微机排版中心	
印　　刷	天津嘉恒印务有限公司	
规　　格	184mm×260mm　16 开本　20.75 印张　492 千字	
版　　次	2016 年 1 月第 1 版　2023 年 2 月第 2 次印刷	
印　　数	4001—5000 册	
定　　价	**89.00 元**	

本 书 编 委 会

主　　编　王翊之　方　凯

副 主 编　郑晓东　郝力军　施首健

参编人员（按姓氏笔画排序）

　　　　吕红峰　刘松成　严明安　李一鸣　吴杰清

　　　　何正旭　陈文通　周　彪　郑　雷　高　寅

前　　言

　　全球能源互联网战略不仅将加快了世界各国能源互联互通的步伐，也势必强有力地促进国内智能电网快速发展，许多电力新设备、新技术应运而生，电网安全稳定运行面临着新形势、新任务、新挑战。这对如何加强专业技术培训，打造一支高素质的电网运行、检修专业队伍提出了新要求。因此我们编写了《变电站运行与检修技术丛书》，以期指导提升变电运行、检修专业人员的理论知识水平和操作技能水平。

　　本丛书共有六个分册，分别是《110kV 变电站保护自动化设备检修运维技术》《110kV 变电站电气设备检修技术》《110kV 变电站电气试验技术》《110kV 变电站开关设备检修技术》《110kV 变压器及有载分接开关检修技术》以及《110kV 变电站变电运维技术》。作为从事变电站运维检修工作的员工培训用书，本丛书将基本原理与现场操作相结合、理论讲解与实际案例相结合，立足运维检修，兼顾安装维护，全面阐述了安装、运行维护和检修相关内容，旨在帮助员工快速准确判断、查找、消除故障，提升员工的现场作业、分析问题和解决问题能力，规范现场作业标准化流程。

　　本丛书编写人员均为从事一线生产技术管理的专家，教材编写力求贴近现场工作实际，具有内容丰富、实用性和针对性强等特点。通过对本丛书的学习，读者可以快速掌握变电站运行与检修技术，提高自己的业务水平和工作能力。

　　本书是《变电站运行与检修技术丛书》的一本，主要内容包括高压开关设备的基础知识，高压断路器，SF_6 断路器安装及验收标准规范，SF_6 断路器状态检修，SF_6 断路器反事故技术措施要求，

SF$_6$断路器巡检项目、要求及运行维护，SF$_6$断路器 C 级检修标准化作业，SF$_6$断路器常见故障原因分析、判断及处理，隔离开关的结构和工作原理，隔离开关安装及验收标准规范，隔离开关状态检修，隔离开关反事故技术措施要求，隔离开关巡检项目及要求，隔离开关 C 级检修标准化作业，隔离开关检修工艺要求，隔离开关常见故障原因分析、判断及处理，中置式开关柜结构，中置式开关柜二次回路，中置式开关柜安装验收及质量标准，中置式开关柜状态评价导则，中置式开关柜状态检修导则，中置式开关柜反事故技术措施要求，中置式开关柜巡检项目及要求，中置式开关柜检修，中置式开关柜检修工艺，中置式开关柜常见故障原因分析、判断及处理等。

在本丛书的编写过程中得到过许多领导和同事的支持和帮助，使内容有了较大改进，在此向他们表示衷心的感谢。本丛书的编写参阅了大量参考文献，在此对其作者一并表示感谢。

由于编者水平有限，书中疏漏和不足之处在所难免，敬请广大读者批评指正。

编　者

2015 年 11 月

目　　录

第1章 高压开关设备的基础知识

高压开关设备是指在电压 1kV 及以上的电力系统中运行的户内和户外交流开关设备，主要用于电力系统（包括发电厂、变电站、输配电线路和工矿企业等用户）的控制和保护，既可根据电网运行需要将一部分电力设备或线路投入或退出运行，也可在电力设备或线路发生故障时将故障部分从电网中快速切除，从而保证电网中无故障部分的正常运行及设备、运行维修人员的安全。

1.1 高压开关设备分类

高压开关设备最常见的是断路器、隔离开关、接地开关、金属封闭开关设备（开关柜）及气体绝缘金属封闭开关设备（GIS），除此之外，还包括负荷开关、熔断器、重合器等高压设备。

1.1.1 断路器

高压断路器也称高压开关，是高压供电系统中最重要的电器之一。高压断路器是具有一套完善的灭弧装置，能关合、承载、开断运行回路正常电流，并能在规定时间内关合、承载及开断规定的过载电流（包括短路电流）的开关设备。交流高压断路器是电力系统中最重要的开关设备，它担负着控制和保护的双重任务。如果断路器不能在电力系统发生故障时迅速、准确、可靠地切除故障，就会使事故扩大，造成大面积的停电或电网事故，因此，高压断路器的好坏、性能的可靠程度是决定电力系统安全的重要因素。

根据断路器安装地点，可分为户内和户外两种。根据断路器使用的灭弧介质，可分为以下类型：

（1）油断路器：油断路器是以绝缘油为灭弧介质，可分为多油断路器和少油断路器。在多油断路器中，油不仅作为灭弧介质，而且还作为绝缘介质，因此用油量多，体积大。在少油断路器中，油只作为灭弧介质，因此用油量少，体积小，耗用钢材少。

（2）空气断路器：空气断路器是以压缩空气作为灭弧介质，此种介质防火、防爆、无毒、无腐蚀性，取用方便。空气断路器靠压缩空气吹动电弧使之冷却，在电弧达到零值时，迅速将弧道中的离子吹走或使之复合而实现灭弧。空气断路器开断能力强、开断时间短，但结构复杂、工艺要求高、有色金属消耗多。

（3）六氟化硫（SF_6）断路器：SF_6 断路器采用具有优良灭弧能力和绝缘能力的 SF_6 气体作为灭弧介质，具有开断能力强、动作快、体积小等优点，但金属消耗多，价格较贵。近年来 SF_6 断路器发展很快，在高压和超高压系统中得到广泛应用，尤其以 SF_6 断路器为主体的封闭式组合电器，是高压和超高压电器的重要发展方向。

（4）真空断路器：真空断路器是在高度真空中灭弧。真空中的电弧是在触头分离时电极蒸发出来的金属蒸汽中形成的。电弧中的离子和电子迅速向周围空间扩散。当电弧电流到达零值时，触头间的粒子因扩散而消失的数量超过产生的数量时，电弧即不能维持而熄灭。真空断路器开断能力强、开断时间短、体积小、占用面积小、无噪声、无污染、寿命长，可以频繁操作，检修周期长。

此外，还有磁吹断路器和自产气断路器，它们具有防火防爆，使用方便等优点，但是一般额定电压不高，开断能力不大，主要用作配电系统。

对高压断路器的基本要求：断路器在电力系统中承担着非常重要的任务，不仅能接通或断开负荷电流，而且还能断开短路电流。因此，断路器必须满足以下基本要求：

（1）在合闸状态时应为良好的导体。

（2）在分闸状态时应具有良好的绝缘性具有足够的开断能力。

（3）在开断规定的短路电流时，应有足够的开断能力和尽可能短的开断时间。

（4）在接通规定的短路电流时，短时间内断路器的触头不能产生熔焊等情况。

（5）具有自动重合闸性能。

（6）在制造厂给定的技术条件下，高压断路器要能长期可靠地工作，有一定的机械寿命和电气寿命要求。

此外，高压断路器还应具有结构简单、安装和检修方便、体积小、重量轻等优点。

电力系统对交流高压断路器的要求主要有：

（1）绝缘能力。高压断路器长期运行在高电压下，需有一定的绝缘承受能力，能够长期承受断路器额定电压及以下电压，并能短时承受允许范围的工频过电压、操作过电压和雷电过电压，而其绝缘性能不发生劣化。要求高压断路器对地及断口间具有良好的绝缘性能，在额定电压及允许的过电压下不致发生绝缘破坏，在额定电压下长期运行时，绝缘寿命在允许范围内。

（2）通流能力。断路器能够长期承受额定电流及以下电流，其温升不超过规定允许值。并能短时承受规定范围内的短路电流，其电气和机械性能不发生劣化。要求高压断路器在合闸状态下为良好导体，不仅对正常负荷电流而且对规定的短路电流也能承受其发热和电动力的作用。

（3）关合、开断能力。断路器能在规定时间内可靠开断其标称额定短路电流及范围内的电流，而不发生重燃和重击穿，在规定时间内能可靠关合规定范围内的故障电流而不致发生熔焊，能承受其电动力影响而不致发生机械破坏。必要时还要开断和关合空载长线路或电容器组等电容负荷，以及开断空载变压器或高压电机等小电感负荷。

（4）动作特性要求。断路器的动作特性应满足电力系统稳定的要求，尽可能缩短切除故障的时间，减轻短路电流对其他电力设备的冲击，提高输送能力和系统的稳定性。

（5）运行环境要求。断路器能够在允许的外部自然环境中长期运行，其性能不发生劣化，且使用寿命不受影响。

（6）自我防护功能。断路器应具备一定的自保护功能，通常有防跳跃功能、操作压力低闭锁功能、SF_6压力低闭锁功能、防止非全相运行功能等。

（7）二次接口要求。断路器的监视回路、控制回路应能与保护系统、监控系统可靠接口。

（8）使用寿命要求。断路器的使用寿命能够满足电力系统要求，包括机械寿命和电气寿命。

1.1.2　隔离开关

隔离开关是发电厂和变电站电气系统中重要的开关电器，通常需与高压断路器配套使用，其主要功能是保证高压电器及装置在检修工作时的安全，起隔离电压的作用，不能用于切断、投入负荷电流和开断短路电流，仅可用于不产生强大电弧的某些切换操作，即是说它不具有灭弧功能。它在分闸位置时，触头间有符合规定要求的绝缘间隙和明显的断开标志；在合闸位置时，能承载正常回路条件下负荷电流及在规定时间内异常条件下故障电流的开关设备。当回路电流"很小"时，或者当隔离开关每极的两接线端之间的电压在关合和开断前后无显著变化时，隔离开关具有关合和开断回路电流的能力。

高压隔离开关的触头全部敞露在空气中，具有明显的断开点，隔离开关没有灭弧装置，因此不能用来切断负荷电流或短路电流，否则在高压作用下，断开点将产生强烈电弧，并很难自行熄灭，甚至可能造成飞弧（相对地或相间短路），烧损设备，危及人身安全，这就是所谓"带负荷拉隔离开关"的严重事故。高压隔离开关还可以用来进行某些电路的切换操作，以改变系统的运行方式。例如在双母线电路中，可以用高压隔离开关将运行中的电路从一条母线切换到另一条母线上。隔离开关种类多，一般可按下列几种方法分类。

（1）按安装地点分，可分为户内式和户外式。

（2）按闸刀运动方式分，可分为水平旋转式、垂直旋转式和插入式。

（3）按每相支柱绝缘子数目分，可分为单柱式、双柱式和三柱式。

（4）按操作特点分，可分为单极式和三极式。

（5）按有无接地闸刀分，可分为带接地闸刀和无接地闸刀。

隔离开关应满足下列要求。

（1）隔离开关应有明显的断开点，以易于鉴别电气设备是否与电源断开。

（2）隔离开关断开点间有足够的绝缘距离，以保证在过电压及相间闪络的情况下，不致引起击穿而危机工作人员的安全。

（3）应具有足够的短路稳定性，不能因电动力的作用而自动断开，否则将引起严重事故。

（4）要求结构简单，动作可靠。

（5）主隔离开关与接地隔离开关间要相互联锁，以保证先断开隔离开关，后闭合接地闸刀；先断开接地闸刀，后闭合隔离开关的操作顺序。

1.1.3　接地开关

接地开关是作为检修时保证人身安全，用于接地的一种机械接地装置。接地开关通常有两种：检修接地开关和快速接地开关。检修接地开关配置在断路器两侧隔离开关旁边，仅起到断路器检修时两侧接地的作用。在对电气设备进行检修时，对于可能送电至停电设备的各个方向或停电设备可能产生感应电压的都要合上接地开关（或挂上接地线），这是为了防止检修人员在停电设备（或停电工作点）工作时突然来电，确保检修人员人身安全的可靠安全措施，同时开关柜所断开的电器设备上的剩余电荷，也可由接地开关合上接地而释放殆尽。而快速接地开关配置在出线回路的出线隔离开关靠线路一侧，它有两个作用：

（1）开合平行架空线路由于静电感应产生的电容电流和电磁感应产生电感电流。

（2）当外壳内部绝缘子出现爬电现象或外壳内部燃弧时，快速接地开关降主回路快速接地，利用断路器切除故障电流，一般快速接地开关是用在 110kV 以上的 GIS 高压设备上。

接地开关在异常条件（如短路）下可在规定时间内承载规定范围内的异常电流；但在正常回路条件下，不要求承载电流。快速接地开关有关合短路电流的能力要求。大部分接地开关是与隔离开关组装成一体的，这样不仅能节省成本与空间，还能与隔离开关组成可靠的联锁。

1.1.4 金属封闭开关设备（开关柜）

金属封闭开关设备（开关柜）又称成套开关或成套配电装置。它是以断路器为主的电气设备；是指生产厂家根据电气一次主接线图的要求，将有关的高低压电器（包括控制电器、保护电器、测量电器）以及母线、载流导体、绝缘子等装配在封闭的或敞开的金属柜体内，作为电力系统中接受和分配电能的装置。金属柜体不仅能保护内部的电气设备，还能防止运行维护人员受到电气设备的伤害。开关柜设计成具有防护"五防"要求中功能：防止误分误合断路器、防止带电分合隔离开关、防止带电合接地开关、防止带接地分合断路器、防止误入带电间隔。

1.1.5 气体绝缘金属封闭开关

气体绝缘金属封闭开关设备（Gas Insulated Switchgear，GIS）由断路器、隔离开关、接地开关、互感器、避雷器、母线、连接件和出线终端等组成，这些设备或部件全部封闭在金属接地的外壳中，在其内部充有一定压力的 SF_6 绝缘气体，故也称 SF_6 全封闭组合电器。GIS 设备自 20 世纪 60 年代实用化以来，已广泛运行于世界各地。GIS 不仅在高压、超高压领域被广泛应用，而且在特高压领域也被使用。与常规敞开式变电站相比，GIS 的优点在于结构紧凑、占地面积小、可靠性高、配置灵活、安装方便、安全性强、环境适应能力强，维护工作量很小，其主要部件的维修间隔不小于 20 年。

高压配电装置的型式有以下类型：

（1）空气绝缘的常规配电装置（Air Insulated Switchgear，AIS）。其母线裸露直接与空气接触，断路器可用瓷柱式或罐式。

（2）混合式配电装置（Hybrid Gas Insulated Switchgear，H-GIS）。母线采用开敞式，其他均为 SF_6 气体绝缘开关装置。

（3）SF_6 气体绝缘全封闭配电装置。

GIS 是运行可靠性高、维护工作量少、检修周期长的高压电气设备，其故障率只有常规设备的 20%～40%，但 GIS 也有其固有的缺点，由于 SF_6 气体的泄漏、外部水分的渗入、导电杂质的存在、绝缘子老化等，都可能导致 GIS 内部闪络故障。GIS 的全密封结构使故障的定位及检修比较困难，检修工作繁杂，事故后平均停电检修时间比常规设备长，其停电范围大，常涉及非故障元件。

1.1.6　熔断器及负荷开关

熔断器是最简单的保护电器，俗称保险丝。它的主要功能是保护电气设备免受过载和短路电流的损害。按安装条件及用途选择不同类型高压熔断器，如屋外跌落式、屋内式等，对于一些专用设备的高压熔断器应选专用系列。

负荷开关的构造与隔离开关相似，只是加装了简单的灭弧装置。它的工作原理与熔断器相通，也是有一个明显的断开点，有一定的断流能力，可以带负荷操作，但不能直接断开短路电流，如果需要，要依靠与它串接的高压熔断器来实现。

1.1.7　重合器

交流高压自动重合器简称重合器，是一种自具控制（即本身具备故障电流检测和操作顺序控制与执行功能，无需提供附加继电保护和操作装置）及保护功能的高压开关设备；它能够自动检测通过重合器主回路的电流，故障时按反时限保护自动开断故障电流，并依照预定的延时和顺序进行多次地重合。国内重合器使用较少，国外一般将其用在变电所内作为配电线路的出线保护设备，或用在配电线路中部和重要分支线入口作为线路分段保护设备。重合器可装在户外柱上，无需附加控制和操动装置，可省去操作电源和继电保护屏，也不必修建配电间，故占地小，土建费用低。重合器的使用寿命长，维护工作量小。

1.2　高压开关设备的主要技术参数

高压开关设备在使用过程中需满足运行情况的要求，通常以开关设备的主要技术参数来说明。选用开关设备时需对有关的技术参数进行校核，确认设备是否满足技术要求。

1.2.1　绝缘性能

表示高压开关设备性能的参数有许多方面，作为高压电器，绝缘的要求非常重要。通常有以下参数可用来表示开关设备的绝缘性能。

（1）额定电压（标称电压）U_e。它是表征高压开关设备绝缘强度的参数，它是高压开关设备在规定的使用和性能条件下能连续运行的最高电压，并以它确定高压开关设备的有关试验条件。为了适应电力系统工作的要求，断路器又规定了与各级额定电压相应的最高工作电压。对 3～220kV 各级，其最高工作电压较额定电压约高 15%；对 330kV 及以上，最高工作电压较额定电压约高 10%。断路器在最高工作电压下，应能长期可靠地工作。在高压开关行业中，额定电压以前称为"最高电压"。

（2）额定操作（雷电）冲击耐受电压。雷电冲击耐压电压是检验设备绝缘耐受雷电冲击电压的能力。操作冲击耐受电压是检验设备绝缘耐受在倒闸操作时产生操作过电压的能力。这些指标对高压断路器的安全运行有着重要的意义。

1.2.2 通流能力

除了绝缘的要求，开关设备要求具有通过各种电流的能力，主要的参数如下。

（1）额定电流 I_n。它是表征在规定的正常使用和性能条件下断路器通过长期电流能力的参数，即断路器允许连续长期通过时，各部分的发热温升不超过国家标准允许值的最大电流。

（2）动稳定电流。它是表征断路器通过短时电流能力的参数，反映断路器承受短路电流电动力效应的能力。断路器在合闸状态下或关合瞬间，允许通过的电流最大峰值，称为电动稳定电流，又称为极限通过电流。断路器通过动稳定电流时，不能因电动力作用而损坏。

（3）热稳定电流和热稳定电流的持续时间：热稳定电流也是表征断路器通过短时电流能力的参数，但它反映断路器承受短路电流热效应的能力。热稳定电流是指断路器处于合闸状态下，在一定的持续时间内，所允许通过电流的最大周期分量有效值，此时断路器不应因短时发热而损坏。国家标准规定：断路器的额定热稳定电流等于额定开断电流。额定热稳定电流的持续时间为 2s，需要大于 2s 时，推荐 4s。

高压断路器还需接通、开断电流，通过以下参数来表征断路器接通、开断电流的能力。

（1）额定开断电流 I_{cs}。它是表征断路器开断能力的参数。在额定电压下，断路器能保证可靠开断的最大电流，称为额定开断电流，其单位用断路器触头分离瞬间短路电流周期分量有效值的千安数表示。当断路器在低于其额定电压的电网中工作时，其开断电流可以增大。但受灭弧室机械强度的限制，开断电流有一最大值，称为极限开断电流。

（2）额定短路关合电流。它是表征断路器关合电流能力的参数。因为断路器在接通电路时，电路中可能预伏有短路故障，此时断路器将关合很大的短路电流。这样，一方面由于短路电流的电动力减弱了合闸的操作力，另一方面由于触头尚未接触前发生击穿而产生电弧，可能使触头熔焊，从而使断路器造成损伤。断路器能够可靠关合的电流最大峰值，称为额定关合电流。额定关合电流和动稳定电流在数值上是相等的，两者都等于额定开断电流的 2.55 倍。

（3）额定背对背关合电容器组涌流。单组电容器投入时，所产生的涌流一般在电容器额定电流的十几倍，最高在二十几倍。第二组电容器再投入时，除由电源对电容器产生涌流外，已充电的第一组电容器也要对第二组进行充电，形成涌流，由于两组电容器的安装位置很近，其间电感很小，通常只有几个微亨。因此，投入第二组电容器时，第一组电容器向第二组电容器充电会产生很大的涌流，比投入第一组时要严重得多。若有更多组电容器，同理，后投入者的涌流将更大。额定背对背电容器组开断电流，是断路器在其额定电压和本标准规定的使用和性能条件下应能开断的最大电容电流，开断时不得出现重击穿，在运行中操作过电压未超过规定的最大允许值。

1.2.3 机械性能

断路器的机械性能直接决定断路器的各种电气性能，还关系到断路器的运行寿命。表征断路器的机械性能的参数如下：

（1）合闸时间与分闸时间。这是表征断路器操作性能的参数。各种不同类型的断路器的分、合闸时间不同，但都要求动作迅速。合闸时间是指从断路器操动机构合闸线圈接通到主触头接触这段时间，断路器的分闸时间包括固有分闸时间和熄弧时间两部分。固有分闸时间是指从操动机构分闸线圈接通到触头分离这段时间。熄弧时间是指从触头分离到各相电弧熄灭为止这段时间。所以，分闸时间也称为全分闸时间。

（2）操作循环。这也是表征断路器操作性能的指标。架空线路的短路故障大多是暂时性的，短路电流切断后，故障即迅速消失。因此，为了提高供电的可靠性和系统运行的稳定性，断路器应能承受一次或两次以上的关合、开断、或关合后立即开断的动作能力。此种按一定时间间隔进行多次分、合的操作称为操作循环。我国规定断路器的额定操作循环如下：

自动重合闸操作循环：分 $\underline{\quad t' \quad}$ 合分 $\underline{\quad t \quad}$ 合分

非自动重合闸操作循环：分 $\underline{\quad t \quad}$ 合分 $\underline{\quad t \quad}$ 合分

其中　分——分闸动作；

合分——合闸后立即分闸的动作；

t'——无电流间隔时间，即断路器断开故障电路，从电弧熄灭起到电路重新自动接通的时间，标准时间为 0.3s 或 0.5s，也即重合闸动作时间；

t——为运行人员强送电时间，标准时间为 180s。

1.3　电　弧　理　论

高压开关设备在使用过程中其技术参数需满足运行情况的要求（技术参数的意义），通常在设备选择时已经校核过相关的技术参数，但在运行过程中可能有些要求可能发生改变，此时需对有关的技术参数重新进行校核，确认设备是否满足技术要求。

1.3.1　电弧现象

电弧是一种能量集中、温度很高、亮度很强的放电现象。如 10kV 少油断路器开断 20kA 的电流时，电弧功率高达 10000kW 以上，造成电弧及其附近区域的介质发生极其强烈的物理、化学变化，可能烧坏触头及触头附近的其他部件。如果电弧长期不灭，将会引起电器被烧毁甚至爆炸事件，危及电力系统的安全运行，造成重大损失。所以，切断电路时，必须尽快熄灭电弧。

电弧是导体。开关电器的触头虽然已经分开，但是触头间如有电弧存在，电路就还没有断开，电流仍然存在。

电弧是一种自持放电现象，即电弧一旦形成，维持电弧稳定燃烧所需的电压很低。如，大气中 1cm 长的直流电弧的弧柱电压只有 15～30V，在变压器油中也不过 100～200V。

电弧是一束游离气体，质量很轻，容易变形，在外力作用下（如气体、液体的流动或电动力作用）会迅速移动、伸长或弯曲，对敞露在大气中的电弧尤为明显。例如在大气中开断交流 110kV、5A 的电流时，电弧长度超过 7m。电弧移动速度可达每秒几十米至几百米。

在开关电器中，电弧的存在延长了开断故障电路的时间，加重了电力系统短路故障的危害。电弧产生的高温，将使触头表面熔化和蒸化，烧坏绝缘材料。对充油电气设备还可能引起着火、爆炸等危险。另外由于电弧在电动力、热力作用下能移动，很容易造成飞弧短路和伤人，或引起事故的扩大。

1.3.2 电弧的产生与维持

开关电器中电弧的形成是触头间具有电压以及绝缘介质分子被游离的结果。其主要的游离方式有强电场发射、热电子发射、碰撞游离及热游离。

1.3.2.1 强电场发射

开关电器触头开始分离时，触头间距很小，即使电压很低，只有几百伏甚至几十伏，但是电场强度却很大。由于上述原因，阴极表面可能向外发射电子，这种现象称为强电场发射。

1.3.2.2 热电子发射

触头是由金属材料制成的，在常温下，金属内部就存在大量的自由电子，当开关开断电路时，在触头分离的瞬间，一方面动静触头间的压力不断下降，接触面积减小，因而接触电阻增大，温度剧升；另一方面，由于大电流被切断，在阴极上出现强烈的炽热点，从而有电子从阴极表面向四周发射，这种现象称为热电子发射。发射电子的多少与阴极材料及表面温度有关。

1.3.2.3 碰撞游离

从阴极表面发射出来的电子，在电场力的作用下向阳极作加速运动。并不断与中性质点碰撞，如果电场足够强，电子所受的力足够大，且两次碰撞间的自由行程足够大，电子积累的能量足够多，则发生碰撞时就可能使中性质点发生游离，产生新的自由电子和正离子，这种现象称为碰撞游离。新产生的自由电子在电场中作加速运动又可能与中性质点发生碰撞而产生碰撞游离，结果使触头间充满大量自由电子和正离子，使触头间电阻很小，在外加电压作用下，带电粒子作定向运动形成电流，使介质击穿而形成电弧。

1.3.2.4 热游离

处于高温下的中性质点由于高温而产生强烈的热运动，相互碰撞而发生的游离称为热游离。作用为维持电弧的燃烧。一般气体发生热游离的温度为 9000～10000℃，而金属蒸汽约为 4000～5000℃。因为电弧中总有一些金属蒸汽，而弧柱温度在 5000℃ 以上，所以热游离足以维持电弧的燃烧。

电弧的形成过程实际上是一个连续的过程。最初，由阴极借强电场和热电子发射提供起始自由电子，然后由碰撞游离而导致介质击穿，产生电弧，最后靠热游离来维持。

1.3.3 电弧的去游离

在开关电器的触头间，绝缘介质通过游离产生了电弧。然而在游离的同时，还存在着一种与游离相反的过程，即在电弧中，介质因游离而产生大量带电粒子的同时，还会发生带电粒子消失的相反过程，称为去游离。若游离作用大于去游离作用，则电弧电流增大，电弧愈加强烈燃烧；若游离作用等于去游离作用，则电弧电流不变，电弧稳定燃烧；若游离作用小于去游离作用，则电弧电流减小，电弧最终熄灭。所以，要熄灭电弧，必须采取措施加强去游离作用而削弱游离作用。去游离的方式主要有复合与扩散两种。

1.3.3.1 复合

异号带电粒子相互吸引而中和成中性质点的现象。在电弧中，电子的运动速度远大于正离子，所以电子与正离子直接复合的可能性很小，复合是借助于中性质点进行的，即电子在运动过程中，先附着在中性质点上，形成负离子，然后质量和运动速度大致相等的正、负离子复合成中性质点。但复合过程只有在离子运动的相对速度不大时才有可能。若利用液体或气体吹弧，或将电弧挤入绝缘冷壁做成的狭缝中，都能迅速冷却电弧，减小离子的运动速度，加强复合过程，此外增加气体压力，使气体密度增加，也是加强复合过程的措施。

1.3.3.2 扩散

扩散是弧柱内带电粒子逸出弧柱以外进入周围介质的一种现象。扩散是由于带电粒子不规则的运行，以及电弧内带电粒子的密度大于电弧外，电弧中的温度远高于周围介质温度造成的。电弧和周围介质温差越大，以及带电粒子密度差越大，扩散作用越强。在高压断路器中，常采用气体吹弧，带走大量带电粒子，以加强扩散作用，扩散出来的正负离子，因冷却而加强复合，成为中性质点。

1.3.4 影响去游离的因素

1.3.4.1 电弧温度

电弧是由热游离维持的，降低电弧温度就可以减弱热游离，减少新的带电质点的产生。同时，也减小了带电质点的运动速度，加强了复合作用。通过快速拉长电弧，用气体或油吹动电弧，或使电弧与固体介质表面接触等，都可以降低电弧的温度。

1.3.4.2 介质的特性

电弧燃烧时介质的特性在很大程度上决定了电弧中去游离的强度，这些特性包括导热系数、热容量、热游离温度、介电强度等。若这些参数值越大，则去游离过程就越强，电弧就越容易熄灭。

1.3.4.3 气体介质的压力

气体介质的压力对电弧去游离的影响很大。因为，气体的压力越大，电弧中质点的浓度就越大，质点间的距离就越小，复合作用越强，电弧就越容易熄灭。在高度的真空中，由于发生碰撞的几率减小，抑制了碰撞游离，而扩散作用却很强。因此，真空是很好的灭弧介质。

1.3.4.4 触头材料

触头材料也影响去游离的过程。当触头采用熔点高、导热能力强和热容量大的耐高温金属时，减少了热电子发射和电弧中的金属蒸汽，有利于电弧熄灭。

1.3.5 电弧的熄灭原理

1.3.5.1 直流电弧的熄灭

在稳定燃烧着的直流电弧中，游离质点数是不变的，因而电弧电流为一常数。要使电弧熄灭，必须使电弧电压大于电源电压与电路的负载电阻电压降之差。其物理意义是，当电源电压不足以维持稳态电弧电压及电路负载电阻电压降时，将引起电弧电流的减小，于是电弧开始不稳定燃烧，电流将继续减小直到零，电弧即自行熄灭。在直流电路中，负载电流越大，触头断开时产生的电弧越不容易熄灭。

在直流电路中，总存在有电感，当断开直流电路时，由于电流的迅速减小，必然要在电路中产生自感电动势。此电动势加到电源电压上，会引起操作过电压，过电压值的大小取决于电感的大小和电流的变化率。电弧的去游离越强，则电流的变化率越大，操作过电压值也越高。因此，断开直流电路用的开关电器，不宜采用灭弧能力特别强的灭弧装置。

直流电弧熄灭的方法常有：①增大回路电阻法；②将长电弧分割为多个短电弧；③增大电弧长度；④使电弧与耐弧度绝缘材料紧密接触。

1.3.5.2 交流电弧的熄灭

在交流电路中，电流的瞬时值不断地随时间变化，因此电弧的特性应是动态特性，并且交流电流每半个周期经过一次零值。电流过零值时，电弧自动熄灭。如果电弧是稳定燃烧的，则电弧电流过零熄灭后，在另外半个周期又会重新燃烧。

在交流电路中，电流瞬时值随时间变化，因而电弧的温度、直径以及电弧电压也随时间变化，电弧的这种特性称为动特性。由于弧柱的受热升温或散热降温都有一定过程，跟不上快速变化的电流，所以电弧温度的变化总滞后于电流的变化，这种现象称为电弧的热惯性。

交流电弧电压变化曲线如图 1-1 所示，经过对图 1-1 的分析，可见交流电弧在交流电流自然过零时将自动熄灭，但在下半周随着电压的增高，电弧又重燃。如果电弧过零后，电弧不发生重燃，电弧就此熄灭。

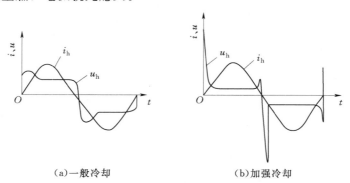

(a)一般冷却　　　　　　　　　　(b)加强冷却

图 1-1　交流电弧电压变化曲线

1.3.5.3 交流电弧的熄灭条件

交流电弧是否重燃决定于弧隙内介质电强度和加在弧隙上的电压。在交流电弧中，电流自然过零时，弧中有两个相联系的过程同时存在，即电压恢复过程和介质电强度恢复过程。一方面弧隙介质强度随去游离的加强而逐渐恢复；另一方面，加于弧隙的电压将按一定规律由熄弧电压恢复到电源电压，使游离作用加强。因此，电流过零后，如果弧隙介质强度的恢复速度大于弧隙电压的恢复速度时，弧隙就不会再次被击穿，否则，电弧将重燃。

弧隙介质能够承受外加电压作用而不致使弧隙击穿的电压称为弧隙的介质强度。当电弧电流过零时电弧熄灭，而弧隙的介质强度要恢复到正常状态值还需一定的时间，此恢复过程称之为弧隙介质强度的恢复过程，以耐受的电压 $u_j(t)$ 表示。

电流过零前，弧隙电压呈马鞍形变化，电压值很低，电源电压的绝大部分降落在线路和负载阻抗上。电流过零时，弧隙电压正处于马鞍形的后峰值处。电流过零后，弧隙电压从后峰值逐渐增长，一直恢复到电源电压，这一过程中的弧隙电压称为恢复电压，其电压恢复过程以 $u_h(t)$ 表示。

如果弧隙介质强度在任何情况下都高于弧隙恢复电压，则电弧熄灭；反之，如果弧隙恢复电压高于弧隙介质强度，弧隙就被击穿，电弧重燃。因此，交流电弧的熄灭条件为：

$$u_j(t) > u_h(t)$$

式中　$u_j(t)$ ——弧隙介质强度；

　　　$u_h(t)$ ——弧隙恢复电压。

恢复电压与介质强度曲线如图 1-2 所示。

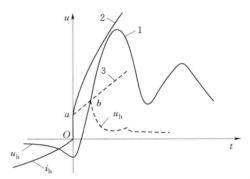

图 1-2　恢复电压与介质强度曲线
1—弧隙恢复电压曲线；2、3—弧隙介质强度曲线

1.3.6　熄灭交流电弧的基本方法

高压断路器中利用各种预先设计好的灭弧室，使气体或油在电弧高温下产生巨大压力，并利用喷口形成强烈吹弧。即起到对流换热、强烈冷却弧隙的作用，又起到部分取代原弧隙中游离气体或高温气体的作用。电弧被拉长、冷却变细，复合加强，同时吹弧也有利于扩散，最终使电弧熄灭。

为了加强冷却，抑制热游离，增强去游离，在开关电器中装设专用的灭弧装置或使用特殊的灭弧介质，以提高开关的灭弧能力。在灭弧室的设计时，常采用以下措施提高灭弧能力。

1. 采用灭弧能力强的灭弧介质

灭弧介质的特性，如导热系数、电强度、热游离温度、热容量等，对电弧的游离程度具有很大影响，这些参数值越大，去游离作用就越强。在高压开关设备中，广泛采用变压器油、压缩空气、SF$_6$ 气体、真空等作为灭弧介质。变压器油在电弧高温的作用下，分解出大量氢气和油蒸汽，氢气的绝缘和灭弧能力是空气的 7.5 倍。压缩空气分子密度大，质点的自由行程小，不易发生游离。SF$_6$ 气体具有良好的负电性，氟原子吸附电子能力很强，能迅速捕捉自由电子形成负离子，对复合有利。气体压力低于 133.3×10^{-4} Pa 真空介质，气体稀薄，弧隙中的自由电子和中性质点都很少，碰撞游离的可能性大大减少，而且弧柱内与弧柱外带电粒子的浓度差和温差都很大，有利于扩散。其绝缘能力比变压器油、1 个大气压下的 SF$_6$、空气都大。

2. 利用气体或油吹弧

用新鲜而且低温的介质吹拂电弧时，可以将带电质点吹到弧隙以外，加强扩散，由于电弧被拉长变细，使弧隙的电导下降。吹弧还使电弧的温度下降，热游离减弱，复合加快。熄灭交流电弧的关键在于电弧电流过零后，弧隙的介质强度的恢复过程能否始终大于弧隙电压的恢复过程。

吹弧气流产生的方法有以下方面：

（1）用油气吹弧。用油气作吹弧介质的断路器称为油断路器。在这种断路器中，有用专用材料制成的灭弧室，其中充满了绝缘油。当断路器触头分离产生电弧后，电弧的高温使一部分绝缘油迅速分解为氢气、乙炔、甲烷、乙烷、二氧化碳等气体，其中氢的灭弧能力是空气的 7.5 倍。这些油气体在灭弧室中积蓄能量，一旦打开吹口，即形成高压气流吹弧。

（2）用压缩空气或 SF_6 气体吹弧。将 20 个左右大气压的压缩空气或 5 个大气压左右的 SF_6 气体先储存在专门的储气罐中，断路器分闸时产生电弧，随后打开喷口，用具有一定压力的气体吹弧。

（3）产气管吹弧。产气管由纤维、塑料等有机固体材料制成，电弧燃烧时与管的内壁紧密接触，在高温作用下，一部分管壁材料迅速分解为氢气、二氧化碳等，这些气体在管内受热膨胀，增高压力，向管的端部形成吹弧。

吹弧的方向有纵吹与横吹两种方式。吹弧的介质（气流或油流）沿电弧方向的吹拂称为纵吹，纵吹能促使弧柱中的带电质点向外扩散，使新鲜介质更好地与炽热电弧接触，加强电弧的冷却，有利于迅速灭弧。横吹时气流或油流的方向与触头运动方向是垂直的，或者说与电弧轴线方向垂直。横吹不但能加强冷却和增强扩散，还能将电弧迅速吹弯吹长。有介质灭弧栅的横吹灭弧室，栅片能更充分地冷却和吸附电弧，加强去游离。横吹灭弧室在开断小电流时因室内压力太小，开断性能较差。为了改善开断小电流时的灭弧性能，一般断路器将纵吹和横吹结合起来。在大电流时主要靠横吹，小电流时主要靠纵吹，这就是纵横吹灭弧室。

3. 采用特殊的金属材料作灭弧介质

触头材料对电弧中的去游离也有一定影响，采用铜、钨合金和银、钨合金等熔点高、导热系数和热容量大的耐高温金属制作触头，有较高的抗电弧、抗熔焊能力，可以减少热电子发射和金属蒸汽，从而减弱了游离过程，有利于熄灭电弧。

4. 采用多断口熄弧

每一相有两个或多个断口相串联。在熄弧时，多断口把电弧分割成多个相串联的小电弧段。在相同的触头行程下电弧拉长速度和长度比单断口大，导致弧隙的电阻增加；在触头行程、分闸速度相同的情况下，电弧被拉长的速度成倍增加，使弧隙电阻加速增大，提高了介质强度的恢复速度，缩短了灭弧时间。

采用多断口时，加在每一断口上的电压成倍减少，降低了弧隙的恢复电压，亦有利于熄灭电弧。在要求将电弧拉到同样的长度时，采用多断口结构成倍减小了触头行程，也就减小了开关电器的尺寸。

5. 提高断路器触头的分离速度

迅速拉长电弧，可使弧隙的电场强度骤降，同时使电弧的表面积突然增大，增加电弧与周围介质的接触面积，有利于电弧的冷却及带电质点的扩散和复合，从而加速电弧的熄灭。因此，现代高压开关中都采取了迅速拉长电弧的措施灭弧，如采用强力分闸弹簧，其分闸速度已达 16m/s 以上。

6. 将长电弧分割成短电弧

将灭弧装置设计成一个金属栅灭弧罩，利用灭弧罩将电弧分为多个串联的短弧方法来灭弧。由于受到电磁力的作用，电弧从金属栅片的缺口处被引入金属栅片内，一束长弧就被多个金属片分割成多个串联的短弧。如果所有串联短弧阴极区的起始介质强度或阴极区的电压降的总和永远大于触头间的外施电压，电弧就不再重燃而熄灭。

7. 利用固体介质的狭缝或狭沟灭弧

电弧与固体介质紧密接触时，固体介质在电弧高温的作用下分解而产生气体，狭缝或狭沟中的气体因受热膨胀而压力增大，同时由于附着在固体介质表面的带电质点强烈复合和固体介质对电弧的冷却，使去游离作用显著增大。

1.4 电 接 触

高压开关设备在使用过程中其技术参数需满足运行情况的要求（技术参数的意义），通常在设备选择时已经校核过相关的技术参数，但在运行过程中可能有些要求发生改变，此时需对有关的技术参数重新进行校核，确认设备是否满足技术要求。

1.4.1 电气触头的基本知识

1.4.1.1 触头的概念

两个或多个导体通过机械方式接触，从而可以使电流通过的状态称为电接触，如母线或导线的接触连接处以及开关电器中的动、静触头。

1.4.1.2 电接触内表面的情况

两导体相互接触时，其微观并不简单。首先，两接触面之间的接触不是整个面的全部。任何接触表面，虽然用肉眼看起来很平坦光滑，但在显微镜下观察都是凸凹不平的。当两接触面刚接触时，如果两导体是钢体，则实际接触在一起的最多只有三个点。当然，实际接触材料的硬度不可能无限大，在外力作用下材料都会产生变形。此时，在外压力的作用下，接触材料会发生变形，这种变形包括弹性变形及塑形变形。外压力越大，接触材料变形越多，造成实际接触点越多。

另外，空气中放置的普通金属材料，例如铜，其表面往往会与氧作用，生成电阻率很高的的氧化膜。当具有氧化膜的两金属表面接触时，在实际接触斑点内，只有氧化膜发生破裂的地方，才有可能形成金属的直接接触，这些金属接触的斑点才是真正能导电的点，称为导电斑点。

因此，一般地说，工程应用中的电接触，实际接触斑点的总面积往往只占整个视在接触面积的千分之几（在非常强大的接触压力下，这个比值也只可能达到百分之几），而导电斑点的总面积又要比实际接触斑点的总面积小得多。

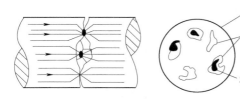

图1-3　电接触的接触斑
1—视在接触面；2—实际接触面；3—实际导电斑点

所以任何用肉眼看来磨得非常光滑的金属表面，实际上都是粗糙不平的，当两金属表面互相接触时，只有少数凸出的点（小面）发生了真正的接触，其中仅仅是一小部分金属接触或准金属接触的斑点才能导电。电接触的接触斑如图1-3所示。

1.4.1.3　导体接触电阻的构成

导线存在一定电阻值，如将导线切断后再串联起来，此时，两段导线所构成的导体电阻值大于原来的整根导线的电阻值。产生此现象的原因是电接触处存在一附加电阻，称之为接触电阻。由于接触处附近的导体本身电阻往往比接触电阻小得多，故工程实际应用中常把接触处附近导体的电阻也包含在接触电阻以内。

（1）当两金属表面互相接触时，只有少数凸出的点（小面）发生了真正的接触，其中仅仅是一小部分金属接触或准金属接触的斑点才能导电。当电流通过这些很小的导电斑点时，电流线必然会发生收缩现象，如图1-4所示。由于电流线收缩，流过导电斑点附近的电流路径增长，有效导电截面减小，因而电阻值相应增大。这个因电流线收缩而形成的附加电阻称为收缩电阻，是构成接触电阻的一个分量。

（2）由于金属表面有膜的存在，如果实际接触面之间的薄膜能导电则当电流通过薄膜时将会受到一定阻碍而有另一附加电阻，称膜电阻，它是构成接触电阻的另一个分量。空气中放置的普通金属材料，例如铜，其表面往往会与氧作用形成一层不导电的氧化膜。当具有氧化膜的两金属表面接触时，在实际接触斑点内，只有氧化膜发生破裂的地方，才有可能形成金属的直接接触，这些金属接触的斑

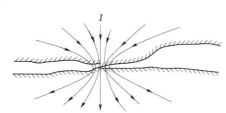

图1-4　导电斑点附近电流线收缩
情况示意图

点才是真正能导电的点，称为导电斑点。研究表明，不同的金属材料在不同的环境条件下会生成各种性质不同的表面膜，但从膜的导电性来看，主要有两类性质完全不同的表面膜：①绝缘膜。这类膜的电阻率非常大，为$10^5 \sim 10^{10} \Omega \cdot m$的数量级。它的厚度较厚，在$10^{-8} \sim 10^{-9} m$的数量级。例如普通金属表面上的氧化膜，少数贵金属表面上的硫化膜，这种膜颜色灰暗，故有暗膜之称。还有有机蒸汽环境形成的聚合物膜，某些材料在电弧作用下生成的玻璃状绝缘膜等。②导电膜。这类膜的面电阻率为$10^{-9} \sim 10^{-4} \Omega \cdot m$的数量级。它的厚度极低在$10^{-10} m$的数量级，电子可借"隧道效应"透过薄膜而导电，这类膜由"吸附"效应产生，故又称之为吸附膜。

1.4.1.4　材料性质对接触电阻的影响

构成电接触的金属材料性质直接影响接触电阻的大小，其主要影响有：

（1）导体材料的电阻率。电阻率越低，接触电阻值也越低。

（2）导体材料的硬度。硬度越低，材料容易变形，有效接触增加。

（3）化学性质。化学性质越稳定，材料表面越不容易氧化，接触电阻降低。

（4）氧化物的机械强度与电阻率。氧化物导电性能强或容易在触头分合过程中被压碎、磨损等方式去除的金属材料接触电阻低。

1.4.1.5 常用电接触材料的性质

目前常用的电接触材料有银、铜、铝、钨、金等金属或合金材料。

（1）银（Ag）。银是导电和导热性能最好的金属之一。银在空气中不易氧化，在潮湿的含硫气体中易硫化。银的氧化膜和硫化膜易分解且电阻率低，允许在较高温度的环境中运行。银的缺点是价格较贵，熔点低，在强电弧作用下易喷溅，只适用于小功率电器触头，或在接触面中作镀层材料。

（2）铜（Cu）。铜的导电和导热性能仅次于银，与银相比有较大的硬度和强度，有足够的力学强度，良好的耐蚀性，价格低，易加工。缺点是在大气中或变压器油中易氧化，生成氧化亚铜，其厚度随温度增高而增加，使接触电阻随温度和时间迅速增长。

（3）铝（Al）。铝的电阻率及硬度都不算太高；铝的严重缺点是化学性质活泼，在空气中，室温条件下很容易生成又硬又厚的氧化膜，从而使接触电阻增高。

（4）钨（W）。钨的有很高的硬度、耐热性和耐腐蚀性，因此它的抗电弧烧损、抗熔焊性能都很好。缺点是在高温下形成不导电的氧化膜，需要很大的接触力才能破坏，故适用于大功率电器触头。

（5）金（Au）。金的导电和导热性次于银和铜，突出的优点是不氧化，接触电阻稳定。金的缺点是价格贵，易于产生冷焊、变形和磨损，一般用于弱电触头或用作镀层。

1.4.1.6 电接触型式

接触的型式很多，按触头外形的几何形状不同，可分为点接触、线接触和面接触三种典型型式。

（1）点接触。一个球面与一个平面或两个球面相接触，从几何学角度看，两面接触于一点，所以称为点接触。当然，实际接触面是在一个小面积内的若干个接触点。

（2）线接触。一个圆柱面与一个平面相接触，从几何学角度看，两面接触在一条直线上，所以称线接触。当然，实际接触面是分布在狭长区域内的若干个接触点。断路器使用的玫瑰式触头就用于线接触。

（3）面接触。两平面相接触，从几何学角度看，接触面是一个平面，所以称为面接触。当然，实际接触面是分布在若干处的很多个接触点。

电接触形式如图1-5所示。

（a）点接触　　　　　　　　　（b）线接触　　　　　　　　　（c）面接触

图1-5　电接触形式

一般来说，面接触的接触点数 n 最大，收缩电阻最小；点接触 n 最少，收缩电阻最大；线接触的接触点数 n 的收缩电阻介于两者之间。

对于强电流触头，接触型式对表面电阻的影响，主要表现在每个接触点的受力上。当触头上外加压力一定时，由于面接触的接触点 n 最多，每个接触点上的压强最小，表面电阻最大；点接触 n 最少，表面电阻最小；线接触的表面电阻在两者之间。

接触电阻是收缩电阻与表面电阻的总和，因此，接触型式对接触电阻的影响就比较复杂。乍一看来，似乎面接触的接触点最多，接触电阻应最小。其实不然，在接触压力较小时，由于表面电阻的影响，面接触的接触电阻不一定比点或线接触的接触电阻小。从实测数据可以发现，当接触压力很小时，面接触的接触电阻反而更大。

固定接触的连接一般采用螺栓压紧，压力很大，可以采用面接触，使接触电阻减少。可分接触的连接一般用弹簧压紧，压力较小。考虑到装配检修的方便和工作可靠，多采用点接触或线接触。近代断路器中，可分触头及滑动、滚动接触，连接又进一步使多个线接触或点接触并联使用，使接触电阻减小，工作更加可靠，而且制造与检修也比较方便。

1.4.1.7 接触压力对电接触的影响

接触压力对接触电阻有重要影响。如果没有足够的压力只靠加大接触面的外形尺寸并不能使接触电阻显著减小。加大压力能使收缩电阻与表面电阻减小，因此，总的接触电阻也减小。

1.4.1.8 接触表面加工情况

接触表面可以是粗加工，也可以是精加工。加工精度对接触电阻有一定影响，它表现在接触点数的多少不同。实践表明，过于精细的表面加工对于降低接触电阻未必是有利的。当接触表面有一定的粗糙度，可使接触斑点有小的接触面积，以获得高的局部接触压力，同时选用适当的接触材料和结构，既可使接触材料产生变形以增加实际接触表面，还有利于压碎接触表面的绝缘膜使实际接触面积增加。在工程上常在接触面上采取打毛或滚花等方式来降低接触电阻。

1.4.2 电接触与电气触头

各种电气触头材料的选择及特点均有不同，如：银材料接触电阻低但价格昂贵，且机械强度低；铜材料的接触电阻大于银且易生成不导电的氧化层；铝材料的价格低廉，资源丰富但电气性能较差等。因此，在工程设计上要求尽量采用各种材料以保持接触方式的优点，避免缺点，使触头有更好的性能及最低的成本。

1.4.2.1 对电接触的主要要求

不良的电接触不仅会损坏开关设备，而且会引发电力系统的各种事故。为了保证电接触长时间稳定、可靠地工作，因此，对开关电器在工作过程中的电接触有以下要求：

（1）电接触在长期通过额定电流时，温升不超过国家标准规定的数值，而且温升长期保持稳定。接触电阻要求稳定。

（2）电接触在短时通过短路电流时，接触处不发生熔焊、松弛或触头材料的喷溅。

（3）在开断过程中，触头材料损失（电磨损）应尽量小。

（4）在关合过程中，接触处不应发生不能断的熔焊，且触头表面不应有严重损伤或变形。

1.4.2.2　接触电阻在长期工作中的稳定性

新加工的触头，表面氧化膜很薄，触头接触电阻较小。经过长期工作后，触头表面与周围介质起化学作用，接触电阻会不断增加。为了保证在长期工作过程中电气触头工作可靠，必须保证电气触头的接触电阻长期稳定。为此，分析造成接触电阻不稳定的原因有以下方面：

（1）化学腐蚀。当可分触头分开时，构成接触连接的金属如铜、铝及其合金与周围介质中的某些成分如空气中的氧、变压器油中的有机酸等起化学作用，生成不导电的化学膜，由此会出现很大的表面电阻，这一现象称为化学腐蚀。电接触受化学腐蚀的程度与金属种类、周围介质及接触面的温度有很大关系。但是在触头关合过程中，由于触头间发生碰撞和滑动，又会使化学膜部分去除，使接触电阻降低下来。当触头长期闭合时，接触面虽不与周围介质相接触，但周围介质中的氧分子等会从接触点周围逐渐侵入，与金属起化学作用，形成金属氧化物。这样会使实际接触面积减小，接触电阻增加。接触点温度愈高，氧分子活动能力越强，可以更深地侵入到金属内部，这种作用更为严重。因此，为了使接触电阻在长期工作情况下保持稳定，必须保证接触点在长期工作下的温度不应过高。电接触的长期允许温度很低的原因就在于此。提高接触电阻稳定性的有效措施：①增加接触压力可以提高接触电阻的稳定性；②在容易腐蚀的金属上覆盖银、锡等金属；③在暴露在大气中的导电接触表面涂上保护油脂（如中性凡士林或导电复合脂）用以阻止氧分子与金属发生化学腐蚀。

（2）电化学腐蚀。不同金属构成电接触时，还会产生电化学腐蚀。电化学腐蚀会造成电接触的严重破坏。电化学腐蚀的原理也就是化学电池的原理。各种金属在电解液中的电位（与氢相比较），按高低排序，叫做电化序表。两种金属在电化序表中的位置相隔越远，组成电池时的电动势就越高。当电池正负电极用导线短路后将有电流流通。在电流流过的同时，负电极金属溶解到电解液中，造成负电极金属的腐蚀。电动势越高，电流越大，腐蚀越严重。正电极则不会出现这种腐蚀作用。为了减少不同金属接触时出现的电化学腐蚀作用，应注意避免采用在电化序表中相距较远的金属构成电接触。但在开关电器中，常不可免地需要采用铝铜接触。此时，可在铝表面上用铜、银或锡覆盖，或在铝、铜两金属间加上锌垫片以减少电化学腐蚀作用，也可在接触面周围抹上油脂，防止水分侵入形成电解液。

1.4.2.3　电接触通过短路电流

电气触头在通过短路电流时需要足够强的热稳定和动稳定性能。

电气触头在长期负荷电流下工作时，由于接触电阻的存在，触头要发热，使其温度升高，同时也向周围介质散热，当发热量等于散热量时，触头就稳定在工作温度下运行。这时的工作温度小于触头材料的长期允许温度，电气触头安全。由于负荷电流相对于短路电流要小得多，所产生的电动力不会影响触头的正常工作。

当电气触头短时间内通过大电流时，如短路电流、电动机的起动电流等，所产生的热效应和电动力具有冲击特性，对触头能否正常工作造成很大威胁，可能导致触头熔焊和短时过热、触头接触压力下降等后果。因此，开关电器必须采取有效措施，保证在通过短路电流时有足够的动稳定和热稳定。

1.4.2.4 电气触头的关合过程

电气触头在关合过程中，特别是关合短路时，可能产生触头焊接。这种焊接过程与触头处于闭合位置通过短路电流而产生的焊接情况是不同的。主要表现在以下方面：

（1）电气触头的接触面在关合前可能已被预热甚至熔化。例如触头在关合过程中，当动、静触头间的距离很近时，触头间可能由于预击穿而出现电弧。电弧将使触头表面发热、熔化。又如在快速重合过程中，断路器在开断短路故障后很快又重新关合。这样，触头在关合前已被电弧灼热、熔化。由于这一情况，触头在重合过程中的关合更容易导致触头熔焊。

（2）在关合过程触头刚刚接触时，压紧触头的力量是触头的初压力。初压力较终压力低，这也容易导致触头熔焊。

（3）在关合过程中，触头可能发生振动。

1.4.2.5 电气触头的电磨损

开关电器在空载操作时，动、静触头间发生碰撞和摩擦，会造成触头的变形和触头材料的损耗，这一现象称为机械磨损。一般说来，电气触头的机械磨损并不严重。

断路器开断电路时，触头间要产生电弧。电弧的高温作用会使触头表面烧损、变形、金属材料流失，造成触头的电磨损。这一现象在开关电器开断短路电流时尤为严重。因此，提高触头抗磨损能力是关系到断路器工作可靠性的一个重要问题。

电弧的高温作用于触头时，触头会发生强烈的物理、化学变化。

1.4.2.6 电气触头的分类

电力系统和开关设备中电气触头的具体结构类型很多，根据在操作过程中接触处是否存在相对运动进行分类，其电气触头的接触方式有以下类型：

（1）固定接触。两接触元件在工作时间内固定接触在一起，不做相对运动，也不相互分离。两个或几个的导体连接处用螺钉、螺纹或铆钉等紧固件压紧的机械方法固定的电接触。例如母线的螺栓连接或铆接（又称永久接触），仪表中的塞子、插头（又称半永久接触）等。

（2）滚动和滑动接触。两接触元件能作相对滚动和滑动，但不相互分离。例如断路器的滚轮触头，电机的滑环与电刷及电气机车的馈电弓与电源线等。

（3）可分接触。两接触元件可随时分离或闭合。这种可分接触元件通常称为触头或触点。一切利用触头实现电路的接通和开断的电器中都可见到这种接触类型。可分触头是开关设备中实现电路断开（分）和闭合（合）的主要执行部件。

可分接触按控制电流的大小可分为：弱电流触头（1A以下），中电流触头（几安培到几百安培），强电流触头（几百安培以上）。

第2章 高压断路器

高压断路器是高压开关设备内结构最复杂、技术含量最高、地位最重要的具有灭弧功能的开关设备。高压开关设备的发展是以高压断路器的发展为代表的，高压断路器的技术进步又以灭弧介质的发展为主线，高压断路器的灭弧介质经历了变压器油（多油到少油）、压缩空气直至目前 SF_6 及真空的过程。现在，多油、少油、压缩空气等断路器已经逐步淘汰。SF_6 断路器在高压、超高压和特高压领域独领风骚，在中低压领域又以真空断路器最为突出，是各种中低压开关柜的主体。本章结合目前的实际情况，主要介绍 SF_6 断路器和真空断路器。

2.1 SF_6 断路器工作原理

SF_6 气体是 20 世纪初发现的，40 年代初开始应用于电工设备，50 年代初首次生产了 SF_6 断路器。由于 SF_6 气体同空气和变压器油相比有许多优异的电气绝缘和灭弧性能，近年来，SF_6 气体在电气设备上的应用有了很大的发展，尤其是高压和超高压断路器，还有全封闭组合电器，现在基本上都使用 SF_6 断路器。

2.1.1 SF_6 气体的基本特性

SF_6 气体是目前高压电器中使用的最优良的灭弧和绝缘介质。它无色、无味、无毒，不会燃烧，化学性能稳定，常温下与其他材料不会产生化学反应。SF_6 由卤族元素中最活泼的氟原子与硫原子结合而成。分子结构是个完全对称的八面体，硫原子居中，六个角上是氟原子，氟与硫原子间以共价键联结，SF_6 分子量为 146，约是空气分子量的 5.1 倍，因此同样体积的 SF_6 气体比空气重得多。迄今为止，工业上普遍采用的制造方法是将单质硫和过量气态氟直接化合。其化学反应方程式为：$S+3F_2 \rightarrow SF_6 + Q$（放热反应）。

2.1.2 SF_6 气体的物理和化学特性

在常温下，SF_6 气体是无色、无味、无毒并且透明的惰性气体，它非常稳定，通常情况下很难分解；它既不溶于变压器油也不溶于水。

对于理想气体的状态方程，即

$$PV=nRT$$

式中　P——理想气体的压强；

　　　V——理想气体的体积；

　　　n——气体物质的量；

　　　R——理想气体常数，约为 8.314J/(mol·K)；

T——理想气体的热力学温度。

当 SF_6 气体的状态发生变化时，它没有完全符合理想气体的状态方程，这主要因为它的分子量较大，当气体压力增大时，气体的密度相应增大，分子间的相互吸引作用开始显露，所以在实际工作中常用 SF_6 的状态参数曲线来表示；SF_6 状态参数曲线如图 2-1 所示。SF_6 的状态参数曲线是一组曲线，每条线对应一个气体密度。

SF_6 气体参数有：

（1）SF_6 的熔点。温度 $T=-50.8℃$，压力 $P=2.3kg/cm^2$，此时 SF_6 三态共存，即气态、液态、固态三种状态同时存在。

（2）SF_6 的沸点。温度 $T=-63.8℃$，压力为一个大气压，这时的 SF_6 可以直接由固体变成气体。

（3）液化点。如果将饱和蒸汽曲线向上延伸，就得到了 SF_6 气体的临界温度 $T=45.6℃$，临界压力 $P=38.5$ kg/cm^2，临界温度和临界压力表明了 SF_6 气体可以被液化的最高温度和所需的最小压力。

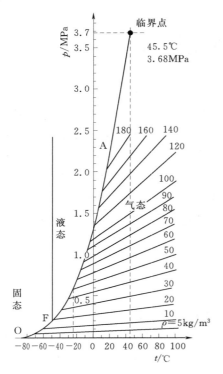

图 2-1 SF_6 状态参数曲线

SF_6 的状态参数曲线在实际中有着非常广泛的应用。根据已知 SF_6 断路器的容积、正常工作时的气压和它的最低工作气压，可以计算出所需的 SF_6 气量以及能够正常工作的最低环境温度和出现液化时的温度。例如，已知一台 SF_6 断路器的容积是 $0.5m^3$，在环境温度为 20℃ 时正常工作气压为 4.5 个大气压，最低工作气压的下限为 3.5 个大气压（表压），那么在 SF_6 气体的状态参数曲线中可以找到对应的密度曲线，得到气体密度为 $35kg/m^3$，所需要的 SF_6 气量就是 17.5kg，密度曲线与饱和蒸汽曲线的交点就是其液化温度-35℃。当温度下降时，气体压力也随之下降，当气体压力下降到 3.5 个大气压（表压）时，其温度为-30℃，这就是能工作的最低环境温度。

当 SF_6 气体的温度降低到液化温度后，SF_6 气体开始液化，但这个过程是一个渐进的过程，如果温度下降，它就沿饱和蒸汽曲线变化，压力和密度都同时下降，这将严重影响到 SF_6 气体的灭弧性能，所以如果断路器工作在很低的环境温度下的时候，就要采取适当的措施，以保证气体的工作压力。

SF_6 气体的稳定性比较好，在一般情况下不会分解，但是 SF_6 断路器内的情况比较复杂，如果没有电弧的话，SF_6 气体基本上不会与其他物质发生反应，但是由于断路器内不可能不发生电弧，而电弧又会产生高温、高压以及电晕，在这种情况下，SF_6 气体会发生分解，生成低氟化物、硫化物和硫、氟的单原子；需要注意的是，这里有一个很重要的特性，就是这时生成的活性物质在电弧熄灭以后一般都能够重新结合成 SF_6 分子，这对于断路器的下一次开断是很有利的，也大大减轻了检修的工作量；例如油断路器开断几次短路故障之后，变压器油的碳化就比较严重了，需要进行换油、检修触头等工作，而 SF_6

断路器就会好很多，它可以多次开断短路故障而不用检修。

SF₆断路器的 SF$_6$ 气体不可能完全纯净，会含有一些杂质，例如水等，此外在断路器燃弧时也会产生一些触头材料的金属蒸汽，这些物质在电弧的作用下会同 SF$_6$ 气体发生化学反应，生成一些金属氟化物、硫的低氟化物、氢氟酸，还有很少量的剧毒物质，如 SOF_2，SO_2F_4 等。生成的金属氟化物大都是一些白色的粉状物质，它们会覆盖在导体的表面，影响导电性能；而生成的 HF、SF_4、SO_2 会对断路器内的含有硅元素的绝缘体，如玻璃、陶瓷支持件和环氧浇注件等有较强的腐蚀性，降低这些绝缘件表面的绝缘电阻。所以，在实际工作中，必须严格控制 SF$_6$ 气体中的水分含量，同时，还要在断路器中尽可能多地采用耐腐蚀的高分子有机材料，如聚四氟乙烯、聚酯树脂和环氧树脂加 Al_2O_3 填料的制品。此外，对长时间保留在 SF$_6$ 气体中少量的剧毒物质，必须通过在 SF$_6$ 断路器中放置吸附剂来提高 SF$_6$ 气体的纯度，同时确保人身安全。

2.1.3 SF$_6$ 气体的电性能

关于 SF$_6$ 气体的电性能，将分别讨论它在常温下的电气绝缘性能和高温下的灭弧性能。

在均匀电场中，工频电压的作用下，SF$_6$ 气体、变压器油和氮气相比，SF$_6$ 气体的介质强度大约是氮气的五倍，而且当压力大于 8 个大气压时，其介质强度就能够超过变压器油。

分析影响 SF$_6$ 气体击穿电压的因素有以下方面：

（1）SF$_6$ 气体的击穿电压除了与压力有关以外，还与电极表面的光洁度和洁净度有关；电极表面越洁净、越光洁，其击穿电压就越高。

（2）在同一压力下，SF$_6$ 气体的击穿电压随着触头开距的增大而增大，但不是一个线性的关系，而是有饱和的限制，而且压力越大饱和越严重；所以我们在实践中不能单靠增大触头开距来加强绝缘。

（3）SF$_6$ 气体的击穿电压还与电极的几何形状和触头面积有关；如果电极形状使得电场越均匀，其击穿电压就越高。注意，和真空开关不同，电极材料对 SF$_6$ 气体的击穿电压没有比较明显的影响。

SF$_6$ 气体之所以有比较好的绝缘性能，是因为 SF$_6$ 气体具有负电性，就是说 SF$_6$ 分子能够吸附气体中的自由电子，而变成负离子，这种负离子的质量远远大于自由电子的质量，因此运动速度大大降低，此外，间隙中自由电子的数量减少了，就难以形成击穿通道。所以其绝缘性能比较好。另外，这种负电性在高温下，也就是在灭弧时也是十分有利的。

SF$_6$ 气体的熄弧性能非常好，原因有以下方面：

（1）SF$_6$ 气体在电弧的作用下会发生分解和游离，由多原子结构分子分解为单原子或带电粒子的气体，其中：在 2000℃ 左右开始分解为低氟化物；4000℃ 左右开始游离；6000℃ 左右时游离最迅速；当温度高于 10000℃ 时 SF$_6$ 气体全部游离，这种内部的变化将影响气体的导热、导电性能，使它的导热、导电性能大大增强。

随着气体导热性能增强，电弧的散热加快，这有利于电弧熄灭后间隙中的绝缘介质迅速降温，有利于低氟化物复合成 SF_6，同时有利于恢复绝缘，有利于降低电弧的复燃，有利于熄弧。

（2）气体导电性能增强有利于熄弧。其原因是：在电流相同的情况下 SF_6 气体的电弧电压最低，因而电弧能量也最低，即电弧在电流很小的情况下也能维持，不会发生断裂，不会发生截流现象。现在的 SF_6 断路器电弧都是在电流过零时熄灭，电弧在燃弧时电弧能量小，电弧的温度和分解的气体相对也较少，这对于电流过零后间隙的绝缘强度的恢复非常有利，使得熄弧后很难发生重燃或复燃。所以，SF_6 气体既有利于燃弧，又有利于熄弧。

（3）SF_6 气体的负电性（吸附自由电子的特性）和二次复合特性（在电弧中分解的低价氟化物在熄弧后迅速还原成 SF_6 分子），这些特性也使得 SF_6 气体无论是在起始介质强度、介质恢复速度还是最终的介质强度都是比较高的。

2.2 SF_6 断路器

2.2.1 SF_6 断路器的特点

SF_6 断路器之所以广泛的应用，其主要的原因在于 SF_6 气体比其他绝缘介质具有很多的优点，具体如下：

（1）SF_6 气体的绝缘强度高，决定了 SF_6 断路器单断口所能承受的电压要比相同电压等级的其他型式的断路器要高。

（2）SF_6 气体的熄弧性能好，决定了 SF_6 断路器的灭弧能力强及开断能力强，单断口已经能够达到 100kA，这是其他型式的断路器无法达到的，尤其是在现在，电力系统的容量越来越大，很多变电站的短路容量已经达到近 50kA，一些枢纽变电站甚至达到了 60～70kA，而 SF_6 断路器能够在系统短路时，切除故障。

（3）SF_6 气体在燃弧时的导电性能比较好，电弧电压比较低，小电流的情况下也能够稳定地燃弧，所以在切断小电流时很少发生截流现象，不会因过电压造成对设备的损坏。

（4）SF_6 气体在熄弧后介质强度的恢复速度比较快，能承受比较快的瞬时恢复电压，所以在切断空载线路时不会发生多次重击穿，在切断近区故障时很有利，就是说它不仅开断短路电流的性能强，在一些特别的开断情况下，SF_6 断路器的开断性能也是很好的。

（5）由于 SF_6 气体中不含氧的成分，而且燃弧时电弧能量小，所以内部金属部件，包括触头、导电杆等的氧化很少，触头在燃弧时的烧蚀也比较轻微，SF_6 断路器能满容量开断的次数比其他型式的断路器大大增加，相应的检修周期可以延长。

（6）由于 SF_6 断路器增大了单断口的额定电压和开断电流，所以它的体积相应减小，尤其是可以把同一电压等级的电气设备母线、断路器、互感器、隔离开关等设备集成起来，做成全封闭的气体绝缘变电站，简称为 GIS 设备。它的结构特别紧凑，占地面积很小，只相当于常规变电站的百分之几到百分之十几，而且电压等级越高，效果越明显，这一点在山区和人口稠密的大城市十分有利；此外，它的噪音和污染小，防污染能力强，又没有爆炸和引起火灾的危险。

（7）寿命长，可以开断20～40次额定短路电流不用检修，额定负荷电流可以开断3000～6000次，机械寿命可达10000次以上，并能实现20～30年不用解体检修。

（8）SF_6气体的化学性质非常稳定，在空气中不燃烧、不助燃，与水、强碱、氨、盐酸、硫酸等不反应；在低于150℃时，SF_6气体呈化学惰性，极少溶于水，与电器设备中常用的金属及其他有机材料不发生化学作用。然而，在其生产过程中会产生一些具有毒性的杂质，如不除净，会对人及设备产生毒害。运行时，在大功率电弧、火花放电和电晕放电作用下，SF_6气体能分解和游离出多种产物，主要是SF_4和SF_2，以及少量的S_2、F_2、S、F等具有强烈的腐蚀性和毒性。在充有SF_6气体电气设备上工作的人员应做好必要的防护。此外，SF_6气体在《京都议定书》中被列为受限制使用的温室气体，其中世界上一半左右的SF_6气体是用于高压开关设备，因此控制和减少SF_6气体用量是高压开关设备生产制作方的一项重要任务。在没有更好的替代物之前，提高SF_6高压开关设备的断口电压、降低漏气率、减少废气排放、进行回收利用是降低SF_6气体使用量的重要措施。

2.2.2 SF_6断路器灭弧室

从SF_6断路器发展的过程来看，它主要经历了这么几个阶段：

（1）简单开断：就是说，开断时只通过动、静触头之间距离的不断加长来开断。这种办法比较简单，灭弧性能低，现在早已不用了。

（2）双压式吹弧：就是在SF_6断路器内有两种气压的SF_6气体存在，低压的SF_6气体只用于内部的绝缘，一般为$3\times10^5\sim5\times10^5$Pa，高压的$SF_6$气体一般有一百多万帕压力，只是在分断过程中吹气阀才打开。高压的SF_6气体从高压区流向低压区，经触头喷口吹向电弧，使电弧熄灭；分断过程结束后，吹气阀关闭，气吹过程结束。SF_6断路器的优点是灭弧能力强，开断容量大，金属短接时间、固有分闸时间和全开断时间都比单压式的短；缺点是结构比较复杂，辅助设备多，在SF_6气体的低压区和高压区之间要有压缩机和管道，此外高压的SF_6气体压力比较大，很容易液化（如在约16×10^5Pa下，SF_6气体的液化温度是5℃），因此需要有加热装置。现在随着单压式SF_6断路器的发展，双压式的SF_6断路器已经被淘汰。

（3）单压式吹弧：即在SF_6断路器内只有一种气压的SF_6气体存在，一般为五六十万帕压力，但是在开断时动触头先要带动一个压气罩运动一段距离，在压气室内集聚一部分较高压力的SF_6气体后，才断开触头，电弧燃烧，这时喷口打开，这部分高压SF_6气体进行吹弧。

单压式SF_6断路器又称为压气式SF_6断路器，是现在应用最广的SF_6断路器；它的结构比较简单，液化温度一般在-30℃左右，除特别严寒的地区外都不需要用加热装置，而且近年来，单压式SF_6断路器的性能参数也已经赶上甚至超过了双压式SF_6断路器。

单压式SF_6断路器又被分为定开距SF_6断路器和变开距SF_6断路器。

（4）自能式吹弧：自生压力式是指依靠电弧自身的能量来分解和加热SF_6气体，气体膨胀增大压力，形成吹弧。自能式灭弧室所需驱动的操作功较小，相对于压气式断路器的操作功减少至50%以下，这样就可以用结构简单、操作功低的弹簧操作机构取代操作功大且结构复杂及故障率高的的液压或气动机构。弹簧操动机构具有无能量损失、无密封、无阀门、无漏油漏气、不受温度变化影响、不需监视等优点，提高了可靠性，受到广大用户的欢迎。

2.3 真空断路器工作原理

2.3.1 高真空的基本特性

真空一般指的是气体稀薄的空间。凡是绝对压力低于正常大气压力的状态都可称为真空状态。绝对压力等于零的空间称为绝对真空，这才是真正的真空或理想的真空。真空的程度以气体的绝对压力值来表示，压力越低称真空度越高。在国际单位制中，压力以帕（Pa）为单位。一个工程大气压约为 0.1MPa（兆帕）。过去习惯使用毫米汞柱（mmHg）或托（Torr）。真空包括的范围很广，为方便起见常将它划分为几个区域。粗真空：真空压力范围为 $1.01 \times 10^5 \sim 1.33 \times 10^2$ Pa，低真空：真空压力范围为 $1.33 \times 10^2 \sim 1.33 \times 10^{-1}$ Pa，高真空：真空压力范围为 $1.33 \times 10^{-1} \sim 1.33 \times 10^{-6}$ Pa，超高真空：真空压力范围为 $1.33 \times 10^{-6} \sim 1.33 \times 10^{-10}$ Pa，极高真空：真空压力范围为 1.33×10^{-10} Pa。真空灭弧室的真空度（即真空压力值）在 $1.33 \times 10^{-2} \sim 1.33 \times 10^{-5}$ Pa，属于高真空范畴。在这样高的真空度下，气体的密度很低，气体分子的平均自由路程很长，因此触头间隙的绝缘强度很高。

2.3.2 真空间隙的绝缘特性

理想的真空间隙是指电极表面光滑的真空间隙。高真空间隙中，气体分子的平均自由行程很长，比真空开关中的触头间隙距离大一个数量级。气体分子的碰撞游离基本不起作用，这就是高真空间隙具有很高绝缘强度的根本原因。高真空间隙的绝缘强度比变压器油、高压力的压缩空气和 SF_6 气体高得多。随着间隙距离的增大，高真空间隙的绝缘强度出现"饱和现象"，即距离过分增大，击穿电压增加不多。

2.3.3 真空间隙的击穿机理

真空间隙的击穿不是由于间隙中气体分子的碰撞游离所引起，而主要由电极现象决定。随着电极表面温度和外加电场强度的增大，电极表面电子发射的电流密度也增大。实验证明，当电流密度超过临界值时真空间隙被击穿。如果只考虑电场作用，要产生间隙击穿，电场强度必须达到 10^9 V/m 以上。但实际情况下电场强度值要小得多，例如 1cm 长的高真空间隙的击穿电压约为 100kV，相应的电场强度为 10^7 V/m。

（1）场致发射击穿机理。电极表面微观凹凸不平。实际电极表面微观结构凹凸不平，存在很多微小的局部突起点，在这些微凸处，电场将局部增强，通常是间隙平均电场强度的 $10 \sim 100$ 倍。电极表面会存在一些杂质或氧化膜，会使电极表面的电子逸出功减小，使场致发射容易发生。另外，发射电子的微小凸起点有一定的电阻，发射电子时会使这些微小凸起点局部发热熔化和蒸发，产生大量的金属蒸气，从电极表面发射的电子穿过间隙时会与这些金属蒸气的原子和分子产生碰撞游离，出现与气体间隙相似的击穿过程，容易造成间隙击穿。按照场致发射的击穿机理，击穿的发生是以一定临界击穿电场强度为条件，因此真空间隙的击穿电压应与间隙距离成正比，这与小间隙下击穿电压的试验结果一致。

（2）微粒击穿机理。电极表面不可避免地总会粘有一些微粒质点，它们在电场作用下会附着电荷运动，具有一定的动能。如果电场足够强，微粒直径又适当，在穿过间隙到达另一电极时已经具有很大的动能，在与另一电极碰撞时，动能转变为热能，使微粒本身熔化和蒸发，蒸发产生的金属蒸气又会与场致发射的电子产生碰撞游离，最终导致间隙的击穿。根据微粒击穿机理，真空间隙的击穿电压与间隙距离的 0.5 次方成正比。

（3）电极的二次发射。间隙中的正离子和光子等，撞击阴极而引起二次电子发射，或加强了场致发射而引起绝缘击穿。当电极表面吸附了许多气体和有机物时，从阴极放出的一次电子在电极间加速并打击阳极。阳极受到一次电子打击后，其表面的气体电离，产生正离子和光子，它们再受电场的作用，加速后又打到阴极上，使阴极发射二次电子。这一过程反复进行下去，如果二次电子不断增加，使间隙中的带电粒子数越来越多，电流将迅速增大，造成真空间隙的击穿。

这三种引起真空击穿的原因并不孤立、相互关联而又同时发生作用。许多研究者认为：当真空间隙（电极间距离）很小时，击穿主要由场致发射引起；真空间隙较大时，微粒的作用成为击穿的主要原因。而电场的二次发射造成击穿的可能性极小。根据电极材料与表面状态的不同真空中的绝缘击穿电压有显著差别。通常，电极材料的熔点或机械强度越高其绝缘击穿电压也越高。在电极表面有突起的部分时，其耐压强度即显著降低。为消除此种电极表面的突起，需要进行放电处理（老炼处理）。此外，电极表面附着有气体或有机物时，在较低电压下即发生绝缘击穿，因此，必须注意使电极表面非常清洁。真空间隙击穿所需时间极短，一般在数十至一百多纳秒内。真空击穿初始阶段的电流由间隙的分布电容贮能提供，当电源功率足够大时，击穿才能发展成真空电弧。在电力系统中，电源功率很大，所以其中触头间的击穿通常都能转变成真空电弧。

（4）电极老炼。电压老炼就是通过放电消除电极表面的微观凸起、杂质和缺陷。经过小电流的放电使表面的微观凸起点烧熔、蒸发，使电极表面光滑平整，局部电场的增强效应减小，提高了击穿电压。老炼对电极表面的纯化作用很重要。由于电极表面的电子发射容易出现在逸出功较低的杂质所在处，击穿放电同样能使杂质熔化和挥发，提高间隙的击穿电压。老炼过程中若能同时抽气，把蒸发的气态物抽走，效果更佳。电压老炼只适宜用在真空间隙击穿电压的提高，对真空灭弧室触头间隙击穿电压的提高不会有太大的效果。电弧对触头表面的烧损将使电压老炼的效果全部失效。电流老炼是让真空灭弧室多次（几十次到几百次）开合几百安的交流电流。利用电弧高温去除电极表面一薄层材料，使电极表面层中的气体、氧化物和杂质同时除去。电流老炼的作用主要是除气和清洁电极表面，对真空灭弧室开断性能的提高有一定的改善作用。

2.3.4　真空电弧的形态、特性及其熄弧原理

2.3.4.1　真空电弧的形成

不管触头表面如何平整，但微观上凹凸不平。两触头接触时只有少数表面突起部分接触，能通过电流。接触点的多少和接触面积的大小与接触压力有关。当触头在真空中开断

电流时，随着触头分开，接触压力减小，接触点的数量和接触面积也随之减少，电流集中在愈来愈少的少数接触点上，损耗增加，接触点温度急剧升高，出现熔化。随着触头继续分开，熔化的金属桥被拉长变细并最终断裂产生金属蒸气。金属蒸气的温度很高，部分原子可能产生热电离，加上触头刚分离时间隙距离很短，电场强度很高，阴极表面在高温、强电场的作用下发射出大量电子，并很快发展成温度很高的阴极斑点。同时阴极斑点蒸发出新的金属蒸气和发射电子，使触头间的放电转变为自持的真空电弧。由此可见，维持真空电弧的是金属蒸气而不是气体分子，真空电弧实为金属蒸气电弧。金属蒸气来自触头材料的蒸发，因此电极材料的特性对真空电弧的性质起支配作用。电极现象是研究真空电弧的出发点和重要内容。

2.3.4.2 扩散型和集聚型（收缩型）真空电弧

真空电弧有两种形态。即小电流（几千安）下的扩散型真空电弧和 10kA 以上大电流的集聚型真空电弧。当铜电极上电弧电流小于 100A 时，阴极一般只存在一个高温的发光斑点——阴极斑点。阴极斑点的电流密度很高。阴极斑点是发射电子和产生金属蒸气的场所。电子与金属蒸气的原子碰撞会游离出新的电子和正离子，这些电子和正离子依靠自身的动能朝向阳极运动过程中还会向径向密度低的地区扩散，因此呈现出一个圆锥状的微弱发光区域。圆锥的锥顶就是阴极斑点，朝着阳极发散，锥顶角约 60°。圆锥内有着大量的离子、原子和电子，其中正离子和电子的数量大致相同。这就是真空电弧的等离子区，又称弧柱区。在锥体以外地区，粒子的密度是很低的。

阴极斑点的数量与电弧电流的大小、阴极材料的熔点和热传导系数有关。材料的熔点越低，热传导系数越小，每一斑点通导的电流也越小。随着电弧电流的增大，阴极斑点的数量也会增加，但每一阴极斑点仍有自己的等离子区锥体，相邻的锥体也可能重叠。阴极斑点在阴极表面不停地运动，通常是由电极中心向边缘运动。当阴极斑点到达电极边缘时，等离子区的锥体弯曲，接着阴极斑点突然消失，而在电极中心又会出现新的斑点。有时阴极斑点也会自动分裂产生新的阴极斑点。这种阴极斑点不断消失、不断产生且向边缘扩散的真空电弧称为扩散型真空电弧。扩散型电弧的特点是阴极斑点数量多，且不断在阴极表面运动，电弧间隙中同时存在着很多个并联支弧，而阳极表面尚未形成高温的阳极斑点。

当电弧电流大于某一临界值时，电弧外形将突然发生变化，阴极斑点不再向四周扩散而是集聚在一个或几个较大的面积上并出现阳极斑点，这种真空电弧称为集聚型真空电弧。通常认为出现了集聚型真空电弧形态即意味着达到了极限开断能力。集聚型真空电弧的弧柱区有很高的蒸汽压力，其电弧电压比扩散型有明显增加，使电弧能量更大。

2.3.4.3 真空电弧特性

与高气压的电弧相同，真空电弧的电弧电压也由阴极压降、弧柱（等离子区）压降和阳极压降三部分组成。不同的是，前者以弧柱压降为主，而真空电弧的长度很短，对电弧电压起主要作用的是阴极和阳极压降。高气压电弧具有负的伏安特性，电弧电压随电流增大而减小；真空电弧则相反，它具有正的伏安特性，电弧电压随电流增大而增加。

2.3.4.4 磁场对真空电弧的影响

（1）横向磁场。横向磁场就是与弧柱轴线垂直的磁场。它与电弧电流作用产生的洛仑兹力能使电弧沿着圆周方向运动，能防止电弧长时间停留在电极表面的某些点上造成局部温度过高，从而抑制或推迟阳极斑点的产生，对提高真空开关的开断性能有明显的效果。横向磁场使电弧运动会把电弧弯曲拉长，电弧电压及电弧能量也将提高，又会使真空开关开断电流的提高受到一定限制。目前应用横向磁场原理制成的真空断路器的额定开断电流可达几十千安。

（2）纵向磁场。与弧柱轴线平行的磁场称为纵向磁场，它对电弧的形态、抑制阳极斑点的形成、减小电弧电压有着显著的作用。从阴极斑点发射的电子和离子在向阳极方向运动时，会同时向四周密度较低的地区扩散，具有一定的径向速度。当存在纵向磁场强度时，电荷径向运动与纵向磁场产生的力是圆周方向的。它约束径向运动的电荷绕着电弧轴线方向作旋转运动，使径向扩散的电子和离子数大为减少，延缓了在阳极附近出现的离子贫乏现象。弧柱内比较容易维持等离子体的平衡。另外，电子和离子绕电弧轴线作旋转运动时产生的离心力，将局部抵消电弧本身磁场产生的磁压力（向心力）的作用，从而延缓电弧直径的减小，电弧电压也会降低。这对推迟集聚型电弧的出现也是非常有利的。

纵向磁场强度也不宜过大，否则围绕电弧轴线作旋转运动的电子和离子会因速度过大而产生过多的碰撞，使电子朝着阳极方向运动时的阻力增大，以致必须提高弧柱电压才能维持新的平衡。因而纵向磁场过大也会导致电弧电压的升高。在某一电流下有一最佳的纵向磁场值，此时的电弧电压最低。它随着电流的加大而增加，利用电弧电流本身产生纵向磁场的方法可以基本满足这一要求。纵向磁场可以降低真空电弧的电弧电压，减小电弧能量。根据高速摄影对纵向磁场中真空电弧的观察，即使在大电流下，阴极斑点在电极表面上的分布仍是均匀的，这就大大减小了电极的磨损和金属蒸气的蒸发。即使在大电流下，电弧仍能维持在扩散型。因此，采用纵向磁场原理制成的真空断路器，其额定开断电流可达 50kA 甚至达到 100kA。

2.3.5　交流真空电弧的熄灭

交流真空电弧电压的变化反映了真空电弧形态的变化。根据电弧电压的波形可以大致判断真空电弧是否转变成集聚型，真空开关的开断电流是否已接近极限。另外，由于真空电弧的正伏安特性，使交流真空电弧电压的变化不像其他高气压交流电弧那样具有马鞍形的特点，也没有燃弧和熄灭尖峰。交流电弧的电流随时间作正弦变化且有电流自然过零的特点，这给熄灭交流真空电弧带来了极大的方便。

2.4　真空断路器

2.4.1　真空断路器的特点

（1）熄弧过程在密封的容器中完成，电弧和炽热的电离气体不向外界喷溅，因此不会对周围的绝缘间隙造成闪络或击穿。

（2）燃弧时间短，电弧电压低，能力少，因而触头电磨损率低，使用寿命长，适于频繁操作。

（3）触头行程短，开断速度低，对操动机构要求的操作功小，对传动机构的强度要求低，体积小，重量轻。

（4）真空灭弧室和触头不需检修，维护工作简单。

（5）灭弧介质为真空，无火灾和爆炸危险。

（6）环境污染小。

真空灭弧室主要由气密绝缘系统、导电系统、屏蔽系统、触头系统几部分组成。

1. 绝缘外壳

绝缘外壳的材料有玻璃、陶瓷、微晶玻璃三种。微晶玻璃价格昂贵，因而没有得到过实际应用；玻璃结构强度较差，使用量已逐渐减少；陶瓷综合性能最好，因而应用最广泛。绝缘外壳主要是起绝缘支撑作用，并参与组成气密绝缘系统。

2. 波纹管

波纹管主要由厚度为 0.1～0.2mm 的不锈钢制成。波纹管主要担负动电极在一定范围内运动、及高真空密封的功能。真空灭弧室要求波纹管具有很高的机械寿命。

3. 屏蔽筒

屏蔽筒可由无氧铜、不锈钢、电工纯铁或铜铬合金等材料制成。主要作用：

（1）减轻触头在燃弧过程中产生的金属蒸汽和液滴喷溅对绝缘外壳内壁的污染程度，从而避免造成真空灭弧室外壳的绝缘强度下降或产生闪络。

（2）改善真空灭弧室内部的电场分布，有利于真空灭弧室绝缘外壳的小型化，尤其是对高电压等级真空灭弧室的小型化有显著效果。

（3）冷凝电弧生成物。特别是真空灭弧室在开断短路电流时，电弧所产生的热能大部分被屏蔽系统所吸收，有利于提高触头间的介质恢复强度。屏蔽筒冷凝电弧生成物的量越大，吸收的能量也越大，越能改善真空灭弧室的开断能力。

4. 触头系统

触头为真空灭弧室内最为重要的元件，决定其开断能力和电气寿命。目前真空开关的触头的接触方式都是对接式的。

触头结构的作用主要是在真空灭弧室分断短路电流时，在触头间形成横向磁场或纵向磁场，从而限制触头表面阳极斑点的形成，提高灭弧室的分断能力。触头结构形成所需磁场的方式主要有两种：①通过改变电流方向形成所需的磁场；②通过设置磁性材料聚拢磁力线形成所需方向的磁场。

真空灭弧室在分断短路电流时，根据其在电极间产生的磁场的方向，可分为横向磁场触头与纵向磁场触头。横向磁场触头是指真空灭弧室在分断短路电流时，在其电极间产生的与电极轴线垂直的磁场。在足够的横向磁场的作用下，真空电弧沿着触头表面不断地高速运动，从而避免了触头表面的严重熔化，在电流过零后能迅速恢复绝缘强度，有利于电弧的熄灭。纵向磁场触头是指真空灭弧室在分断短路电流时，在其电极间产生的与电极轴线方向一致的磁场。采用纵向磁场提高真空开关的分断能力与采用横向磁场的情况截然不同，纵向磁场的加入可以提高由扩散性电弧转变到收缩型电弧转换的电流值。在足够的纵向磁场的作用下，电弧斑点在电极触头表面均匀分布，触头表面不会产生局部严重熔化，并具有电弧电压低、电弧能量小的优良特征，这对于弧后绝缘强度恢复，提高分断能力是十分有益的。目前，大容量的真空灭弧室多采用纵向磁场触头，这是因为纵向磁场触头具有电磨损小、使用寿命长和分断能力强等优点。

真空灭弧室的触头结构一般有以下几种：

（1）圆柱形触头。最简单的触头结构，分断电流不大，一般不超过 7～8kA。

（2）横向磁场触头。典型的有螺旋槽横磁、杯状横磁、万字槽横磁。

（3）纵向磁场触头：典型的有开斜槽式纵磁、线圈式纵磁、马蹄铁式纵磁。

（4）R 型触头：触头结构与触头集成化制造，磁场方向为交替式纵磁。

当前真空断路器采用最多的合金触头材料是铜铬合金，于 20 世纪 70 年代美国西屋公司和英国 GEC 公司等研制出。铜铬合金材料的质量取决于铬粉的质量，特别是其中的含气量。国外生产的铬粉的含气量很低，因而用这种铬粉制成的铜铬材料的质量高。铜铬合金触头的开断性能比铜碲硒触头高 10%，同时具有更好的绝缘性能，更低的触头烧损和弧后重燃概率，在燃弧过程中还具有吸气作用。缺点是抗熔焊性能稍差。铜铬合金材料适宜用在高电压、大开断电流的真空断路器中。

5. 导电杆

真空灭弧室的动静导电杆均由无氧铜制成，它们是主要的导电回路，主要起导通电流的作用。

6. 导向套

导向套一般用绝缘材料制成。它主要起导向作用，保证真空灭弧室的动导电杆在分合闸运动过程中能沿着真空灭弧室的轴线做直线运动。同时，它还能防止导电回路的电流分流到波纹管上，从而保障真空灭弧室的寿命。

2.5 高压断路器产品符号和含义

高压断路器的型号较多，国产断路器一般按此规则命名，合资或外资企业的产品目前大多不遵守此规则。高压断路器符号及含义如图 2-2 所示。

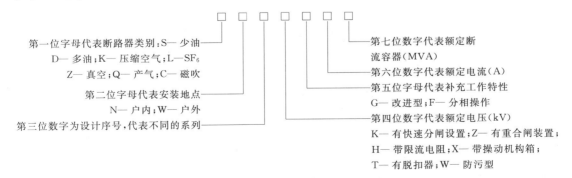

第一位字母代表断路器类别：S— 少油
　　D— 多油；K— 压缩空气；L—SF₆
　　Z— 真空；Q— 产气；C— 磁吹
第二位字母代表安装地点
　　N— 户内；W— 户外
第三位数字为设计序号，代表不同的系列

第七位数字代表额定断流容器（MVA）
第六位数字代表额定电流（A）
第五位字母代表补充工作特性
　　G— 改进型；F— 分相操作
第四位数字代表额定电压（kV）
K— 有快速分闸设置；Z— 有重合闸装置；
H— 带限流电阻；X— 带操动机构箱；
T— 有脱扣器；W— 防污型

图 2-2　高压断路器符号及含义

2.6 高压开关设备的操动机构

高压断路器的分合闸动作是靠操动机构来完成的。因此断路器的工作性能，特别是动作特性及可靠性取决于操动机构的动作特性和可靠性。

2.6.1 高压断路器的操动机构

断路器的操动机构是使断路器完成分、合闸操作的动力源，是断路器的重要组成。

尽管高压断路器类型很多、结构比较复杂，但总体上均可分为如图2-3所示的几个部分。

其中，操动机构的主要作用是：按照规定的操作顺序操动断路器实现分、合闸操作，并分别保持在相应的分、合闸位置。操动机构的性能好坏，直接影响到断路器的性能。

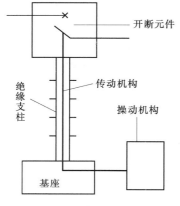

图2-3 断路器结构

2.6.2 高压断路器操动机构的功能与作用

通过独立于断路器本体以外的机械操动装置可以对断路器进行操作。常与断路器分开装设。一种型号的操动机械可以配用不同型号的断路器，同一型号的断路器也可以配装不同型号的操动机构。它的作用是将其他形式的能量转换成机械能，使断路器准确地进行分、合闸。

2.6.2.1 对操动机构的基本要求

断路器的全部使命，归根结底是体现在触头的分、合动作上，而分、合动作又是通过操动机构来实现的。因此，操动机构的工作性能和质量的优劣，对高压断路器的工作性能和可靠性起着极为重要的作用。对操动机构的基本要求有：

（1）具有足够的合闸功率，保证所需的合闸速度。

（2）能维持断路器处在合闸位置，不产生误分闸。

（3）有可靠的分闸速度和足够的合闸速度。

（4）具有自由脱扣装置。

（5）具有防跳跃功能。

（6）在控制回路中，要保证分合动作准确、可靠。

（7）结构简单、体积小、价格低廉。

2.6.2.2 合闸

在电网正常工作时，用操动机构使断路器关合，这时电路中流过的是工作电流，关合比较容易。但在电网事故情况下，如断路器关合到有预伏短路故障的电路时，情况就严重得多。一方面，因为断路器关合时，电路中出现的短路电流可达几万安培以上，断路器导电回路受到的电动力可达几千牛以上。另一方面，从断路器导电回路的布置以及触头的结构来看，电动力的方向又常常是阻碍断路器关合的。因此，在关合有短路故障的电路时，由于电动力过大，断路器有可能出现触头不能关合现象，从而引起触头严重烧伤；油断路器可能出现严重喷油、喷气，甚至断路器爆炸等严重事故。因此，操动机构必须足以克服短路电动力的阻碍，也就是具有关合短路故障的能力。

2.6.2.3 合闸保持

由于合闸过程中，合闸命令的持续时间很短，而且操动机构的操作力也只在短时内提供。因此操动机构必须有保持合闸的部分，以保证在合闸命令和操作力消失后，断路器仍能保持在合闸位置。

2.6.2.4 分闸

操动机构不仅要求能够电动（自动或受遥控）分闸，在某些特殊情况下，应该可以在操动机构上进行手动分闸，而且要求断路器的分闸速度与操作人员的动作快慢和下达命令的时间长短无关。

2.6.2.5 自由脱扣

自由脱扣的含义是断路器合闸过程中如操动机构接到分闸命令，则操动机构不应继续执行合闸命令而应立即分闸。手动操动机构必须具有自由脱扣装置，才能保证及时开断短路故障，以保证操作人员的安全。某些操作小容量断路器的电磁操动机构，在失去合闸电源而又迫切需要恢复供电时。操作人员往往不得不违反正常操作规定，利用检修调整用的杠杆应急地用手力直接合闸。对于这类操动机构也应装有自由脱扣装置，其他很多操动机构则不要求自由脱扣。

值得注意的是：自由脱扣时的断路器分闸速度常常达不到规定的数值，能否可靠地开断短路电流，需要通过试验验证。

当断路器在合闸过程中，机构又接到分闸命令时，无论合闸过程是否结束，应立即分闸，保证及时切断故障。

2.6.2.6 防跳跃

当断路器关合有预伏短路故障电路时，不论操动机构有无自由脱扣，断路器都应自动分闸。此时若合闸命令还未解除（如转换开关的手柄或继电器还未复位），断路器分闸后将再次短路合闸，紧接着又会短路分闸。这样，有可能使断路器连续多次分、合短路电流，这一现象称为"跳跃"。出现"跳跃"时，断路器将无谓地连续多次合、分短路电流，造成触头严重烧损甚至引起爆炸事故。因此对于非手动操作的操动机构必须具有防止"跳跃"的功能，使得断路器关合短路而又自动分闸后，即使合闸命令尚未解除，也不会再次合闸。防"跳跃"可以采用机械的方法，如上述的自由脱扣装置就是常用的防止"跳跃"的机械方法；也可采用电控制方法，如在操动机构分、合闸操作的控制电路中，加装防"跳跃"继电器，防止"跳跃"的出现。

2.6.2.7 复位

断路器分闸后，操动机构中的各个部件应能自动地回复到准备合闸的位置，对于手动操动机构，允许通过简单的操作后回复到准备合闸位置，因此，操动机构中还需装设一些复位用的零部件，例如连杆或返回弹簧等。

2.6.3 断路器操动机构的一般要求

断路器操动机构作为断路器整体的重要组成部分为，要求它必须具备下列可靠的性能。

1. 动作高度可靠

由于断路器是保护和控制设备，除特殊情况外，它的动作次数是极不规则的。有时很长时间也不动作，有时在很短的时间内却要连续动作。无论它在哪种情况下，从高频度到低频度的广泛范围内，只要接到指令，其动作都必须准确可靠。

2. 快速动作、迅速制动

断路器触头的运动形式是在限定的很短的时间内作快速直线运动，因此，要求运动系统能够做到快速动作和迅速制动。

3. 动作稳定

断路器的分闸和合闸动作要在规定的短时间内完成，特别是对分闸时间内的要求特别严格，因此，要求它的动作十分稳定。

4. 足够的操动能量

按要求在规定的时间内，根据指令完成一整套合、分操作，要求它要具有足够大的分、合闸操动力和储存足够的能量，以满足关合短路电流的能力和完成额定操作顺序所需的足够能量。

5. 防"跳跃"功能

当断路器关合在有短路故障的电路时，它将会在接到保护装置的分闸指令情况下自动分闸，此时如果合闸指令还未解除，则断路器分闸后又将再次合闸，紧接着在接到保护装置的分闸指令下又会分闸，依此循环下去。这样会使断路器连续多次合、切短路故障电路，这种现象称为"跳跃"，有可能会使断路器在连续多次合、切短路故障电路时发生爆炸。为防止此类情况发生，断路器必须具有防"跳跃"的功能，使得断路器关合在短路故障电路而又自动分闸后，即使合闸指令尚未解除，断路器也不会再次合闸。在实际工程中，多在设计控制回路中采用防跳跃继电器来实现防"跳跃"功能。有些操动机构在机械方面也有防"跳跃"功能。

6. 联锁功能

分、合闸位置联锁。保证断路器在合闸位置时合闸回路断开而不能通电，在分闸位置时，分闸回路断开而不能通电；高、低气（液）压联锁，保证断路器的操动机构处在合格的气（液）压范围内才能动作，或在合闸弹簧拉紧后才能合闸；断路器与隔离开关联锁，利用断路器的辅助开关触点与隔离开关的操动机构之间设立电磁联锁，保证断路器在分闸位置时才能够操作隔离开关。

7. 重合闸功能

断路器在自动分闸后，保证在接到重合闸指令后可靠地重合闸。

2.6.4 不同各类操动机构的比较

断路器操动机构分类如下：

操动机构的合闸能源来自于人力或电力。这两种能源还可以转变成其他形式，如电磁能、弹簧位能等。根据能量形式的不同，操动机构可分为手动型、电磁型、电动机型、弹簧型、气动型和液压型。

（1）手动型：指靠人力合闸、靠弹簧分闸的操动机构。

（2）电磁型：直接依靠电磁力来合闸的操动机构。

（3）电动机型：靠电动机动作来实现合闸与分闸的操动机构。

（4）弹簧型：用小功率电动机将弹簧拉伸储能实现合闸与分闸的操动机构。

（5）气动型：以压缩空气推动活塞实现合闸和分闸的操动机构。

（6）液压型：用高压油推动活塞实现合闸与分闸的操动机构。

各类操动机构的优缺点见表2-1。

表2-1　　　　　　　　　　　　各类操动机构的优缺点

形　式	主　要　优　点	主　要　缺　点	备　注
手动操动机构	1. 结构简单，价格低廉； 2. 不需要电源用作合闸能源	1. 不能遥控和自动合闸； 2. 合闸能力小； 3. 就地操作，不安全	用于10kV以下小容量的断路器
电磁操动机构	1. 结构简单，加工容易； 2. 运行经验多	1. 需要大功率的直流电源； 2. 耗费材料多	当前110kV以下的油断路器大部分采用电磁操动机构，但不是发展方向
电动机操动机构	可用交流电源	要求电源的容量较大（但小于电磁操动机构）	
弹簧操动机构	1. 要求电源的容量小； 2. 交、直流电源都可用； 3. 暂时失去电源时仍能操作多次	1. 结构较复杂； 2. 零部件加工精度要求高	用于中小型断路器，是发展方向
气动操动机构	1. 不需要直流电源； 2. 暂时失去电源时仍能操作多次	1. 需要空压设备； 2. 对大功率的操动机构，结构比较笨重； 3. 空气中的潮气对机构有较大的影响	适用于有空压设备的场所
液压操动机构	1. 不需要直流电源； 2. 暂时失去电源时仍能操作多次； 3. 功率大，动作快，操作平稳	1. 加工精度要求高； 2. 价格较贵	适用于110kV以上超高压断路器，是发展方向

2.6.5　主要操动机构动作原理

目前，35kV及以下断路器一般采用弹簧操动机构，110kV及以上采用较多的是弹簧操动机构、液压操动机构，少部分使用气动机构。而电动机操动机构则基本上用在隔离开关上。

2.6.5.1　西门子3AQ1型断路器液压操动机构

西门子杭州开关有限公司出产的3AQ1型断路器配液压式操动机构，其主要结构及动作原理原理如图2-4所示。

（1）主组成部分：此型操动机构由以下主要部件组成。

1）储能机构，包括储能电机、油泵、储能器、油箱、过滤器、管路和电动机的控制保护装置等。

2）电磁系统，包括合闸线圈和电磁铁、分闸线圈和电磁铁、压力开关、压力表和接

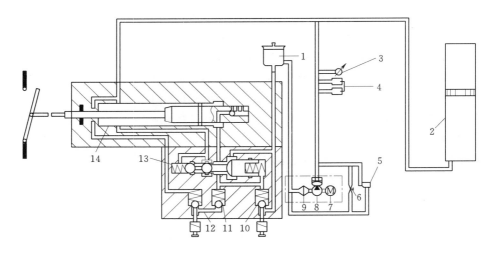

图 2 - 4　3AQ1型断路器液压操动机构原理图

1—油箱；2—储压器；3—压力表；4—压力开关；5—安全阀；6—放油阀；7—电动机；8—油泵；
9—过滤器；10—分闸控制阀；11—逆止阀；12—合闸控制阀；13—主控阀；14—工作缸

线板等。

3）液压系统，采用差动式双向液压传动，包括合闸阀、分闸阀、安全阀、工作缸和管路等。

（2）储能器储能及油压控制：接通电源时，电动机开始转动，油箱1里面的低压油经过过滤器和管路进入油泵8，变成高压油后，再经过管路进入储能器的高压油腔，顶起活塞，压缩氮气。于是储能器储能，操动机构进到准备合闸位置。储能到油泵停止压力时，压力开关的触点断开，把电动机的电源切断。如果高压油的压力太高，达到安全阀5整定值时，安全阀5将动作，将高压油回到低压油箱1内。当需要释放高压油时，可开启放油阀6。

（3）合闸：接通合闸线圈的电源时，合闸电磁铁被吸引，压下合闸控制阀12的一级阀杆，把合闸阀的钢球推开。合闸控制阀12打开，高压油经合闸控制阀12、逆止阀11进入主控阀13活塞尾部，使其向左运动，关闭与低压油箱1的通道阀口，打开主控阀组合钢球阀口，高压油经主控阀13进入工作缸活塞合闸腔。由于工作缸14活塞的两侧受压面积不同，在压力差的作用下，活塞迅速地向左运动，于是操动机构进到合闸位置，使断路器合闸。合闸结束瞬间，断路器辅助开关切断合闸信号，合闸电磁铁返回，合闸控制阀12关闭，逆止阀11关闭，而主控阀13组合钢球阀口仍打开，高压油仍进主控阀13活塞尾部，起自保持作用，使主控阀继续操持在关闭与低压油箱的通道位置，断路器维护合闸位置。

（4）分闸：接通分闸线圈的电源时，分闸电磁铁被吸引，压下分闸阀的阀杆，把分闸启动阀10的钢球推开，分闸启动阀10打开。主控阀13活塞尾部的自保持高压油经分闸启动阀10回到低压油箱。在工作缸活塞14分闸腔的高压油作用下，工作缸活塞向右运动，断路器分闸。断路器辅助开关切断分闸电磁铁，分闸启动阀关闭，分闸结束。

（5）防慢分：断路器在合闸位置时，由于某种原因，使液压系统发生渗漏，可能使高压油压降到零。此时油泵启动打压，断路器应仍能保持在合闸位置，不应发生慢分。

主控阀的球形阀采用由四个钢球组合而成的特殊结构，即是防慢分的装置。当主控阀的球形组合阀打开时，两边两个小钢球被挤入小槽内。当高压油压力降至零时，两个钢球均小槽卡住，使主控阀的球形组合阀保持在打开位置。当油泵启动，高压油同时进入工作缸活塞的两侧，断路器始终保持在合闸位置，不发生慢分。

2.6.5.2 西门子 3AT 型断路器液压操动机构

西门子 3AT 型断路器液压操动结构与动作原理与 3AQ 型断路器液压操动基本一样。区别在于因 3AT 型断路器液压操动的输出功比 3AQ 型要大得多，故增加了一套控制阀将前一级控制阀的输出信号进行放大，再去控制工作缸作功。3AT 型断路器液压操动机构原理如图 2-5 所示。其动作原理可参照 3AQ 型液压操动机构动作原理。

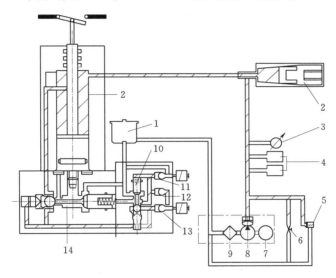

图 2-5 3AT 型断路器液压操动机构原理图

1—油箱；2—储压器；3—压力表；4—压力开关；5—安全阀；6—放油阀；7—电动机；
8—油泵；9—过滤器；10—二级阀；11—分闸控制阀（一级分闸阀）；
12—逆止阀；13—合闸控制阀（一级阀）；14—三级阀

2.6.5.3 AHMA 型弹簧储能液压操动机构

AHMA 型弹簧储能液压操动机构之前多配在 ABB 的断路器上。因其相比其他液压操动机构具有运行可靠等优点，国内也有开关厂也购买了此型号液压操动机构作为本厂的开关设备操动机构。

AHMA 型弹簧储能液压操动机构，采用差动式工作缸，弹簧储能液压——连杆混合传动方式，控制部分只用了一个主控阀和一个合闸控制阀、两个分闸控制阀。它组合了弹簧储能和液压机构的优点，储能弹簧有盘形弹簧的优点，储能弹簧由盘形弹簧钢板组成，使用寿命长，稳定性、可靠性好，不受温度变化影响，结构简单，又可将液压元件集中在一起，无液压管道；液压回路与外界完全密封，从而保证液压系统不会渗漏。

AHMA 型弹簧储能液压操动机构原理如图 2-6 所示。

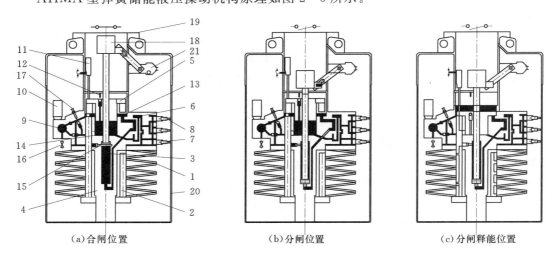

（a）合闸位置　　　　　　　（b）分闸位置　　　　　　　（c）分闸释能位置

图 2-6　3AHMA 型弹簧储能液压操动机构原理图

1—盘形储能弹簧；2—拉紧螺栓；3—工作缸活塞；4—高压筒；5—储能活塞；6—主控阀；7—合闸电磁阀；
8—分闸电磁阀；9—液压泵；10—电动机；11—压力开关控制连杆；12—安全阀；13—低压油箱；
14—高压油储压腔；15—合闸位置闭锁；16—低压放油阀；17—高压油释放阀；
18—联轴器；19—连接法兰；20—外罩；21—辅助开关

（1）液压储能：电动机 10 接通电源，液压泵 9 将低压油箱 13 内液压油打入高压油储压腔 14，将储能活塞 5 向上推动，通过储能活塞 5 上的拉紧螺栓 2，使盘形储能弹簧 1 压缩储能。由活塞上的压力开关连杆 11 切换行程开关，切断电动机 10 电源，液压泵 9 停止。当高压油储压腔 14 内油压过高，安全阀 12 自动打开，高压油释放到低压油箱 13 内。储能结束后，如图 2-6（b）所示，工作缸活塞 3 连杆的一侧常充高压油，而另一侧与低压油箱接通，断路器在分闸位置。

（2）合闸操作：合闸电磁铁通电，合闸电磁阀 7 打开，主控阀 6 向上动作，隔断工作缸活塞 3 下面与低压油箱 13 的通路，同时通过主控阀 6，将高压油储压腔 14 与工作缸活塞 3 下面合闸侧接通。这样，工作缸活塞上下两侧都接入高压系统。由于工作缸活塞合闸侧面积大于分闸侧面积，于是差动式工作缸活塞 3 向上运动，断路器合闸。由辅助开关 21 切断合闸电磁铁电源，合闸电磁阀关闭，盘形储能弹簧释放的能量，由液压泵补充。机构处于图 2-6（a）所示合闸位置。

（3）分闸操作：分闸电磁铁通电，分闸电磁阀 8 打开，主控阀 6 向下动作，接通了工作缸活塞 3 下面合闸腔与低压油箱的通路，工作缸活塞 3 合闸腔高压油被排放，工作缸活塞向下运动，断路器分闸。辅助开关 21 切断分闸电磁铁电源，分闸电磁阀关闭。机构处于图 2-6（b）所示分闸位置。

（4）分闸、合闸速度调整：主要调节进入主控阀 6 的高压或低压油路中的截流阀，借助截流阀，改变管道通流截面积。

（5）防慢分：断路器在合闸位置时，由于某种原因，使液压系统发生渗漏，可能使高压油压力降到零。此时油泵启动打压，断路器应仍能保护在合闸位置，不应发生慢分。

此液压机构采用合闸位闭锁装置15防断路器慢分。该闭锁装置利用压力油来控制，当液压油释放低于工作压力，合闸位置闭锁装置在弹簧的作用下，活塞杆插入工作缸活塞槽内，使断路器保持在合闸位置。此时油泵打压，断路器不会慢分。当油压建立起来后，到工作压力时，分闸闭锁装置活塞复位，从而起到了防慢分的作用。

2.6.5.4 西门子3AP1FG型断路器弹簧操动机构

3AP1FG断路器采用弹簧式操动机构，利用已储能的弹簧为动力使断路器动作。弹簧式操动机构有多种形式，具备闭锁、重合闸等其他功能，弹簧操动机构成套性强，不需要配置其他附属设备，性能稳定，运行可靠。但是结构复杂，加工工艺要求高。

1. 弹簧式操动机构的组成

弹簧式操动机构主要由储能机构、电气系统和机械系统组成。3AP1FG型断路器弹簧操动机构箱内的内部布置如图2-7所示。

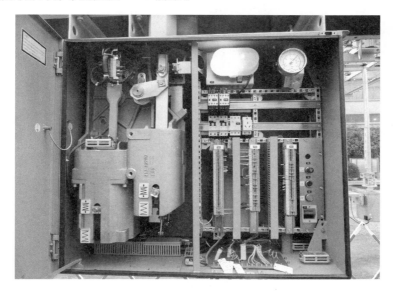

图2-7 3AP1FG型断路器弹簧操动机构箱内的内部布置

（1）储能机构包括储能电动机、传动机构、合闸弹簧和连锁装置等。在传动轮的轴上可以套装储能手柄和储能指示器。全套储能机构用钢板外罩保护或装配在同一铁箱里面。3AP1FG型断路器弹簧操动机构弹簧储能机构如图2-8所示。

（2）电气系统包括合闸线圈、分闸线圈、辅助开关、连锁开关和接线板等。

（3）机械系统包括合、分闸机构和输出轴（拐臂）等。

操动机构箱上装有手动操作的合闸按钮、分闸按钮和位置指示器，在操动机构的底座或箱的侧面备有接地螺钉。

2. 电动储能式弹簧操动机构工作原理

电动储能式弹簧操动机构组成原理框图如图2-9所示，电动机通过减速装置和储能

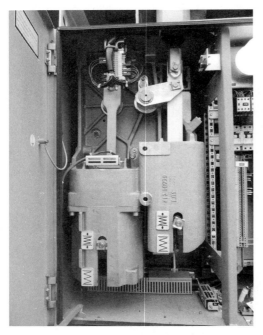

图 2-8　3AP1FG 型断路器弹簧操动机构
弹簧储能机构

机构的动作，使合闸弹簧储存机械能，储存完毕后通过闭锁使弹簧保持在储能状态，然后切断电动机电源。当接收到合闸信号后时，将解脱合闸闭锁装置以释放合闸弹簧的储能。这部分能量中一部分通过传动结构使断路器的动触头动作，进行合闸操作；另一部分则通过传动机构使分闸弹簧储能，为分闸做准备。当合闸动作完成后，电动机立即接通电源启动，通过储能机构使合闸弹簧重新储能，以便为下一次合闸动作做准备。当接收到分闸信号时，将解脱自由脱扣装置以释放分闸弹簧储存的能量，并使触头进行分闸动作。

（1）开关分闸状态，合闸弹簧和分闸弹簧释能，如图 2-10 所示。

（2）开关分闸状态，合闸弹簧储能，如图 2-11 所示。

（3）合闸过程：合闸脱扣器动作，通过合闸棘爪和杠杆释放盘型凸轮。合闸棘爪的

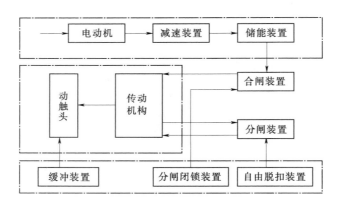

图 2-9　电动储能式弹簧操动机构组成原理框图

释放如图 2-12 所示。

（4）合闸过程：经合闸弹簧作用，储能轴转动，从而使转动杠杆上的滚轮沿盘型凸轮运动并将运动传输至操动轴。接着此运动经连杆和操动杆被操动杠杆传输到灭弧单元，灭弧单元的触头闭合，合闸如图 2-13 所示。

（5）合闸过程：分闸弹簧经操动杠杆和连杆储能。这样，分闸棘爪沿棘爪杠杆上的滚轮运动（图 2-13）。在运动曲线的末端，转动杠杆过冲。从而使分闸棘爪能够在棘爪杠杆上的滚轮后回落，转动杠杆的过冲如图 2-14 所示。

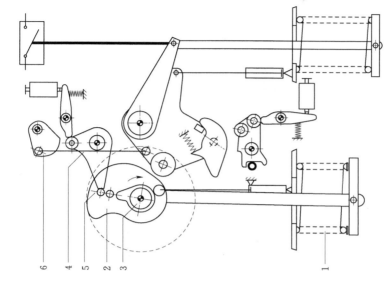

图 2－11　开关分闸状态（合闸弹簧储能）

1—合闸弹簧；2—盘形凸轮；3—储能轴；4—合闸棘爪；5—滚轴；6—合闸机械闭锁

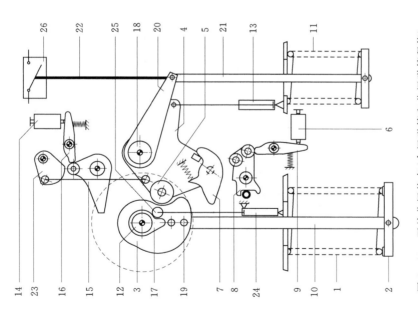

图 2－10　开关分闸状态（合闸弹簧和分闸弹簧释能）

1—合闸弹簧；2—弹簧垫圈；3—盘形凸轮；4—转动杠杆；5—滚轮；6—分闸脱扣器；7—分闸棘爪；8—棘爪杠杆；9—合闸脱扣器；10—连杆；11—分闸弹簧；12—储能轴；13—分闸缓冲器；14—棘爪杠杆；15—合闸棘爪；16—杠杆；17—凸轮；18—凸轮；19—滚轴；20—操动轴；21—连杆（分闸弹簧）；22—操动杠杆；23—操动连杆；24—合闸缓冲器；25—滚轮；26—灭弧单元

39

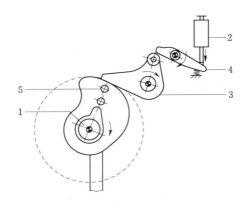

图 2-12　合闸棘爪的释放

1—盘形凸轮；2—合闸脱扣器；3—合闸棘爪；4—杠杆；5—滚轴

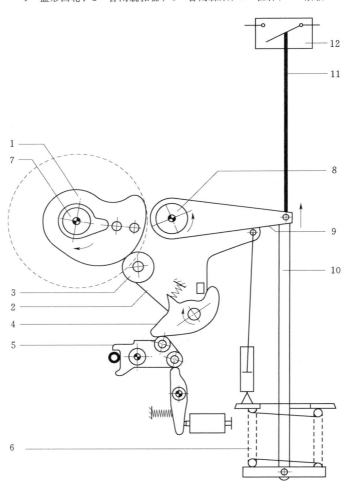

图 2-13　合闸

1—盘形凸轮；2—转动杠杆；3—滚轮；4—棘爪杠杆；5—棘爪杠杆；6—分闸弹簧；7—储能轴；
8—操作轴；9—操动杠杆；10—连杆（分闸弹簧）；11—操动杆；12—灭弧单元

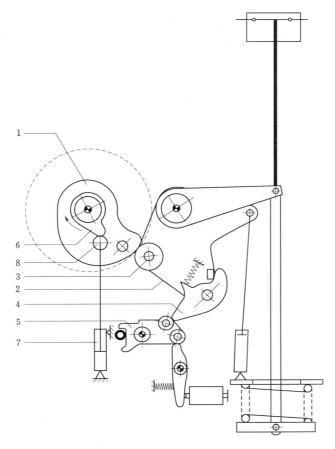

图 2-14　转动杠杆的过冲

1—盘形凸轮；2—转动杠杆；3—滚轮；4—分闸棘爪；5—棘爪杠杆；6—凸轮；7—合闸缓冲器；8—滚轮

（6）在合闸过程的结尾，合闸缓冲器上的滚轮沿凸轮运动并传递其剩余动能到合闸缓冲器，转动杠杆的过冲如图 2-14 所示。最后，滚轮跳至凸轮后，从而防止储能轴回摆，锁住在合闸位置如图 2-15 所示。转动杠杆脱离盘型凸轮后，其朝分闸方向稍微回转，直至分闸棘爪顶住棘爪杠杆上滚轮为止。开关锁在合闸位置。

（7）几乎在合闸过程的同时，电动机自动启动。合闸弹簧重新储能。最后，储能轴和已储能的合闸弹簧停在上中心点位置。通过锁住转动杠杆，合闸机械闭锁防止在分闸前操作机构合闸误动。合闸和分闸弹簧均储能，开关可进行分—合—分操作。锁住储能合闸弹簧如图 2-16 所示。

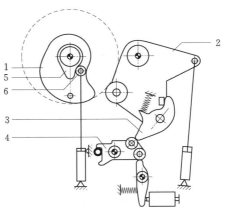

图 2-15　锁住在合闸位置

1—盘形凸轮；2—转动杠杆；3—分闸棘爪；
4—棘爪杠杆；5—凸轮；6—滚轮

（8）分闸过程：通过激励分闸脱扣器，使分闸棘爪经棘爪杠杆和杠杆释放，操动杠杆和转动杠杆经连杆被分闸弹簧拉至分闸位置。与此同时，灭弧单元的触头由操动杆拉至分闸位置。分闸运动结束时的剩余能量由分闸缓冲器吸收。该缓冲器同时起最终止动的作用。

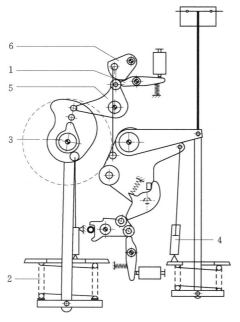

图 2-16 锁住储能合闸弹簧
1—转动杠杆；2—合闸弹簧；3—储能轴；
4—分闸缓冲器；5—合闸棘爪；
6—合闸机械闭锁

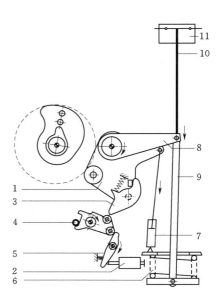

图 2-17 分闸棘爪的释放
1—转动杠杆；2—分闸脱扣器；3—分闸棘爪；
4—棘爪杠杆；5—杠杆；6—分闸弹簧；
7—分闸缓冲器；8—操动杠杆；
9—连杆（分闸用）；10—操
动杆；11—灭弧单元

分闸动作过程如图 2-17 所示。图 2-17 所示状态为开关处于合闸位置，合闸弹簧已储能（同时分闸弹簧也已储能完毕）。此时储能的分闸弹簧使主拐臂受到偏向分闸位置的力，但在分闸触发器和分闸保持掣子的作用下将其锁住，开关保持在合闸位置。

2.6.5.5 CT20 弹簧操动机构

CT20 型弹簧操动机构利用电动机给合闸弹簧储能，断路器在合闸弹簧作用下合闸，同时使分闸弹簧储能。储存在分闸弹簧的能量使断路器分闸。

1. 分闸动作过程

图 2-18 所示状态为开关处于合闸位置，合闸弹簧已储能（同时分闸弹簧也已储能完毕）。此时储能的分闸弹簧使主拐臂受到偏向分闸位置的力，但在分闸触发器和分闸保持掣子的作用下将其锁住，开关保持在合闸位置。

2. 分闸操作

分闸信号使分闸线圈带电并使分闸撞杆撞击分闸触发器，分闸触发器以顺时针方向旋转并释放分闸保持掣子，分闸保持掣子也以顺时针方向旋转释放主拐臂上的轴销 A，分闸弹簧力使主拐臂逆时针旋转，断路器分闸。

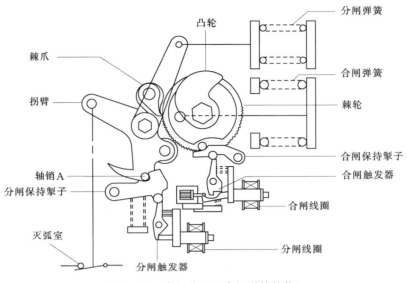

图 2-18 合闸位置（合闸弹簧储能）

3. 合闸操作过程

图 2-19 所示状态为开关处于分闸位置，此时合闸弹簧为储能（分闸弹簧已释放）状态，凸轮通过凸轮轴与棘轮相连，棘轮受到已储能的合闸弹簧力作用存在顺时针方向的力矩，但合闸触发器在合闸弹簧储能保持掣子的作用下使其锁住，开关保持在分闸位置。

4. 合闸操作

合闸信号使合闸线圈带电，并使合闸撞杆撞击合闸触发器。合闸触发器以顺时针方向旋转，并释放合闸弹簧储能保持掣子，合闸弹簧储能保持掣子逆时针方向旋转，释放棘轮上的轴销 B。合闸弹簧力使棘轮带动凸

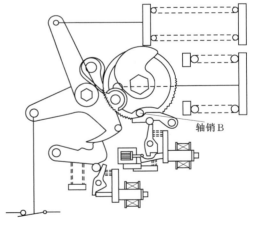

图 2-19 分闸位置（合闸弹簧储能）

轮轴以逆时针方向旋转，使主拐臂以顺时针旋转，断路器完成合闸。并同时压缩分闸弹簧，使分闸弹簧储能。当主拐臂转到行程末端时，分闸触发器和合闸保持掣子将轴销 A 锁住，开关保持在合闸位置。

5. 合闸弹簧储能过程

图 2-20 所示状态为开关处于合闸位置，合闸弹簧释放（分闸弹簧已储能）。断路器合闸操作后，与棘轮相连的凸轮板使限位开关 33HB 闭合，磁力开关 88M 带电，接通电动机回路，使储能电机启动，通过一对锥齿轮传动至与一对棘爪相连的偏心轮上，偏心轮的转动使这一对棘爪交替蹬踏棘轮，使棘轮逆时针转动，带动合闸弹簧储能，合闸弹簧储

能到位后由合闸弹簧储能保持掣子将其锁定。同时凸轮板使限位开关 33HB 切断电动机回路。合闸弹簧储能过程结束。

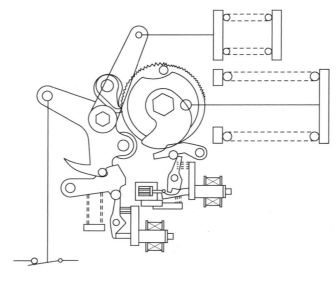

图 2-20　合闸位置（合闸弹簧释放）

6. 机械防跳原理

断路器防跳性能可以通过两个方面实现的：

（1）操动机构本身实现机械防跳。

（2）在操动机构的合闸回路中设置的"防跳"线路来实现。图 2-21 介绍了机械防跳原理，其动作过程如下：

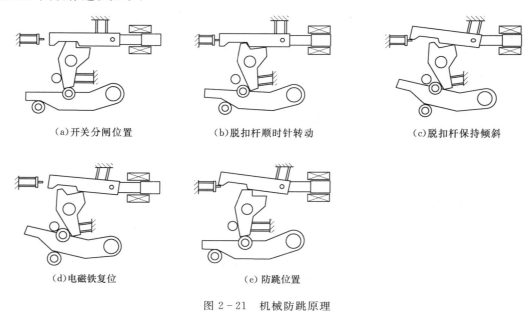

（a）开关分闸位置　　　　（b）脱扣杆顺时针转动　　　　（c）脱扣杆保持倾斜

（d）电磁铁复位　　　　（e）防跳位置

图 2-21　机械防跳原理

1）图2-21（a）所示状态为开关处于分闸位置，此时合闸弹簧为储能（分闸弹簧已释放）状态，凸轮通过凸轮轴与棘轮相连，棘轮虽然受到已储能的合闸弹簧力的作用存在顺时针方向力矩，但在合闸触发器和合闸弹簧储能保持掣子的作用下仍然被锁住，开关保持在分闸位置。

2）当合闸电磁铁被合闸信号励磁时，铁芯杆带动合闸撞杆先压下防跳销钉后撞击合闸触发器。合闸触发器以顺时针方向旋转，并释放合闸弹簧储能保持掣子，合闸弹簧储能保持掣子逆时针方向旋转，释放棘轮上的轴销B。合闸弹簧力使棘轮带动凸轮轴以逆时针方向旋转，使主拐臂以顺时针旋转，断路器完成合闸。

3）滚轮推动脱扣器的回转面，使其进一步逆时针转动。脱扣器使脱扣杆顺时针转动，如图2-21（b）所示，从防跳销钉上滑脱，而防跳销钉使脱扣杆保持倾斜状态，如图2-21（c）所示。

4）断路器合闸结束，合闸信号消失电磁铁复位，如图2-21（d）所示。

5）如果断路器此时得到了意外的分闸信号开始分闸，在分闸在这一过程中，只要合闸信号一直保持，脱扣杆由于防跳销钉的作用始终倾斜，从而铁芯杆便不能撞击脱扣器，因此，断路器不能重复合闸操作实现防跳功能，如图2-21（e）所示。

当合闸信号解除时，合闸电磁铁失磁，铁芯杆通过电磁铁内弹簧返回，则铁芯杆和脱扣杆均处于图2-21（a）状态，为下次合闸操作作好了准备。

2.6.5.6 CQ6型气动-弹簧操动机构

CQ6型气动-弹簧操动机构的合闸位置、分闸过程、分闸位置如图2-22～图2-24所示。气动-弹簧操动机构是由活塞和气缸组成的驱动机构，还包括控制压缩空气的控制阀，由电信号操纵的合闸和分闸电磁铁以及合闸弹簧，缓冲器，分闸保持掣子、脱扣器等其他零部件组成。

图2-22所示状态为开关处于合闸位置，由控制阀内弹簧在连板上产生的顺时针方向的力矩被掣子在连板上产生的逆时针方向的力矩抵消，使控制阀不能动作，控制阀将压缩空气封闭在储气罐中，使压缩空气罐内的压缩空气不能通过。操动机构在合闸弹簧作用下保持合闸位置。

1. 分闸操作

分闸信号使分闸线圈带电，并使分闸撞杆撞击分闸触发器，分闸触发器顺时针方向旋转，带动锁扣掣子逆时针方向旋转。这样由控制阀内弹簧在连板上产生的顺时针方向的力矩将控制阀打开，将在储气罐中的压缩空气释放，压缩空气进入气缸，迫使活塞向下运动，通过传动系统打开动触头完成分闸操作，断路器分闸。

分闸操作的过程如下：

（1）分闸信号使分闸电磁铁通电。

（2）分闸电磁铁的动铁芯向下运动，撞击掣子。掣子由两个连杆和三根短轴组成，白色轴连接着两个连杆，两根黑色轴将两个连杆分别连在机架上。掣子右侧的连杆在铁芯的撞击下顺时针旋转，左侧的连杆反时针旋转，因而连板和掣子的约束被释放。

（3）连板顺时针转动，使控制阀在其内部弹簧力的作用下打开。

（4）压缩空气罐内的压缩空气进入气缸。

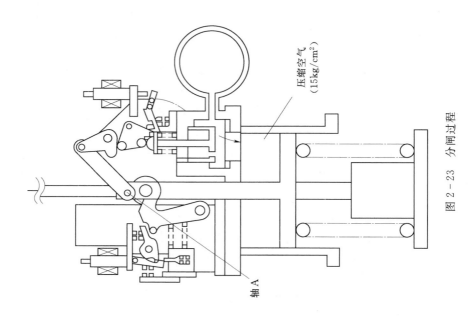

压缩空气
(15kg/cm²)

轴 A

图 2 - 23 分闸过程

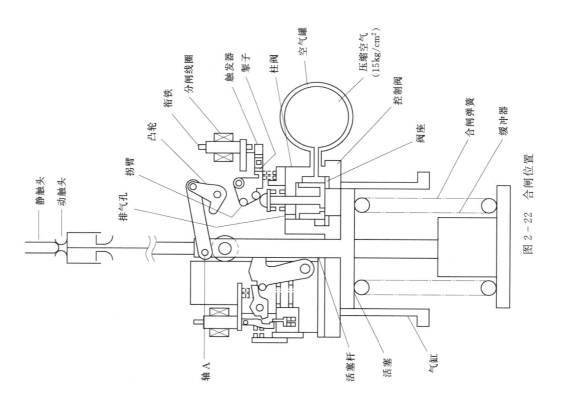

静触头
动触头

排气孔
拐臂
凸轮
衔铁
分闸线圈
触发器
掣子
柱阀
空气罐
压缩空气
(15kg/cm²)
控制阀
阀座
合闸弹簧
缓冲器

活塞杆
活塞
气缸

轴 A

图 2 - 22 合闸位置

46

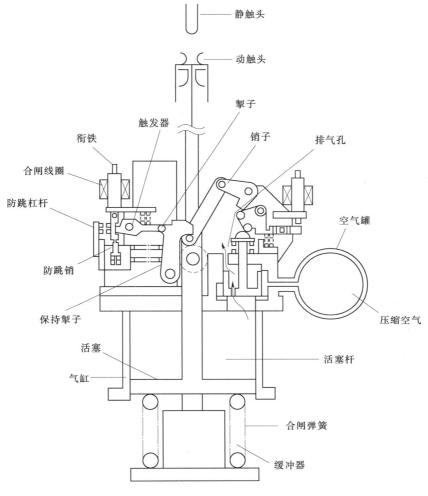

图 2-24　分闸位置

（5）压缩空气推动活塞向下，与活塞相连的动触头被带动，断路器分闸。

（6）在分闸操作的最后阶段，连板被与活塞相连的凸轮下压，使控制阀又回到合闸位置状态。气缸内的空气通过排气口排出。最后轴A被分闸保持掣子锁住，断路器分闸操作完成。在分闸操作时，合闸弹簧由活塞作功储能。

2．合闸操作

图 2-24 所示状态为开关处于分闸位置。在分闸位置，断路器是由通过连接在机架上的分闸保持掣子在机械上锁住。分闸保持掣子受到由合闸弹簧力产生的反时针方向的力矩作用，此时其又与脱扣器和自身轴销构成"死点"结构产生顺时针方向力矩，保持操动机构处于分闸状态。

触头合闸需要的功是从合闸弹簧取得的。当轴A被释放，活塞由合闸弹簧驱动向上经传动系统使动触头闭合。

合闸操作过程如下：

（1）合闸信号使合闸电磁铁通电。

（2）合闸电磁铁的铁芯向下撞击脱扣器。

（3）脱扣器和分闸保持掣子之间的"死点"状态解除。

（4）分闸保持掣反时针转动，轴 A 从分闸保持掣子的约束中释放。

（5）活塞和动触头由合闸弹簧驱动向上完成合闸。

3.重合闸操作

断路器的重合闸操作是依靠断路器分闸后，其气动机构的传动系统与控制回路能迅速地恢复到准合闸状态，然后在重合闸继电器（在主控室）的控制下断路器再次合闸。如果短路故障已经解除，则重合闸成功，断路器继续正常运行，如果短路故障尚未解除，则关合后立即（但不小于 40ms）分闸，进行一次不成功的重合闸操作。

断路器的机械防跳原理：

断路器防跳性能可以通过两个方面实现的。第一是操动机构本身实现机械防跳，第二是在操动机构合闸回路中设置"防跳"线路来实现。开关在设计院设计中有时已经有电气防跳，故为防止冲突，操动机构自带的电气防跳回路解除。目前在 CQ6 型操动机构上装有一个机械防跳装置。

图 2-25 介绍了机械防跳装置的原理和动作过程。

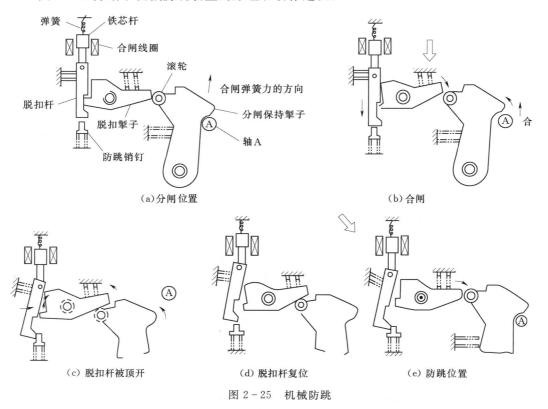

图 2-25　机械防跳

（1）分闸保持掣子锁住轴 A 使断路器保持在分闸位置。轴 A 与操作杆连在一起，合闸弹簧的反力作用在其上，方向如图 2-25（a）所示，这样，轴 A 便给分闸保持掣子一个逆时针的转矩．但同时分闸保持掣子还被脱扣器通过滚轮锁住。

（2）当合闸电磁铁被合闸信号励磁时，铁芯杆带动脱扣杆撞击脱扣器，使它逆时针方向转动，解脱了对分闸保持掣子的约束。分闸保持掣子便在合闸弹簧的反力作用下逆时针转动，轴A被解脱，断路器合闸。同时，铁芯杆通过脱扣杆压下防跳销钉．

（3）滚轮推动脱扣器的回转面，使其进一步逆时针转动。从而，脱扣器使脱扣杆顺时针转动，如图2-25（b）所示，从防跳销钉上滑脱，而防跳销钉使脱扣杆保持倾斜状态，如图2-25（c）所示。

（4）如果断路器此时得到了意外的分闸信号开始分闸，轴A便会向下运动，分闸保持掣子在复位弹簧作用下顺时针转动锁住轴A，然后，分闸保持掣子本身又被脱扣器锁住。

在这一过程中，只要合闸信号一直保持，脱扣杆由于防跳销钉的作用始终倾斜，从而铁芯杆便不能撞击脱扣器，因此断路器不能重复合闸操作，实现防跳功能，如图2-23（e）所示。

当合闸信号解除时，合闸电磁铁失磁，铁芯杆通过电磁铁内弹簧返回，则铁芯杆和脱扣杆均处于图2-23（a）状态，为下次合闸操作作好了准备。

4. 断路器的闭锁

为保证断路器获得所需要的开断能力，在断路器操动机构的控制回路中设有以下两种闭锁装置：一种为低空气操作压力闭锁；一种为低SF_6压力闭锁。

5. 断路器的缓冲

为使断路器的分、合闸操作比较平稳，该断路器采用油缓冲器来吸收分、合操作中的剩余能量，减少对断路器本身的冲击，提高产品的机械可靠性。

2.6.5.7 VS1真空断路器弹簧操动机构

1. 操动机构

操动机构为弹簧储能操作机构，断路器框架内装有合闸单元，有一个或数个脱扣电磁铁组成的分闸单元、辅助开关、指示装置等部件；前方设有合、分按钮，手动储能操作孔，弹簧储能状态指示牌，合分指示牌等。VS1真空断路器三视图如图2-26所示，真空断路器侧视图如图2-27所示。

断路器合闸所需能量由合闸簧储能提供。储能既可由外部电源驱动电机完成，也可以使用储能手柄手动完成。

2. 储能操作

由固定在框架上的储能电机16进行，或者将储能手柄插入手动储能孔中逆时针摇动进行。电动储能时由电机输出轴15带动链轮传动系统（14、23、18），手动储能时通过蜗轮、蜗杆（11、13）带动链轮传动系统。链轮23转动时，销2推动轮6上的滑块4使储能轴7跟随转动并通过拐臂5和21拉伸合闸弹簧进行储能。到达储能位置时，框架上的限位杆3压下滑块4使储能轴与链轮传动系统脱开，储能保持掣子9顶住滚轮8保持储能位置，同时储能轴上连板24带动储能指示牌25翻转显示"已储能"标记，并切换辅助开关切断储能电机供电电源，此时断路器处于合闸准备状态。

3. 合闸操作

在合闸操作中，不论用手按下"合闸"按钮或远方操作使合闸电磁铁动作，均可使储

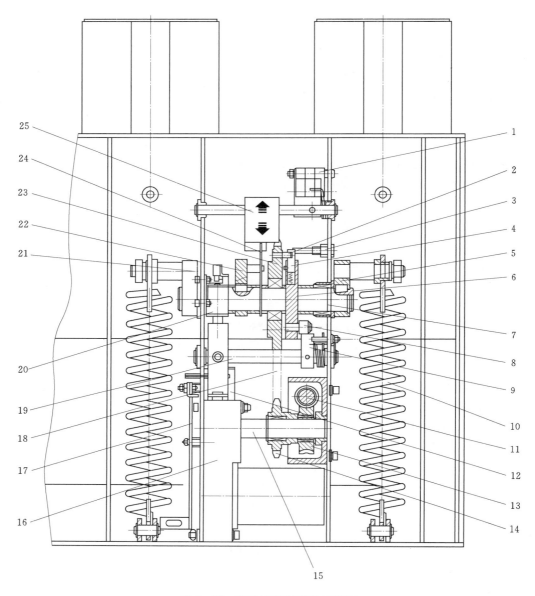

图 2 - 26　VS1 真空断路器正视图

1—储能到位切换用微动开关；2—销；3—限位杆；4—滑块；5—拐臂；6—储能传动轮；7—储能轴；8—滚轮；
9—储能保持掣子；10—合闸弹簧；11—手动储能蜗杆；12—合闸电磁铁；13—手动储能传动蜗轮；
14—电机传动链轮；15—电机输出轴；16—储能电机；17—联锁传动弯板；18—传动链条；
19—储能保持轴；20—闭锁电磁铁；21—拐臂；22—凸轮；
23—储能传动链轮；24—连板；25—储能指示牌

能保持轴 19 转动，使掣子 9 松开滚轮 8，合闸弹簧收缩同时通过拐臂 5、21 使储能轴 7 和轴上的凸轮 22 转动，凸轮又驱动连杆机构（图 2-27 中 9、11、12、13、14）带动绝缘拉杆 8 和动触头进入合闸位置，并压缩触头弹簧 7，保持触头所需接触压力。

　　合闸动作完成后合闸保持掣子 13 与半轴 16 保持合闸位置，同时储能指示牌、储能辅

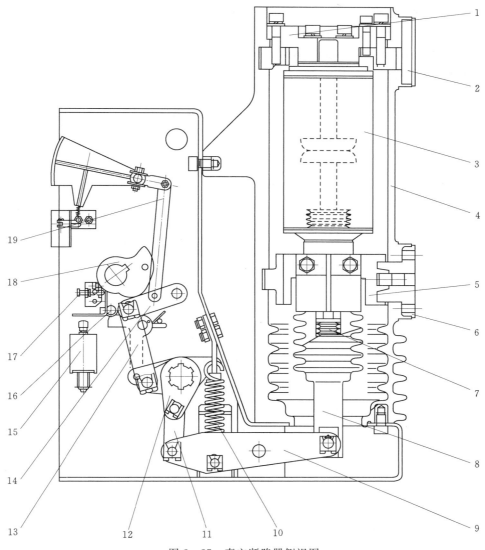

图 2-27 真空断路器侧视图

1—上支架；2—上出线座；3—真空灭弧室；4—绝缘筒；5—下支架；6—下出线座；7—碟簧；
8—绝缘拉杆；9—传动拐臂；10—分闸弹簧；11—传动连板；12—主轴传动拐臂；13—合闸
保持掣子；14—连板；15—分闸电磁铁；16—半轴；17—手动分闸顶杆；
18—凸轮；19—分合指示牌连板

助开关复位，电机供电回路接通。若外接电源也接通则再次进入储能状态，连板 19 拉动合/分指示牌，显示出"合"的标记，传动连板拉动主辅助开关切换。

需要注意的是，当断路器已处于合闸状态或选用闭锁装置而未使闭锁装置解锁及手车式断路器在推进推出过程中，均不能进行合闸操作。

4.分闸操作

在分闸操作中，既可按"分闸"按钮，也可通过接通外部电源使分闸脱扣电磁铁或过流脱扣电磁铁动作使合闸保持掣子 13 与半轴 16 解锁而实现分闸操作。由触头弹簧和分闸簧 10 储存的能量使灭弧室 3 动静触头分离。在分闸过程后段，由液压缓冲器吸收分闸过程剩余能量并限定分离位置。

由连板 19 拉动合/分指示牌显示出"分"标记，同时拉动计数器，实现计数器计数，由传动连板拉动主辅助开关切换。

5. 防误联锁

断路器能提供完善的防误操作功能，如图 2-28 所示。

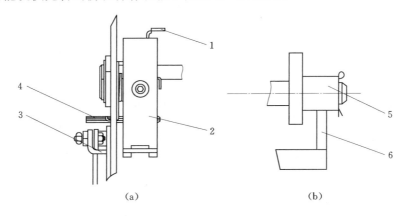

（a） （b）

图 2-28 防误联锁

1—合闸联锁弯板；2—合闸弯板；3—联锁弯板；4—销；5—滚轮；6—锁板

（1）断路器合闸操作完成后，合闸联锁弯板 1 向下运动扣住合闸保持轴上的合闸弯板 2，在断路器未分闸时将不能再次合闸。

（2）在断路器合闸操作后由于某种原因分闸，如果合闸指令一直保持，断路器内部防跳控制回路将切断合闸回路，防止多次重合闸。

（3）手车式断路器在未到试验位置或工作位置时，由联锁弯板 3 扣住合闸弯板 2 上的销 4，同时切断合闸回路，防止断路器处于合闸状态进入负荷区。

（4）手车式断路器在工作位置或试验位置合闸后，由滚轮 5 压推进机构锁板 6，手车将无法移动，防止在合闸状态推进或拉出负荷区。

（5）如果选用电气合闸闭锁，在未使闭锁装置解锁情况下阻止合闸操作。

2.6.5.8 CT19 弹簧操动机构

CT19 弹簧操动机构是专为配真空断路器而设计的，它与 ZN28-10 真空断路器和 ZN28A 悬挂式真空断路器匹配可供工矿企业、发电厂及变电站作电气设施的保护和控制之用。

机构合闸弹簧的储能方式有电动机储能和手力储能两种，合闸操作有合闸电磁铁和手按钮操作两种，分闸操作有分闸电磁铁和手按钮操作两种，机械寿命可达 10000 次。CT19 弹簧操动机构外形如图 2-29 所示。

储能电机额定电压有直流 110V、220V，当电机电压为交流电时，增加整流装置。25kA、31.5kA 的电机功率为 70W，40kA、50kA 电机功率为 120W。

不同额定开断电流断路器的分合闸电磁铁是相同的，尤其是分合闸电磁铁的本体相同，分合闸电磁铁额定电压有交直流 110V、220V。

图 2-30 为机构电机储能部分动作示意图，图 2-30（a）为合闸弹簧处于未储能位置，图 2-30（b）为合闸弹簧处于已储能位置。图 2-31 为手力储能部分动作示意图。

（1）电机储能过程如下：如图 2-30 所示电机通过小齿轮 2 带动大齿轮 3 按图示方向转动，大齿轮与储能轴 7 是空套的，因此，在储能开始时电机只带动大齿轮作空转，当转到固定在大齿轮上的拨叉 9 与固定在储能轴上的驱动块 4 卡上以后，大齿轮就通过驱动块带动储能轴也按图示方向转动，挂簧拐臂 6 与储能轴是键联结，储能轴的转动带动了挂簧拐臂也按图示箭头方向转动，将合闸弹簧 15 拉长，当合闸弹簧过中后，固定在与储能轴键联结的凸轮 8 上的滚轮 5 就紧压在定位板 13 上，将合闸弹簧的储能状态维持住，储能结束。在挂簧拐臂过中的同时，一方面挂簧拐臂推动行程开关切断储能电机电源，另一方面固定在中侧板与左侧板之间的轴承 14 将驱动块上的拨叉顶起保证驱动

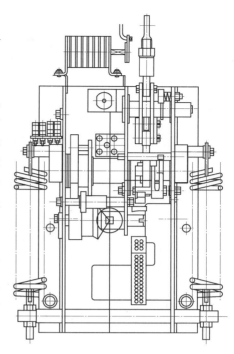

图 2-29　CT19 弹簧操动机构外形

块与大齿轮可靠脱离，这样，即使电机继续转动也不会将驱动块与拨叉顶坏。

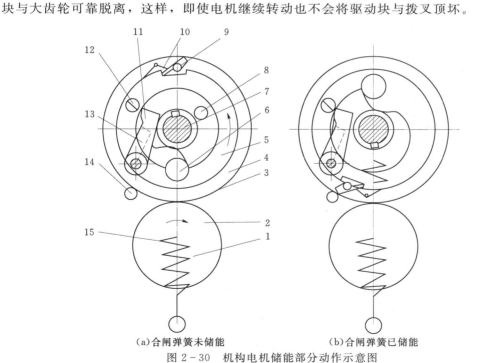

（a）合闸弹簧未储能　　　　（b）合闸弹簧已储能

图 2-30　机构电机储能部分动作示意图

1—单向轴承；2—小齿轮；3—大齿轮；4—驱动块；5—滚轮；6—挂簧拐臂；7—储能轴；
8—凸轮；9—拨叉；10—扭簧；11—扇形板；12—合闸半轴；
13—定位板；14—轴承；15—合闸簧

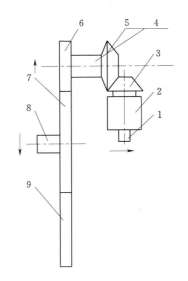

图 2-31 手力储能部分动作示意图
1—手力储能轴；2—定位块；3—手力驱动
齿轮；4—电机轴；5—与电机轴联接的
锥齿轮；6—直齿轮；7—大齿轮；
8—储能轴；9—直齿轮

（2）手力储能过程如下：图 2-31 中用专用摇把驱动小锥齿轮 3，小锥齿轮 3 再驱动与之相啮合的锥齿轮 5，锥齿轮 5 带动直齿轮 6，驱动大齿轮 7 按图示方向转动，以后的过程跟电机的储能一样。由于手力储能过程不是连续进行的，所以与大齿轮相啮合的直齿轮 9 上装有单向轴承，用来防止储能过程中大齿轮在合闸簧拉力下反转储不上能。

图 2-32 为机构合闸操作示意图，图 2-32（a）表示机构"合闸操作"时的状态，图 2-32（b）为机构合闸操作连锁示意图。

合闸操作过程如下：

（1）合闸电磁铁操作：机构接到合闸信号以后合闸电磁铁的动铁芯推动脱扣板 3 转动也即带动合闸半轴转过一个角度，这样合闸半轴上开口处与扇型板的扣接脱开，从而使凸轮上的滚子 8 与定位件 7 的储能维持解体，凸轮在合闸簧的作用下转过一定角度带动五连杆机构完成合闸操作，与此同时，连锁板 10 机构输出轴转到合闸位置将板 9 扣住，如图 2-32（b）所示，板 9 是固定在合闸半轴上的，这样合闸半轴就不能再转动，达到机械连锁的目的，即保证机构处于合闸位置时不能再实现合闸操作。

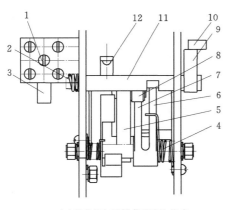

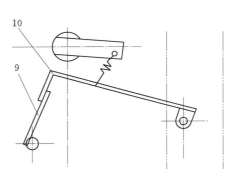

（a）机构"合闸操作"时的状态　　　　　　　　　（b）机构合闸操作连锁示意图

图 2-32　机构合闸操作示意图
1—动铁芯；2—扭簧；3—脱扣板；4—扭簧；5—凸轮；6—扇形板；7—定位件；
8—滚子；9—板；10—联锁板；11—合闸半轴；12—调节螺钉

（2）合闸按钮操作：安装在面板上的合闸按钮往里按动时推动脱扣板 3 转动，完成合闸操作。

凸轮连杆机构：

图 2-33 为 CT19 机构的凸轮连杆机构动作示意图。图 2-33（a）为凸轮连杆机构处于合闸并合闸弹簧已储能的位置，图 2-33（b）为凸轮连杆机构处于合闸并弹簧未储能的位置，图 2-33（c）为凸轮连杆机构处于分闸并弹簧已储能的位置，图 2-34（d）为凸轮连杆机构处于分闸并弹簧未储能的位置。

（1）凸轮连杆机构的合闸动作。

当机构处于分闸已储能的位置时，如图 2-33（c）所示，定位件 1 在凸轮上的滚子 2 作用下向外转扣接在合闸半轴上，这时凸轮连杆机构完成了合闸的准备工作。一旦接到合闸信号，半轴转过一个角度解除储能维持，凸轮 12 在合闸弹簧带动下按逆时针方向转动，推动连杆机构上的滚子向上向前运动，同时通过连杆 O_2B 推动分闸扇型板作顺时针转动，使扇型板与分闸半轴扣接，这时 O_2 受约束不能运动，使五连杆 $O_1ABO_2O_2'$ 变成四连杆 O_1ABO_2'，从动臂 O_1A 在凸轮的推动下向顺时针方向转动，通过机构与断路器的连结使断路器合闸，当凸轮转到等圆面上时，便完成了合闸操作，如图 2-33（b）所示。

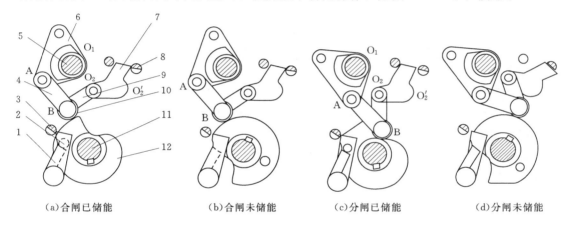

（a）合闸已储能　　（b）合闸未储能　　（c）分闸已储能　　（d）分闸未储能

图 2-33　凸轮连杆机构动作示意图

1—定位件；2—凸轮上的滚子；3—合闸半轴；4—连杆；5—输出轴；6—输出拐臂；7—分闸扇形板；
8—分闸半轴；9—连杆；10—滚子；11—储能轴；12—凸轮

（2）凸轮连杆机构的重合闸操作。

机构完成合闸动作以后，凸轮连杆机构处于图 2-33（b）所示的位置，这时机构进行储能操作，因为凸轮和滚子相接触在等圆面上，所以整个储能过程中输出轴 5 始终处于图 2-33（b）所示的位置，对断路器的合闸毫无影响。储能结束后，凸轮连杆机构处于图 2-33（a）所示位置，这时如果接到分闸信号并完成分闸动作，凸轮连杆机构便恢复到图 2-33（c）所示位置，只要接到合闸信号，便可立即合闸即实现一次自动重合闸操作。

（3）凸轮连杆机构的分闸操作动作与自由脱扣。

合闸动作完成后，一旦接到分闸信号，分闸半轴 8 在脱扣力作用下顺时针转动，分闸半轴对扇型板 7 的约束解除，完成分闸动作；如果是在合闸过程中接到分闸信号，扣接也同样解除，这时 O_2 不再受约束，四连杆 O_1ABO_2' 变成五连杆 $O_1ABO_2O_2'$，由于五连杆的主动臂和从动臂之间没有确定的运动特性，所以尽管凸轮仍在继续转动，但从动臂 OA 已不再受凸轮的影响，断路器无法合闸实现自由脱扣。

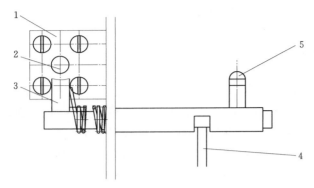

图 2 - 34　机构完成分闸操作示意图
1—分闸电磁铁；2—动铁芯；3—脱扣板；4—扣板；5—调节螺钉

分闸操作：

（1）分闸电磁铁操作：图 2 - 34 为机构完成分闸操作示意图，同合闸操作一样机构接到分闸信号以后，分闸电磁铁 1 的动铁芯推动脱扣板 3 转动，带动分闸半轴也转过一定角度，使半轴对扣板 4 的扣接解除，完成分闸动作。

（2）分闸按钮操作：安装在面板上的分闸按钮往里按动时，直接推动分闸电磁铁上的顶杆，顶杆再推动分闸半轴上的脱扣板实现分闸动作。

2.7　操动机构产品型号表示形式及含义

操动机构产品型号的组成，如图 2 - 35 所示。

第 1 位用拼音首字母表示操动机构，即 C 表示操作机构。

第 2 位用拼音首字母表示传动结构类型，如：S 表示手动；D 表示电磁；J 表示电动机；T 表示弹簧；Q 表示气动；Y 表示液压；Z 表示重锤。

第 3 位用数字表示设计序号。

第 4～5 位代表最大合闸力矩或其他特征标志。

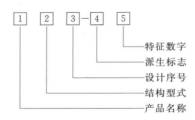

图 2 - 35　操动机构产品型号组成

高压开关设备操动机构的型号较多，国产操动机构一般按此规则命名，合资或外资企业的产品目前大多不遵守此规则。

第3章 SF₆断路器安装及验收标准规范

随着电网日益壮大，变电设备日益增多，电网的坚强可靠取决于其中设备的安全稳定。为保证设备在今后运行中能安全可靠，规范施工及验收工作十分重要，其目的便是加强设备安装质量并通过验收及时发现安装过程中的问题，及时整改，保证设备零缺陷投产，杜绝隐患。

3.1 断路器安装主控项目

（1）SF₆断路器在运输和装卸过程中，不得倒置、碰撞或受到剧烈振动；制造厂有特殊规定标记的，应按制造厂的规定装运。

（2）SF₆断路器到达现场后的保管应符合下列要求：

1）设备应按原包装放置于平整、无积水、无腐蚀气体的场地，并按编号分组保管；在室外应垫上枕木并加盖篷布遮盖。

2）充有SF₆等气体的灭弧室和罐体及绝缘支柱，应规定检查其预充压力值，并做好记录；有异常时应及时采取措施。

3）绝缘部件、专用材料、专用小型工器具及备品、备件等应置于干燥的室内保管。

4）瓷件应妥善安置。不得倾倒、互相碰撞。

3.2 断路器安装一般项目

（1）开箱前检查包装应无残损。

（2）设备的零件、备件及专用工器具应齐全、无锈蚀和损伤变形。

（3）绝缘件应无变形、受潮、裂纹和剥落。

（4）瓷件表面应光滑、无裂纹和缺损，铸件应无砂眼。

（5）充有SF₆等气体的部件，其压力值应符合产品的技术规定。

3.3 断路器安装作业要点

（1）施工前按设计及厂家提供的技术要求进行首件示范，确定施工工艺能达到设计要求。

（2）检查所有零部件，如压力表、继电器、开关、管路、接头、油泵马达和加热器等各部件，以确保它们均齐全、正确、无损坏，不得随意打开断路器的任何阀门。

（3）支架及机构箱安装时，起吊和固定时注意支架及机构箱的方向和位置。

（4）本体吊装根据厂家说明书进行。

（5）使用成套充气装置从气瓶中给开关充 SF_6 气体。充气前注意将充气管道内的空气排尽。充气时，将充气装置中的软管和开关接头连接，再调节气流量，以避免各连接件上的结冰现象，充气过程中观察精密压力表。

3.4　断路器安装作业注意事项

（1）施工场地应拉好红白隔离带，非施工人员未经允许不得入内。

（2）现场工作人员应服从现场总指挥的安排，起吊工作由起吊负责人负责指挥。其他人员如有不同意见，应向起吊负责人提出，不得大声喧哗以及盲目指挥。

（3）所有工作人员必须思想集中，各负其责。

（4）高处作业人员必须系好安全带，安全带应挂在上方的牢固可靠处后，方可进行作业，作业人员应衣着灵便，衣袖、裤脚应扎紧，穿软底鞋。

（5）高处作业区附近有带电体时，传递绳必须使用干燥的麻绳或尼龙绳，严禁使用金属线。

（6）作业区域附近有带电体时，应保持与带电体的安全距离并做好各项安全隔离措施及标志。

（7）明火操作及烘箱应尽量远离设备和易燃物品，消防器材齐全，严防失火。滤油机及主变本体应可靠接地。

（8）在搬运、调整、安装开关及传动装置时，必须防止开关意外脱扣伤人，注意开关的闭锁销是否正确，工作人员必须避开开关可动部分的动作空间。

（9）凡可进行慢分慢合的开关，初次动作时不得进行快分快合操作。

（10）对于液压及弹簧操作机构，严禁在有压力或弹簧储组的状态下进行拆装工作。

（11）对 SF_6 断路器时行充气时，其容器及管道必须干燥，工作人员必须戴手套和口罩。

3.5　断路器安装实施标准细则

施工程序包括开箱检查、安装准备工作、安装地脚螺栓、支架及机构箱安装、支柱瓷套、灭弧室及均压电容器安装、液压（气压）操动机构管道连接、电器回路安装接线、SF_6 气体管道连接、充 SF_6 气体、SF_6 气体检漏、操动机构调整、电气试验调整、验收。

3.5.1　安装流程及工艺要求

1. SF_6 断路器安装准备工作

（1）组织及技术准备工作。

（2）根据作业指导书、设计图纸、厂家资料对施工人员进行安全及技术交底。

（3）根据工程现场具体情况，合理布置现场，确定工机具、附件等堆放位置。

（4）核算吊装方案，选择吊车，其安全系数应符合规定。

（5）明确施工人员及各专业负责人名单，落实个人责任及权利范围。

（6）组织施工人员学习产品说明书、图纸及有关资料，熟悉产品结构尺寸及安装要求。

（7）准备好安装记录、试验报告表格。

（8）复核基础水平误差及中心线位置应与设计相符。

（9）安装工作就在无风沙、无雨雪的天气下进行。

（10）准备施工工机具及辅助材料。

（11）SF$_6$断路器在运输和装卸过程中，不得倒置、碰撞或受到剧烈振动；制造厂有特殊规定标记的，应按制造厂的规定装运。

（12）SF$_6$断路器到达现场后的保管应符合下列要求：

1）设备应按原包装放置于平整、无积水、无腐蚀气体的场地，并按编号分组保管；在室外应垫上枕木并加盖篷布遮盖。

2）充有SF$_6$等气体的灭弧室和罐体及绝缘支柱，应规定检查其预充压力值，并做好记录；有异常时应及时采取措施。

3）绝缘部件、专用材料、专用小型工器具及备品、备件等应置于干燥的室内保管。

4）瓷件应妥善安置。不得倾倒、互相碰撞。

（13）施工人员及施工工机具配备：①施工人员组织；②施工工机具及辅助材料配备。

2. SF$_6$断路器及附件开箱检查验收

应会同甲方、监理及厂方人员对备品备件等进行清点，并符合下列要求：①开箱前检查包装应无残损；②设备的零件、备件及专用工器具应齐全、无锈蚀和损伤变形；③绝缘件应无变形、受潮、裂纹和剥落；④瓷件表面应光滑、无裂纹和缺损，铸件应无砂眼；⑤充有SF$_6$等气体的部件，其压力值应符合产品的技术规定。

（1）按装箱单检查实际运到的零部件是否齐全，有无发现异常并作开箱验收报告。随同设备应具备下列资料（交资料员统一保管）：①液（气）动安装、电气安装、断路器安装说明图；电气原理图及二次接线图等图纸；②产品使用说明书；③装箱单；④产品合格证。

（2）检查所有零部件，如压力表、继电器、开关、管路、接头、油泵马达和加热器等各部件，以确保它们均齐全、正确、无损坏，不得随意打开断路器的任何阀门。

3. 安装基础及预埋地脚螺栓

（1）用水平仪检查断路器的基础应水平，用水平尺检查断路器的底座应水平，三相开关的横向中心线应在同一直线上。

（2）基础的中心距离及高度的误差不应大于10mm。预留孔或预埋铁板中心线的误差不大于10mm。预埋螺栓中心线的误差不大于2mm。

（3）检查合格后，养护水泥至完全凝固。

（4）安装前应按规范《电气装置安装工程高压电器施工及验收规范》（GBJ 147—1990）要求对SF$_6$断路器进行整体检查。

4. 支架及机构箱安装

利用支架及机构箱上的孔进行起吊，缓缓地落在产品的基础上，使各地脚螺栓均从安装孔穿出。起吊和固定时注意支架及机构箱的方向和位置。利用垫铁找正其水平度（三相间误差≤5mm）及垂直度（用水平仪找直到$1/1000H$。）

5. 本体吊装

（1）支柱绝缘子安装。卸掉机构箱上部及绝缘子底部的临时包装板，用尼龙带吊起绝缘子，使其内部的传动杆与机构箱内的液压部分相连，安装时根据厂家说明书进行。

（2）三联箱及灭弧室的安装：①卸开三联箱两侧的盖扳，从三联箱内取出干燥剂，放入烘箱内烘干；②利用专用吊装工具吊起三联箱和灭弧室，并同时拆除绝缘子上部的临时封罩和三联箱下部的堵板，取下三联箱内的轴销铜垫和卡环；③将三联箱吊起落在支柱缘子上，注意不要压坏自动接头，将支柱上和三联箱内两自动接头接入，以连接灭弧室及支柱腔的气路，按力矩值紧固两接头处的螺栓，装上铜垫和卡环；④在装三联箱两侧盖板时，将干燥剂从烘箱中取出立即装入三联箱原处，按力矩值拧紧螺栓；⑤应立即充入SF_6气体，上述工作必须在3h内完成，以免三联箱内进入潮气；⑥操作机构和极柱连接时，应按安装说明书的步骤进行，注意操作机构和极柱的传动杠杆所处的"分闸、合闸"位置，用手动操作机构装置来转动杠杆，调整到适当的位置，用连接插销连接。

（3）均压电容器安装：①在安装前应进行试验，其电容值实际值不应超过其铭牌值的$\pm5\%$，同时应把均压电容与灭弧室的连板表面砂纸磨平，除去氧化膜，连接表面处涂以电力复合脂；②吊装时可利用两条尼龙带及1T手拉葫芦吊装工具，用手拉葫芦调节其倾斜度。

6. SF_6管道连接

（1）将三个管道法兰和换向单元上的SF_6气体接头两端连上。平面平行对准，然后锁紧螺母配以取自备件的新密封圈旋入，直至逆止阀尚未从极柱中泄漏出来为止。

（2）将三个锁紧螺母无阻力地用手旋紧，再用螺母扳手拧紧。充气管道的闭锁螺栓和锁紧螺母以及极柱上气体连接管的外罩妥善保管。

7. 开关接地及导线连接

（1）横梁用所带的接地螺栓按规程要求和高压保护接地连接。

（2）用一只仅用于铝的钢刷，将铝质接线板的接触面刷出金属光亮并略打毛，接触面用不掉毛的纸或抹布擦净并薄薄地涂一层非酸性的凡士林，如Shell凡士林8420。

（3）导线连接用力矩扳手拧紧，断路器接线端子不受额外应力。

8. 控制电缆连接

将控制电缆穿过电缆孔接入控制箱，按照二次图纸接在接线板上。接地线接在所设接地端子上。

9. 用瓶充SF_6气体

（1）使用成套充气装置从气瓶中给开关充SF_6气体。充气前注意将充气管道内的空气排尽。

（2）充气时，将充气装置中的软管和开关接头连接，调节气流量，以避免各连接件上的结冰现象，充气过程中观察精密压力表。

（3）注意与环境温度相关的正确充气压力（铭牌20℃时的充气压力）。当环境温度不是20℃时，SF_6充气压力需从曲线图中查取。

（4）充气压力最大允许超过额定压力 30000Pa（与温度无关）。

（5）SF_6 密度继电器及压力表的校验。

（6）充气结束时，拧下充气装置，关闭接头，拧紧锁紧螺母，并注意各部件的清洁。

10．液压操动系统安装及调整

（1）随设备到货的压力表到达现场后应及时校验，开关装有一只液压储能筒，操作能量存在此储能筒内（N_2 填充）。在压力上升的同时，检查 N_2 的预充压力。通过压力表中一个跳跃式的指针偏转，显示出给定温度下 N_2 的预充压力值。

（2）液压系统的管路现场配装由设备厂家进行，需加注液压油，所加注液压油为 10 号航空液压油，打开低压主油箱的盖子后注油，注意应保持液压油清洁。

（3）如果液压系统中混有空气等将会影响断路器的同期性，所以在液压系统注油后必须进行排气工作。在油压开关和工作缸上有排气螺塞，松开排气螺塞后，用手压泵打压，混有空气的液压油排出，直至油中不再有气泡为止，液压系统合闸时瞬间充高压油的一侧在供排油阀体外有一排气螺塞，在分闸位置拧开此螺塞，液压油排出 1min 后，拧紧螺塞，装好油压表。

（4）液压油注入后，检查管路及阀门是否有泄漏处，如有泄漏应及时进行处理。高低压均处于零表压时，历时 0.4h 应无渗漏现象。液压系统处于额定油压时，液压系统历时 12h，压力下降不应大于 1MPa。

（5）在开关充了 SF_6 气体之后，操作系统方可打压至额定压力。通过马达的起动，使液压系统的压力上升，此时，泄压阀必须关闭。注意液压监控装置达到额定压力时，液压泵由压力监控器控制自动断开。

（6）手动及电动慢合、慢分操作检查；具体按照安装使用说明书进行，连接好操动连杆，安装或取下相关的插销及闭锁销后方可进行操动。

（7）额定油压下的操动检查均应正常。

11．SF_6 检漏及微水测试

（1）在开关安装及充入 SF_6 气体 24h 后，用灵敏度不小于 1×10^{-6}（体积比）的检漏仪对断路器各密封部位、管道接头等处进行检测时，检漏仪不应报警。

（2）测量 SF_6 微水含量，与灭弧室相通的气室，应小于 150ppm（体积比），不与灭弧室相通的气室，应小于 500ppm。

12．电气试验、调整

（1）测量绝缘拉杆的绝缘电阻值和导电回路接触电阻。

（2）测量分、合闸动作电压、时间、速度、同期及分、合闸线圈直流电阻、绝缘电阻等，测试数据符合《电气设备交接试验标准》（GB 50150—1991）及厂家产品技术说明书的规定要求。

（3）断路器和操动机构整组联动操作正确可靠，指示及报警闭锁信号均正确。

13．电气交接试验

（1）SF_6 气体成分分析，微水量不大于 150ppm，SF_6 气体检漏定量检测符合规范及厂家规定要求。

（2）额定操作电压、液（气）压下的分、合闸速度、时间、同期误差应符合制造厂规定技术要求。

14．其他

（1）金属表面油漆完整。

（2）相色标志正确。

3.5.2 断路器安装质量要求

1．机构箱

（1）外观完整无损伤。

（2）稳定程度牢固。

（3）机构与基础垫铁厚度不大于10mm。

（4）中心距离误差不大于5mm。

（5）用水平仪检查高度误差不大于10mm。

（6）接地符合接地规范。

2．瓷套

（1）连接法兰接触面误差水平误差不大于2mm。

（2）中心距离误差不大于5mm。

（3）外观清洁无损伤。

（4）螺栓连接使用力矩扳手按厂家规定的力矩值进行紧固。

3．灭弧室

（1）外观检查完好无损伤，清洁干燥。

（2）部件装配齐全正确。

（3）密封检查使用检漏仪定量检查，符合规范及厂家规定要求。

（4）导线外观清洁无断裂，电气连接螺栓用力矩扳手紧固，力矩值符合厂规要求。

4．液压系统

（1）液压油箱清洁无杂物，油位、油压正确。

（2）液压油标号正确，无杂质。

（3）液压管路无渗漏。

（4）传动部件无卡阻、跳动。

5．控制箱内设备

（1）零部件外观检查清洁、齐全无损伤。

（2）压力继电器及压力表动作指示均正确。

（3）辅助开关切换接点检查动作正确可靠，接触良好。

（4）加热装置外观无损伤，绝缘良好。

6．均压电容

（1）电容值符合规范及厂家规定。

（2）外观检查清洁无裂痕及损伤

（3）均压电容安装位置及配比正确，符合厂家要求。

3.5.3 安全及环保要求

1. 安全要求

（1）施工场地应拉好红白带，非施工人员未经允许不得入内。

（2）现场工作人员应服从现场总指挥的安排，起吊工作由起吊负责人负责指挥，其他人员如有不同意见，应向起重指挥提出，不得大声喧哗以及乱指挥。

（3）所有工作人员必需思想集中，各负其责。

（4）高处作业人员必须系好安全带，安全带应挂在上方的牢固可靠处后，方可进行作业，作业人员应衣着灵便，衣袖、裤脚应扎紧，穿软底鞋。

（5）高处作业区附近有带电体时，传递绳使用干燥的麻绳或尼龙绳，严禁使用金属线。

（6）作业区域附近有带电体时，应保持与带电体的安全距离并做好各项安全隔离措施及标志。

（7）明火操作及烘箱应尽量远离设备和及燃物品，消防器材齐全，严防失火。滤油机及主变本体应可靠接地。

（8）在搬运、调整、安装开关及传动装置时，必须防止开关意外脱扣伤人，注意开关的闭锁销是否正确，工作人员必须避开开关可动部分的动作空间。

（9）对于液压及弹簧操作机构，严禁在有压力或弹簧储组的状态下进行拆装工作。

（10）对 SF_6 断路器时行充气时，其容器及管道必须干燥，工作人员必须戴手套和口罩。

（11）危险源清单见表 3-1。

表 3-1   危 险 源 清 单

危险源	可能导致事故后果	危险源	可能导致事故后果
吊装作业区	人身伤害	材料堆放区	有易燃物造成财产损失
SF_6 气瓶	人身伤害	用电设备	人身伤害

2. 环境要求

（1）为保护自然环境，在施工中，应减少甚至避免扬尘，并加大环境保护方面的投入，真正将各项环保措施落实到位。

（2）生产中的废弃物及时处理，运到当地环保部门指定的地点弃置。

（3）按环保部门要求集中处理试验及生活中产生的污水及废水。

（4）设备开箱板回收与利用。

（5）液压油渗漏使用棉白布集中回收。

（6）废油漆桶、废油漆刷子回收。

3.6 断路器验收的标准要求

（1）支柱瓷套应垂直于底架水平面，断路器及操动机构应固定牢靠。

（2）断路器无损伤变形，油漆完好，设备无锈蚀现象，相色标志正确。

（3）断路器基座与支架接地良好，接地体标色正确。

（4）瓷套表面及端面光滑无裂痕、缺损、瓷套与法兰接合面粘合应牢固密实，且应平整，无外伤或铸造砂眼。

（5）电气连接触应牢靠且接触良好，并涂以薄层导电复合脂，载流部分无损伤及变形、锈蚀。

（6）二次接线可靠，各接触器及辅助开关动作准确可靠，接点接触良好，无烧损或锈蚀现象。

（7）断路器远、近控分合操作动作正常，分合指示正确。

（8）断路器动作计数器动作正确。

（9）$100\%U_n$，分闸、合闸各操作三次，动作应正常。

（10）分、合闸铁芯动作灵活，无卡阻现象。

（11）分闸铁芯动作电压：$30\%U_n$ 不能动作，$65\%U_n$ 应可靠动作。

（12）合闸铁芯动作电压：$30\%U_n$ 不能动作，$65\%U_n$ 应可靠动作。

（13）储能电机绝缘良好，运转时无异常声出现。

（14）储能时间应符合厂家规定要求。

（15）机构储能发信应动作正确。

（16）SF_6 气体额定压力（20℃，0.6MPa）。

（17）SF_6 气体报警压力（0.52MPa）。

（18）SF_6 气体闭锁压力（0.5MPa）。

（19）断路器 SF_6 气体压力监视及锁信号动作正确。

（20）加热器和照明灯工作正常。

（21）断路器连杆系统及其转轴应清洁，动作灵活正确，无卡阻现象，并涂适当的防冻润滑脂。

（22）操动机构箱密封良好，电缆穿孔密封良好。

（23）合闸时间（55±8)ms。

（24）分闸时间（30±4)ms。

（25）SF_6 气体含水量（150ppm）。

（26）防跳特性试验动作正确。

（27）设备铭牌良好，出厂合格证及技术资料齐全，所附备品及工具齐全。

（28）用检漏仪对断路器各密封部位、管等处进行检测时，不应报警。

第4章 SF₆断路器状态检修

设备是电网的主要构成部分，设备管理是电网的坚强基础。随着新科技、新技术的不断发展，电气设备性能与质量也不断提高，部分设备在正常的使用年限之内已经达到了可以不进行维修的水平，如果依然使用传统模式下的检修管理，就存在一定程度的不契合。因此，将电气设备从定期的检修逐步向着状态检修转变已经成为当今的趋势。

4.1 状 态 检 修 概 述

4.1.1 检修形势分析

1. 定期检修模式存在的问题

长期以来，检修体制主要实行的是以事后维修、预防性检修为主的计划检修体制。这种检修体制一般采取定期维护形式，检修项目、工期安排和检修周期均由管理部门根据相应的规程或经验确定。设备运行到了规定的检修周期，不论设备处于何种运行工况，也不论设备供应商的差异、设计材质的优劣、工艺质量的好坏、运行方式的区别、有无影响安全运行的缺陷等，都必须一律"到期必修"。从维护设备正常运行的视角看，定期检修有利于消除检修设备的隐含故障或缺陷，但对于运行状况良好的设备并不能有效提高设备运行率。同时，会造成检修单位人力、物力的浪费，有时还会把好的设备修坏。该检修模式使设备运行维护单位对于设备检修没有自主权，不能根据设备实际状况决定检修项目。随着电力体制的改革，定期检修制度已不能完全适应形势发展的要求，迫切需要探索新的设备检修技术，以适应电网日新月异的发展变化。状态检修技术应运而生，它是以设备状态为基础，以预测设备状态发展趋势为依据的检修方式，能有效地避免故障检修和周期性定期检修带来的弊端，是较为理想的检修方式，也是今后设备检修模式发展的趋势。

2. 状态检修的优点

状态检修的定义是将基础定格在设备的状态评价，然后对分析诊断以及设备状态的结果进行考察，再安排进行状态检修的项目以及时间，从而确定好检修的实施方式。而定期检修，属于一种预防性检修，其参考依据是时间，而状态检修的参考依据则是状态，从而将固定的检修周期转换成为实际的运行状态。电气设备的状态检修主要优点有以下方面：

（1）考虑到电气设备的机构特点、试验之后的结果以及在正常运行的状态，可以进行详细的分析。然后再考虑是否需要进行检修，并且分析出哪一部分的项目需要检修。也就是状态检修具备较强的针对性，其检修效果会更加良好。

（2）如果设备的状态良好，就能够让检修的周期在一定程度上延长，从而在财力、人力以及物力上都能够得到一定的节约。

（3）大大提高了供电的可靠性以及设备的安全性能，有效避免了检修时的盲目性。

3. 状态检修的实施

开展状态检修的关键是抓住设备的状态，这需要从以下几个环节入手。

（1）抓住设备的初始状态。这个环节包括设计、订货、施工等一系列设备投入运行前的各个过程。也就是说状态检修不是单纯的检修环节的工作，而是设备整个生命周期中各个环节都必须予以关注的全过程管理。需要特别关注的有两个方面的工作：①保证设备在初始时是处于健康的状态，不应在投入运行前具有先天性的不足。状态检修作为一种设备检修的决策技术，其工作的目标是确定检修的恰当时机。②设备运行前，应对设备有比较清晰的了解，掌握尽可能多的信息。包括设备的铭牌数据、型式试验及特殊试验数据、出厂试验数据、各部件的出厂试验数据及交接试验数据和施工记录等信息。

（2）注重设备运行状态的统计分析。对设备状态进行统计，指导状态检修工作，对保证系统和设备的安全举足轻重。

应用新的技术对设备进行监测和试验，准确掌握设备的状态。开展状态检修工作，大量地采用新技术是必要的。但在线监测技术的开发是一项十分艰难的工作，不是一朝一夕就可以解决的。在目前在线监测技术还不足以满足状态检修需要的情况下，我们要充分利用成熟的在线离线监测装置和技术，如红外热成像技术、变压器油气象色谱测试等，对设备进行测试，以便分析设备的状态，保证设备和系统的安全。

从设备的管理上狠下工夫，努力做到管理与技术紧密结合。建立健全设备缺陷分类定性汇编，及时进行内容完整、准确的修订工作，充分考虑新设备应用、新的运行情况出现及先进检测设备的应用等；各部门每月对本部门缺陷管理工作进行一次分析，每年进行总结，分析的重点是频发性缺陷产生的原因，必要时经单位技术主管领导批准，上报相应的技术改造项目。

基于上述基础，应用现有的生产管理信息系统，在生产管理上要有所创新、有所突破。生产管理系统是以设备资产为核心，以设备安全可靠运行为主线，涵盖变电运行管理、检修、试验、继电保护、调度和安全监察等专业，涉及设备定级管理、变电设备和保护装置的检修计划与管理、各类操作票和工作票管理、设备缺陷管理等的综合管理信息系统。而且要利用系统所具有的分析和统计功能，为设备的状态检修提供比较高效的信息。例如变压器经受短路冲击的次数、断路器切断短路电流的次数、设备检修的时间、历史上设备试验结果的发展趋势等。

4. 客观的评价状态检修

提高供电可靠性。状态检修实施的结果是减少了现场的工作量，特别是减少了变电站全停的次数，因而使得供电的可靠性得以明显的提高。

降低检修成本，提高经济效益。减少停电次数不仅提高了供电可靠性，减少了线损，而且减少了维护工作量，节省了成本。

减少了停电次数。在实施状态检修的情况下，减少停电次数不仅提高了供电可靠性，减少了线损，而且减少了维护工作量，节省了成本。

减少了倒闸操作。在实施状态检修的情况下，调度在安排计划时，对有两台变压器的 110kV、35kV 重要变电站，一般采用设备轮流停电检修而不安排全站停电。编制计划时，协调有关单位将定检预试任务和全年的变电设备治理工作有机结合起来，及早进行设备摸底调查，做到心中有数。要求有关单位提报设备停电定检预试计划的同时，统筹考虑设备治理的具体内容，做到一次停电，一次完成。

提高人身和设备安全。通过状态检修减少了大量的停电检修和带电检修工作量，减少了发生人身事故的几率。由于计划检修时间比较集中，在2～3个月的时间内进行，有时每天都有停电检修，工人很疲劳，在实际工作中，人身事故险情在系统内时有发生。

5. 正确认识状态检修

对状态检修的复杂性、长期性、艰巨性及其蕴藏的巨大潜力缺乏足够的认识。从事状态检修工作的专业人员缺乏对其理论的学习及深入的研究，认为减少停电次数，拉长检修周期不仅可以少干活，也能保证安全，如果对状态检修存在以上片面的看法，对状态检修的认识还处在一个浮浅的状态，认为状态检修就是少干活，没有意识到这项工作的艰巨性和复杂性。

技术水平跟不上实际的需要。从检修技术的发展历史看，无论事故后检修还是预防性检修都是与技术发展水平相联系的，状态检修也是一样。实施状态检修，需要技术基础。只有把这个基础夯实，我们的状态检修工作才能够健康地发展，获得长期的利益。

实施状态检修管理是设备管理的一场重大变革。它不仅有利于保证安全生产、降低检修费用、提高设备利用率和供电可靠性，还可使广大基层的设备管理者从过去指令性计划的单纯执行跃升为自主决策者，有利于增强他们的主人翁责任感和使命感。实施状态检修制度不仅是电力企业自身的需要，也是时代的需要、形势发展的需要。

4.1.2　变电设备状态检修探讨

1. 状态检修基本原则

（1）状态检修始终坚持"安全第一"原则，以提高设备可靠性和管理水平为目的，通过对设备状态的掌握和跟踪，及时发现设备缺陷，合理安排检修计划和项目，提高检修效率和运行可靠性。

（2）推行状态检修必须坚持体系建设先行。状态检修是一项创新工程，是对原有设备检修方式的重大变革。为保证电网安全运行，必须首先建立完善的管理体系、技术体系和执行体系，全面规范状态检修工作，工作过程要做到"有章可循、有据可依"。

（3）设备状态检修以评价为基础，通过全面评价，掌握设备真实健康水平。以国家、行业现行技术标准为依据，结合科技进步，制订评价标准。

（4）开展状态检修工作必须遵循试点先行、循序渐进、持续完善、保证安全的原则，不能一哄而上，要在体系建立基础上，根据实际工作和设备情况，开展试点，积累经验并对体系进行不断完善，逐步扩大试点范围，全面推广执行。

2. 当前开展状态检修工作的基本情况

（1）电气设备检修状况分析和开展状态检修的迫切需求。设备检修工作是生产管理工作的重要组成部分，对提高设备健康水平、保证设备安全可靠运行具有重要意义。定期检修模式有自身科学依据和合理性，多年实践中有效减少设备突发事故，保证设备良好运行。但这种"一刀切"式的检修模式，没有考虑设备实际状况，存在"小病大治，无病也治，更为严重的是病倒才治"的盲目现象。随着电网企业化和管理模式转变，经济效益成为衡量电网企业优劣的主要指标，如何节约生产成本和人力资源，也是电网企业考虑的主要问题。近年来电网规模迅速发展，电网设备数量急剧增加，定期检修工作量剧增，人力资源紧缺问题日益突出。同时电气设备制造质量大幅提升，集成式、少维护、免维护设备得到大量采用，早期制定的设备检修周期已不能适应设备诊断和管理水平的进步。

（2）开展状态检修探索工作的主要收获及存在问题：

1）过去采用的计划检修体制存在严重缺陷，如临时性维修频繁、维修不足或维修过剩、盲目维修等，使设备维修方面耗资巨大。如何合理安排电力设备检修，节省检修费用、降低检修成本同时保证系统有较高可靠性是一个重要课题。

2）部分检修人员对状态检修复杂性、长期性、艰巨性及其蕴藏巨大潜力缺乏足够认识，缺乏对其理论学习及深入研究。

3）状态检修需要科学管理，传统基础管理工作距开展状态检修工作要求还存在差距，缺乏与状态检修相适应的管理平台，不能提供完整的设备档案记录及运行、检修、试验记录或运行检修记录不详、不衔接、资料丢失等。历史记录没有很好利用，只能提供十分有限的信息。

4）设备状态的判定标准不完善。虽然颁布了输变电设备评价标准，但在准确掌握设备实际状态上仍有差距，尤其针对设备状态判断有一定难度。

5）缺乏有效的风险评估体系。长期以来缺乏对设备运行风险评估工作的研究，对投资效益、环境影响、社会责任等方面考虑较少，状态检修工作综合效益不能得到充分发挥。

6）设备状态评价支持系统不完备，缺乏全面有效的检测手段和完善的设备信息数据库及分析诊断工具。电力设备状态检修技术应用必须以对设备的全面监测为基础。但目前仍存在监测点少、功能单一、缺乏系统性和综合性，尤其缺乏监测的层次化和网络化等问题，妨碍了设备状态信息集中和综合。

3. 开展状态检修的技术要求

（1）带电测试手段、在线监测技术和离线信息采集相互结合，丰富设备状态量的信息源。利用红外热成像技术、变压器油气象色谱测试技术在日常生产中对设备进行测试。对设备运行状态表现特征如电流、电压、功率、温度、绝缘、机械性能等状态的物理量都实时监测。注意做好设备原始记录、图纸及设备的运行、检修、试验数据资料的加工整理工作，在线监测技术与离线信息采集相结合，使状态信息采集上没有盲点，为状态评估提供科学有力的依据。

（2）改革现有的生产管理系统。生产管理系统不仅涉及变电设备运行与检修、试验、继电保护、调度和安全监察等环节，还包括送电设备运行和检修管理、变电运行管理、变电设备管理和保护装置检修计划的制订、各类操作票和工作票管理、设备耐压试验管理、设备缺陷管理等。必须做好各种信息整合工作，可为今后进一步开展状态检修工作打下良好基础。

（3）建立完善的状态检修信息管理评估系统，逐步实现状态检修管理工作的标准化、程序化的要求。做到实时分析每台设备的状态情况，并进行状态变化趋势的分析，利用先进的数据库和分析技术减小数据分析统计的工作量。通过建立科学的计算机综合管理信息系统，建立严格的量化设备状态评价指标体系，利用系统所具有的分析和统计功能判断设备的健康状况，为设备的状态提供比较高效的分析结果，并作为延长或者缩短检修周期的依据。

4. 变电设备状态检修的应用

（1）断路器。断路器常见的故障有断路器拒动、断路器误动、断路器出现异常声响和严重过热、断路器分合闸中间态、断路器着火和断路器爆炸等。直流电压过低、过高，合闸保险及合闸回路元件接触不良或断线，合闸接触器线圈极性接反或低电压不合格，合闸线圈层次短路，二次接线错误，操作不当，远动回路故障及蓄电池容量不足等因素，都能造成断路器拒动。另外，开关本体和合闸接触器卡滞、大轴窜动、销子脱落、操动机构出现故障等亦能造成断路器拒动。根据国内外多项统计数据看，机械故障占全部故障的70%～80%，其他灭弧、绝缘故障占有较小比例，发热故障比例更低。因此，通常把机构故障包括操动机构控制回路故障放在监测最重要的地位。

（2）GIS。GIS没有向外部露出的带电部分，其可靠性已显著提高，为检修和维护方便，需要开发不拆卸设备而用确切的简易办法诊断内部状态，主要监测集中在以下方面：

1）气体的监测。SF_6气体的监测集中在气体压力、泄漏、湿度、色谱分析等方面，由于SF_6在局部放电和火花作用下会产生分解物，所以通过比较SF_6的离子迁移率频谱与纯SF_6气体的参考频谱变化就能检查SF_6的特性。

2）SF_6断路器电寿命的监测。开断电流加权值监测，测量断路器的主电流波形、触头每次开断电流值和时间，经过数据处理计算开断电流加权值，可间接监测断路器的电寿命。

3）断路器机械特性的监测。通过在线监测开关合、分闸线圈电流波形与正常电流波形比较，可监视断路器机械异常情况。

4）局部放电监测。对局部放电的监测方法有很多种，如监测分解气体的化学法、机械法、光电法、脉冲电流法和超高频法等。

4.1.3　状态检修具体实施规范

1. 基本原则

（1）坚持"安全第一"原则。状态检修工作必须在保证安全的前提下，综合考虑设备状态、运行工况、环境影响以及风险等因素，确保工作中的人身和设备安全。

（2）坚持"标准先行"原则。状态检修工作应以健全的管理标准、工作标准和技术标准为保障，工作全过程要做到"有章可循、有法可依"。

（3）坚持"应修必修"原则。状态检修工作的核心是确定设备的状态，并依据设备状态适时开展必要的试验、维护和检修工作，真正做到"应修必修，修必修好"，避免出现失修或过修的情况。

（4）坚持"过程管控"原则。开展状态检修工作应落实资产全寿命周期管理要求，从规划设计、采购建设、运行检修、技改报废等方面强化设备全过程技术监督和全寿命周期成本管理，提高设备寿命周期内的使用效率和效益。

（5）坚持"持续完善"原则。开展状态检修工作应制订切实可行的工作目标和总体规划，适应电网发展和技术进步的要求，不断健全制度体系、完善装备配置、提升信息化水平、提高人员素质和技能水平。

2. 管理职责

（1）总体要求：

1）状态检修工作实行统一管理，分级负责。各级生产技术部门是状态检修工作的归口管理部门。

2）公司系统应健全省公司、地市公司、生产工区、班组各级状态检修组织体系。省公司依托东北电科院成立设备状态评价指导中心；地市公司应明确专业班组状态检修工作职责。

3）各级生产技术部门应设置状态检修专职（责）岗位，生产工区应设立专责岗位。

（2）各级生产管理机构职责：

1）省公司生产技术部门主要职责：①贯彻国家电网公司状态检修管理标准、技术标准和工作标准，制定本单位实施细则并组织落实；②组织所属单位规范开展电网设备状态巡检，及时准确收集设备状态信息，掌握所辖区域内主要设备健康状况；③组织研究、推广和完善状态检修技术支持手段和装备配置，深化信息系统应用；④组织对地市公司上报的设备状态检修综合报告和检修计划进行复核，组织编制网省公司设备状态检修综合报告和年度检修计划，下达所属单位并督促实施，上报异常和严重状态的 500（330）kV 及以上输电线路、变压器（电抗器）、断路器、GIS 四类主设备状态检修综合报告；⑤组织本区域重大设备故障专题分析，认定、发布和上报运维范围内设备家族性缺陷，对存在家族性缺陷的设备进行风险预警管理；⑥组织检查所属单位状态检修工作开展情况，指导网省公司状态评价指导中心开展相关工作，组织实施状态检修工作质量评价和绩效评估，督促检查整改措施的落实；⑦定期召开状态检修工作会议，开展状态检修技术培训和经验交流。

2）地市公司主要职责：①贯彻执行上级有关状态检修的管理标准、技术标准和工作标准，制定本单位设备状态检修相关岗位职责、现场作业标准和管理规定；②应用各类状态检修技术支持手段和装备，指导督促工区、生产班组及时准确收集和录入设备状态信息，全面掌握设备健康状况；③按照有关规定及时规范开展设备状态评价、风险评估、检修决策、计划编制、计划执行、绩效评估等工作，及时编写本单位输变电设备状态检修综合报告，并上报 220kV 及以上输变电设备状态检修综合报告；④负责编制运维范围内设备状态检修计划，按要求上报 220kV 及以上输变电设备状态检修计划，并根据下达的停电检修计划安排现场实施；⑤收集、整理并上报疑似家族性缺陷，对已经认定发布的家族性缺陷进行排查和处理；⑥组织开展绩效评估工作，编制上报状态检修绩效评估报告，制定改进措施并组织落实；定期开展状态检修工作自查，对工区、班组的状态检修工作质量进行评价考核；⑦组织开展状态检修技术培训和经验交流。

3）生产工区主要职责：①贯彻执行上级及本单位有关状态检修的管理标准、技术标准和工作标准，落实岗位职责和现场作业标准。②组织开展巡视、检测、试验等工作，指导并督促检查生产班组及时、准确、完整地收集设备状态信息，及时录入生产信息管理系统，对设备状态信息的准确性负责。③督促基层班组对设备状态进行班组初评，组织本工区相关专业人员审核班组初评意见，形成工区初评报告，提出设备状态评价、风险评估、检修决策初步意见。④负责分解落实设备检修计划具体实施措施，项目分解落实到各生产班组，组织实施现场标准化作业。⑤收集、整理、分析设备缺陷信息，及时上报疑似家族性缺陷。⑥定期对状态检修工作质量进行自评，对班组工作落实情况进行检查考核，落实改进措施。⑦及时编写上报设备状态检修工作总结。⑧组织和参加状态检修技术、技能培训和经验交流。

4）基层班组主要职责：①贯彻执行上级状态检修有关管理标准、技术标准和工作标准。②开展设备状态巡检、维护、试验、检修等工作，掌握所辖设备运行状态。③保管设备状态原始资料，按照状态信息管理分工，及时收集设备状态信息，并录入生产信息管理系统，保证信息数据的规范性、准确性和完整性。④开展设备状态诊断和班组初评工作，提出检修决策建议，形成班组初评意见。⑤参与新建、改扩建工程设备安装调试、交接验收等工作，及时收集和录入新投运设备状态信息，并按时完成新设备首次状态评价。⑥开展岗位技能培训，提高班组成员设备状态诊断分析技能水平。

（3）设备状态评价指导中心职责：

省公司设备状态评价指导中心在省公司生产技术部指导下开展工作，并接受国网公司设备状态评价指导中心的业务指导，主要职责是：

1）开展本区域内 220kV 及以上输变电设备定期专项检测的技术指导和重要设备的定期专项抽检。

2）研究和推广应用设备检测、监测新技术、新方法；开展在线监测、带电检测等相关仪器装置的检测和检定工作。

3）及时准确掌握本区域内 220kV 及以上设备交接试验、检测监测、缺陷故障等状态信息，收集、汇总、分析设备疑似家族性缺陷信息，进行家族性缺陷的认定，提出发布意见。

4）对 220kV 及以上设备，以及评价为异常状态和严重状态的 66kV 主设备的评价结果进行复核；编制异常和严重状态的 500kV 及以上输电线路、变压器（电抗器）、断路器、GIS 四类主设备状态检修综合报告，经省公司生产技术部门审核后报国网公司。

5）指导地市公司规范开展设备状态检修工作，制订设备状态检修策略。

6）定期对生产信息管理系统应用情况和设备状态信息数据准确性、及时性进行检查；配合开展状态检修绩效评估和工作质量评价。

3. 管理内容

状态检修工作内容包括状态信息管理、状态评价、风险评估、检修决策、检修计划、检修实施及绩效评估等 7 个环节。具体如下：

（1）状态信息管理：

1）状态信息管理是状态评价与诊断工作的基础，应统一数据规范、统一报告模版，实行分级管理、动态考核，落实各级设备状态信息管理责任，确保设备全寿命周期内状态信息的规范、完整和准确。

2）状态信息管理应涵盖设备信息收集、归纳和分析处理全过程。设备状态信息包括设备投运前信息、运行信息、检修试验信息、家族性缺陷信息等四类信息。

3）状态信息收集应按照"谁主管、谁收集"的原则进行，并应与调度信息、运行环境信息、风险评估信息等相结合。为保证设备全寿命周期内状态信息的完整和安全，应逐年做好历史数据的保存和备份。

（2）状态评价：

1）状态评价是开展状态检修的关键，应通过持续开展设备状态跟踪监视，综合停电试验、带电检测、在线监测等各种技术手段，准确掌握设备运行状态和健康水平。

2）设备状态评价包括设备定期评价和设备动态评价。定期评价每年不少于一次；动态评价主要包括新设备首次评价、缺陷评价、不良工况评价、检修评价、特殊时期专项评价等；动态评价应根据设备状况、运行工况、环境条件等因素及时开展，确保设备状态可控、在控。

3）各级生产技术部门应按照基层班组、生产工区、地市公司三级评价要求，按时组织开展设备状态评价，充分发挥省公司状态评价指导中心的作用，确保工作质量。

（3）风险评估。风险评估应按照国网公司《输变电设备风险评估导则》的要求执行，结合设备状态评价结果，综合考虑安全性、经济性和社会影响等三个方面的风险，确定设备风险程度。风险评估与设备定期评价应同步进行。

（4）检修决策：

1）检修决策应依据国网公司、省公司输变电设备状态检修导则等技术标准和设备状态评价结果，参考风险评估结论，考虑电网发展、技术更新等要求，综合调度、安监部门意见，确定设备检修维护策略，明确检修类别、检修项目和检修时间等内容。

2）检修决策应综合考虑检修资金、检修力量、电网运行方式安排等情况，保证检修决策的科学性和可操作性。

（5）检修计划：

1）检修计划应依据设备检修决策而制定，包含年度状态检修计划与年度综合停电检修计划。

2）年度状态检修计划作为年度综合停电检修计划的编制依据。

3）年度综合停电检修计划应在年度状态检修计划基础上，结合反措、可靠性预控指标及与基建、市政、技改工程的停电要求编制。应统筹考虑输电与变电，一次与二次等设备停电检修工作，统一安排同间隔设备、同一停电范围内的设备检修，避免重复停电。

4）检修计划管理包括年度状态检修计划和年度综合停电检修计划的编制、审核、审定和批准等工作。

（6）检修计划实施：

1）检修计划实施是状态检修的执行环节，应依据年度综合停电检修计划组织实施，按照统一计划、分级管理、流程控制、动态考核的原则进行。

2）检修计划实施过程包括准备、实施和总结三个阶段标准化、规范化管理。

（7）绩效评估：

1）绩效评估是对状态检修体系运作的有效性、策略适应性以及目标实现程度进行的评价，查找工作中存在问题和不足，提出改进措施和建议，持续改进和提升状态检修工作水平。

2）绩效评估指标包括可靠性指标实现程度、效益指标实现程度等评估指标。

3）绩效评估结果分别定为优秀、良好、一般、差四级。

4. 技术监督

充分发挥技术监督在设备状态检修管理工作中的作用，强化设备设计选型、设备制造、安装调试、交接验收、运行监测、检修试验、故障处理、更新改造等环节的全过程技术监督工作。

（1）设计选型环节应依据电网设备相关技术标准，全面落实电网差异化设计原则和反事故措施，选用技术成熟、可靠性高的设备。

（2）设备制造环节应加强关键工艺和关键试验的过程监督及重要工序和试验的驻厂监造、运输、储存、保管，全面记录制造过程中出现的异常及处理情况。

（3）安装调试环节应执行相关工艺标准和调试规程，做好全过程尤其是隐蔽工程的见证和随工验收，全面记录安装调试过程中出现的异常及处理情况。

（4）交接验收环节应执行交接试验规程和验收规范，把好交接验收关，确保设备"零缺陷"投产。在新设备投运一个月内应组织开展带电检测诊断，资料交接完成后 1 个月内对新设备运行状态进行一次全面评价。

（5）运行监测环节应合理安排、动态确定巡视和检测周期，做好专业化巡检。在电网接线方式发生变化、网架结构薄弱、新设备投产后，以及经历不良工况、恶劣天气、高温大负荷等情况后，应对重要电网设备增加巡视、检测的频次，及时消除设备缺陷。

（6）检修试验环节应按照现场标准化作业要求，执行相关标准规程、工艺导则，全面记录检修过程中发现的缺陷、异常及处理情况。

（7）故障处理环节应尽快恢复电网和设备正常运行，做好故障原因分析查找，对可能存在的家族性缺陷及时排查，采取针对性的预防措施。

（8）技术改造环节应依据设备状态评价结果，全面落实设备防过热、防雷击、防污闪、防舞动、防风偏等技术措施，制定设备技术改造计划并组织现场实施。

5. 装备配置

技术装备是开展电网设备交接试验、运行巡检、例行试验、诊断性试验、在线监测、带电检测、维护检修等状态检修工作的基础。

（1）省公司层面：

1）建立基于 PMS 的省公司输变电设备状态监测系统，对所辖 220kV 及以上电压等级的重要输变电设备状态及环境参数进行集中监测，实现重要设备关键状态参量的实时监测和安全预警。

2）完善状态检测仪器仪表检定检验装备配置，开展仪器仪表定期检定或比对试验，为状态检测仪器仪表的选型和有效使用提供技术支撑。

3）根据《国家电网公司输变电装备配置管理规范》、《电力设备带电检测仪器配置原则》配置状态检测装备，包括 GIS 超声波、超高频局放检测仪、SF_6 纯度及成分检测仪、红外成像测温和紫外检测等带电检测仪等，完全具备交接试验和诊断试验能力。

（2）地市公司层面：

1）依据《变电设备在线监测系统技术导则》（Q/GDW 534—2010）完善重要变电设备在线监测系统，实现地市公司变电设备状态集中在线监视，为及时掌握设备运行工况和开展设备状态评价提供信息支持。

2）完善变压器油中溶解气体分析、SF_6 成分分析和湿度测量实验室，开展电力设备油气性能分析；建立仪器仪表库存保管使用制度，为有效使用状态检测仪器仪表提供保障。

3）根据《国家电网公司输变电装备配置管理规范》、《电力设备带电检测仪器配置原则》配置状态检测装备，具备例行试验能力和部分诊断性试验能力，完全具备红外成像测温、油色谱分析、避雷器阻性电流测量、电容型设备带电测试、GIS及开关柜局放检测等带电检测能力。

6．辅助决策系统应用

状态检修辅助决策系统是开展状态检修工作的重要技术支撑平台，应依据设备状态检修评价导则、检修导则等相关标准要求，实现状态检修工作信息化，并能满足状态检修管理新技术、新方法和新策略变化发展的要求。

（1）系统功能。

状态检修辅助决策系统应具备数据获取、数据处理、监测预警、状态评价、状态诊断、预测评估、风险评价、决策建议等功能，并满足安全性、适应性、开放性和灵活性要求；评价涉及基础数据应标准化管理，各类代码要求与现有国家标准、国网公司标准一致；应采用统一的标识代码和信息编码。

（2）覆盖范围。状态检修辅助决策系统应遵循"总体部署、分步实施、逐步完善"的建设原则，范围覆盖基层班组、生产工区、省公司设备状态评价指导中心及生产技术部门。

（3）系统应用。状态检修辅助决策系统数据录入及更新应全面、准确、及时、完整；应充分发挥辅助决策系统作用，及时开展设备动态评价。

7．人员培训

（1）加强状态检修管理标准、工作标准和技术标准培训，分级开展省公司、地市公司状态检修相关专责人员培训，提高状态检修工作的组织和管理能力。

（2）加强一线人员状态巡视、状态检（监）测分析、故障诊断技能培训，提高实际操作能力。

（3）建立特殊检测技能"持证上岗"制度，规范开展上岗培训和考核。

8．评价与考核

（1）工作组织：

1）地市公司每年对状态检修工作质量进行一次年度自查评价，于次年1月30日前上报省公司。

2）省公司对地市公司状态检修工作质量结合相关工作开展复评，于每年3月15日前上报国网公司。

3）省公司要定期接受国网公司针对状态检修工作开展情况的检查和评价。

（2）评价内容及方法：

1）评价内容主要包括管理体系、技术体系、执行体系、培训体系、保障体系五个方面。

2）评价结果分为不合格（低于 80 分）、合格（80～90 分之间）、良好（90～95 分之间）和优秀（95 分以上）四档。

3）评价结果纳入省公司、地市公司生产管理绩效考核。

4.2　SF_6 断路器状态评价导则相关内容及要求

4.2.1　状态检修实施原则

状态检修应遵循"应修必修，修必修好"的原则，依据设备状态评价的结果，考虑设备风险因素，动态制定设备的检修计划，合理安排状态检修的计划和内容。

SF_6 高压断路器状态检修工作内容包括停电、不停电测试和试验以及停电、不停电检修维护工作。

4.2.2　状态评价工作的要求

状态评价应实行动态化管理。每次检修或试验后应进行一次状态评价。

4.2.3　新投运设备状态检修

新投运设备投运初期按国家电网公司《输变电设备状态检修试验规程》（Q/GDW 1168—2013）规定（110kV 的新设备投运后 1～2 年，220kV 及以上的新设备投运后 1 年），应安排例行试验，同时还应对设备及其附件（包括电气回路及机械部分）进行全面检查，收集各种状态量，并进行一次状态评价。

4.2.4　老旧设备状态检修

对于运行 20 年以上的设备，宜根据设备运行及评价结果，对检修计划及内容进行调整。

4.2.5　检修分类

4.2.5.1　分类标准

按工作性质内容及工作涉及范围，将 SF_6 高压断路器检修工作分为四类：A 类检修、B 类检修、C 类检修、D 类检修。其中 A、B、C 类是停电检修，D 类是不停电检修。

（1）A 类检修是指 SF_6 高压断路器的整体解体性检查、维修、更换和试验。

（2）B 类检修是指 SF_6 高压断路器局部性的检修，部件的解体检查、维修、更换和试验。

（3）C 类检修是对 SF_6 高压断路器常规性检查、维护和试验。

（4）D 类检修是对 SF_6 高压断路器在不停电状态下进行的带电测试、外观检查和维修。

4.2.5.2　检修项目

（1）A 级检修：

1）现场全面解体检修。

2）返厂检修。

（2）B 级检修：

1）本体部件更换：①极柱；②灭弧室；③导电部件；④均压电容器；⑤合闸电阻；⑥传动部件；⑦支持瓷套；⑧密封件；⑨SF_6 气体；⑩吸附剂；⑪其他。

2）本体主要部件处理：①灭弧室；②传动部件；③导电回路；④SF_6 气体；⑤其他。

3）操作机构部件更换：①整体更换；②传动部件；③控制部件；④储能部件；⑤液压油处理；⑥其他。

（3）C 级检修：

1）预防性试验，按 Q/GDW 输变电设备状态检修试验规程。

2）清扫、维护、检查、修理。

3）检查项目：①检查高压引线及端子板；②检查基础及支架；③检查瓷套外表；④检查均压环；⑤检查相间连杆；⑥检查液压系统；⑦检查机构箱；⑧检查辅助及控制回路；⑨检查分合闸弹簧；⑩检查油缓冲器；⑪检查并联电容；⑫检查合闸电阻。

（4）D 级检修：

1）瓷瓶外观目测检查。

2）对有自封阀门的充气口进行带电补气工作。

3）对有自封阀门的密度继电器/压力表进行更换或校验工作。

4）防锈补漆工作（带电距离够的情况下）。

5）更换部分二次元器件，如直流空开。

6）检修人员专业巡视。

7）带电检测项目。

4.2.6　设备的状态检修策略

状态检修策略既包括年度检修计划的制定，也包括试验、不停电的维护等。检修策略应根据设备状态评价的结果动态调整。

年度检修计划每年至少修订一次。根据最近一次设备状态评价结果，考虑设备风险评估因素，并参考厂家的要求，确定下一次停电检修时间和检修类别。在安排检修计划时，应协调相关设备检修周期，尽量统一安排，避免重复停电。

对于设备缺陷，应根据缺陷的性质，按照有关缺陷管理规定处理。同一设备存在多种缺陷，也应尽量安排在一次检修中处理，必要时，可调整检修类别。

C 类检修正常周期宜与试验周期一致。

不停电的维护和试验根据实际情况安排。

根据设备评价结果，制定相应的检修策略，SF_6 高压断路器检修策略见表 4-1。

表 4-1 **SF₆ 高压断路器检修策略表**

设备状态	推 荐 策 略			
	正常状态	注意状态	异常状态	严重状态
检修策略	见下文解释			
推荐周期	正常周期或延长一年	不大于正常周期	适时安排	尽快安排

1."正常状态"的检修策略

被评价为"正常状态"的 SF_6 高压断路器，执行 C 类检修。C 类检修可按照正常周期或延长一年并结合例行试验安排。在 C 类检修之前，可以根据实际需要适当安排 D 类检修。

2."注意状态"的检修策略

被评价为"注意状态"的 SF_6 高压断路器，执行 C 类检修。如果单项状态量扣分导致评价结果为"注意状态"时，应根据实际情况提前安排 C 类检修。如果仅由多项状态量合计扣分导致评价结果为"注意状态"时，可按正常周期执行，并根据设备的实际状况，增加必要的检修或试验内容。在 C 类检修之前，可以根据实际需要适当加强 D 类检修。

3."异常状态"的检修策略

被评价为"异常状态"的 SF_6 高压断路器，根据评价结果确定检修类型，并适时安排检修。实施停电检修前应加强 D 类检修。

4."严重状态"的检修策略

被评价为"严重状态"的 SF_6 高压断路器，根据评价结果确定检修类型，并尽快安排检修。实施停电检修前应加强 D 类检修。

4.2.7 实施状态检修

1. 新设备的状态检修

新设备由于运输、安装中的一些问题，在投运初期比较容易发生缺陷。因此有必要在投运后一年安排一次 C 类检修，并安排全面的试验，检查设备的状态。

2. 老旧设备的状态检修

老旧设备是指接近其运行寿命的设备。根据国内外的研究，电力设备的运行状态一般遵循"浴盆曲线"原则，即设备在投运初期和寿命终了期是缺陷发生概率较高的时期。因此，对于接近其运行寿命的设备，制定检修策略时应偏保守，推荐的做法是：当对该类设备的评价为正常状态时，其检修周期按照正常的检修周期进行，不宜延长；而对该类设备评价为注意状态时，其检修周期应比正常的检修周期缩短。

3. SF_6 高压断路器状态检修

检修相关规程规定的 C 类检修，即常规意义上的小修，其正常周期已经调整为与例行试验的周期一致。根据《输变电设备状态检修试验规程》（Q/GDW 1168—2013），设备的例行试验周期可根据各地区的实际情况进行调整，最长不超过基准周期（3 年）的 1.5 倍，即 4.5 年。而如果该设备评价为正常状态，其 C 类检修的实施时间还可以在正常周期的基础上再延长一年，即 C 类检修距上次检修的时间间隔最多可以为 5.5 年。

导则规定的 A 类和 B 类检修，即常规意义上的大修，其正常周期应根据厂家的要求自行规定。A 类检修为整体大修，即机构和本体同时解体大修或返厂的大修；B 类检修为部件大修，可以为机构或本体或其他任一部件的解体大修。这样规定后，各地区可根据其设备的实际情况，规定不同设备不同部件各自的 B 类检修正常周期，如合资进口和国产的断路器、机构和本体都可以规定不同的 B 类检修正常周期，再根据部件评价的结果，对具体设备的各部件的 B 类检修执行时间在正常周期的基础上进行调整。

4. 提高状态检修水平

（1）做好管理工作。变电站高压设备运行状态原始记录数据对日后维修起到举足轻重作用，只有做好基础设备维修记录工作，才能更好管理设备。进行设备维修时，要对该设备进行详细分析，深入研究设备运行规律。另外，还可以使用高科技对设备进行维修，保障设备符合符合验收标准。不断改善传统维修方式，提升设备维修质量。该方式具有巨大优势，能够起到管理作用，也可以为设备维修奠定技术基础。

（2）把握质量关。电气设备系统都比较稳定，都能拥有一个良好的状态。进行新旧设备更换时，为了保障新设备进行更新之后，能够保障在一个小时工作量内，这对电流要求比较高，新变电设备应该避免电流运行故障出现。而且，高压设备一定要具有良好的运行环境，保障安装和生产环境。还需要及时改善检测手段，提升应对能力。这能够避免出现变电设备疏漏现象出现，变电设备对应的维修方式不尽相同，应该根据不同设备选择不同的维修手段。

（3）变电设备的状态监测。设备状态检测一般包含离线检测、在线检测以及定期检测三种检测方法。在线监测使用的是变电所蕴含的系统，这些系统提供出准确数据，可以显示设备运行状况，设备参数变动。离线监测使用的是油液分析仪、超声波监测仪以及震动监测仪等，对电力运行设备定期检查，从而获取准确的设备参数。定期解体点检，是在设备停止运行期间，根据设备解体点标准不同，解析设备运行标准以及作业流程，从而判断出设备运行状态。不同的设备所选等级不同，可以使用一种或者多种结合监测手段进行检测，保障设备运行安全。一般设备故障会影响设备运行效率和安全性。应该根据不同的指标，选择合适设备等级。设备运行安全性在系统运行中占据重要位置，应该极力保障设备安全性，提高电力运行安全，保障企业社会经济效益。

（4）提高设备检测人员（点检员）的素质。开展高压变电设备维修之前，应该对设备环境进行监控，保障设备在正常运行的情况下，提升工作效率。进行人员检测时，需要明确这个设备是否可以顺利开展施工，是否保障设备在良好运行状态中。一些细微部分也应该得到监控，这样才能保障设备运行效益。为了实现设备高效运行，保障设备拥有良好的发展环境。应该执行定点维修工作，随着电力企业不断发展，该维修制度成为电力企业发展趋势。而且，定点检查已经成为高压电器运行核心技术基础，使用中能够较好维护设备，提升运行效率。定点维修人员被称为点检员，该技术人员对电力运行应该熟悉，他们具有电力运行知识、电力维护知识以及检修能力，拥有丰富的电力知识，开展电力维修工作时，能够顺利上手，详细记录电力保护。这些人员不仅需要掌握电力知识，对计算机使用也应该熟悉，在实际操作中能够提升电力运行效率。

4.2.8 SF₆断路器的状态评价

1. 状态量的获取

对于 SF₆ 断路器，由于目前有效的带电检测手段还不多，难以真正做到实时监测设备的状态。因此设备状态量的获取主要来自以下几个方面：

（1）上次停电预试的数据。由于预试中试验数据有超过试验标准时，一般都会及时处理，除非缺陷一时难以消除且不影响运行时，才会暂时投运，有这种情况发生时，应注意相关状态量的评价并采取有效手段及时跟踪其变化趋势。

（2）运行中巡视、带电检测。运行中巡视、带电检测在设备的状态评价中占据重要的地位，在在线监测技术还不成熟的情况下，只能依靠巡视和带电检测手段来掌握设备的实时状态。日常巡视中，对于设备评价标准涉及的状态量应重点检查并做好记录，同时可定期开展检修人员巡视。检修人员巡视的周期可以较长，但巡视内容应和运行人员巡视有所区别，应着重从设备的结构、原理等方面检查设备可能存在的缺陷隐患。

应加强设备的带电检测，特别是已被证实为有效的检测手段，如红外测温等。同时积极探索气体的带电检测方法，如紫外检测放电、超声波或超高频检测罐式断路器或 GIS 局放等。

（3）家族性的缺陷信息。应积极做好设备缺陷的统计分析工作，对已发生的设备缺陷应及时汇总，分析缺陷发生的本质原因，总结同型同厂的设备是否有存在同样缺陷的可能，并及时通报。对于被通报的存在家族缺陷的设备，应根据该缺陷的严重程度确定其状态。

2. 关于部件的评价

由于断路器可以分为几个功能相对独立的部件，而各部件的状态量基本只反映该部件的状态而与其他部件无关，所以在本导则的评价中将 SF₆ 断路器分为了本体、操动机构、并联电容、合闸电阻等四个部件分别评价。评价后的各部件可以有不同的状态，因此制定检修策略时，各部件可以采取不同的检修策略，如执行不同的检修周期和检修等级。

具体评价标准依照《SF₆高压断路器状态评价导则》（Q/GDW 171—2008）。

（1）本体的评价及部分状态量说明。本体包括了 SF₆ 断路器的灭弧室、导电部分、SF₆ 气体及管路、瓷套、绝缘拉杆、基础及支架等部分。

1）累计开断短路电流值。开断短路电流会损失断路器的电寿命。厂家一般规定了满容量开断短路电流的次数，但实际运行中几乎不可能遇到满容量开断的情况，除非有更加准确的电寿命估算方法或厂家有另行规定，一般累计电寿命可以按 $\sum I^{1.8}$（I 为短路电流，kA）估算。

2）SF₆ 气体湿度。SF₆ 气体湿度除考虑绝对值外，应注意其变化趋势，如果短时间内快速增长，应引起注意。

3）红外测温。红外测温检测的主要部位包括断口及断口并联元件、引线接头等，红外热像图显示应无异常温升、温差和（或）相对温差。判断时，应该考虑测量时及前 3h 负荷电流的变化情况。检测和分析方法可参考《带电设备红外诊断应用规范》（DL/T 664—2008）。

4）密封件。根据目前的经验，SF_6 气体泄漏很多是由于密封件老化引起的，如密度继电器接口、充气逆止阀等。而密封件到达厂家规定寿命后，也必须更换。因此设置密封件老化这个状态量，保证密封件按周期更换。

（2）操动机构。SF_6 高压断路器的操动机构目前主要有液压机构（包括液压弹簧机构）、弹簧机构、气动机构（包括气动弹簧机构）等型式。操动机构的评价包括机构和机构箱内元件等。

国家电网公司《输变电设备状态检修试验规程》（Q/GDW 168—2008）中 SF_6 断路器部分除试验项目外，也增加了机械方面的检查和功能确认，其检查结果应做记录并反映到状态量的评价上。

部分停电试验或检修时发现的状态量超过标准的情况，如机械特性超标、分合闸线圈操作电压变化等，只有在该缺陷未消除即投运时，才对该设备扣除相应的分值；对于投运前即采取措施解决该问题的，投运后不再扣分。

对于运行中发现的问题，如机构打压频繁，打压次数超过技术文件要求等，应在发现问题后及时调整设备的状态。

液压机构和气动机构很多打压频繁、打压不停泵的问题都是由于密封件老化引起的。而密封件到达厂家规定寿命后，一般也必须更换。因此设置密封件老化这个状态量，保证密封件按周期更换。

（3）并联电容器。并联电容状态量较少，主要应在运行巡视中注意观察是否有渗漏油的现象，同时停电时注意电容量和介损的测试。另外并联电容器容易出现家族性缺陷，当同批次产品多次出现如渗漏油等问题时，应特别注意。

3. SF_6 断路器状态评价

SF_6 断路器，即绝缘和灭弧介质是 SF_6 气体的断路器。目前，我国的许多电力网络系统都应用了 SF_6 断路器。由于我国在 SF_6 技术方面还存在许多的不足，导致我国的 SF_6 断路器在性能上较之发达国家仍存在较大的差距。SF_6 断路器在运行过程中出现的问题和故障也对整个电力系统的安全运行造成了较大的影响和威胁，必须经常对其运行状态进行监测和检修。针对 SF_6 断路器的相关情况进行简单的概述，并对其状态检修技术进行分析和讨论，从而不断提高 SF_6 断路器的运行质量和水平，延长设备的使用寿命，进而更好的保障电力网络系统能够安全、有效、可靠的运行。

（1）SF_6 断路器概述：

1）SF_6 断路器的特点：①SF_6 断路器具有体积小、噪声小、结构简单、零部件少、耐电压高、允许短路次数多、灭弧时间短、危险程度低等优点。同时，SF_6 断路器在检修方面还具备检修方便、工作量低、油量消耗少等优点；②SF_6 断路器具有密封触头可靠性差，且不宜用在操作频繁的低压电器中，当温度过高时会产生带有腐蚀性的气体，并造成较大的腐蚀作用的缺点。

2）SF_6 断路器的安装。在对 SF_6 断路器进行安装操作时，其程序步骤主要是：①要对设备的说明书以及图纸等技术资料进行全面的了解和熟悉，并制定安装和调试的相关操作方案，做好 N_2 和检漏仪器的准备工作等；②在断路器主体的安装过程中，要根据厂家的要求判定各箱之间的尺寸，并特别注意控制箱的安装位置是否合适；③在断路器套管的吊装过程中，要先将套管四周包裹上保护物，以避免套管的损伤。并在紧固接触面之前对其进行彻底的清洗；④在安装 SF_6 管路前，要先用干燥氮气对管子进行清洁，并做好全部管道法兰处的密封工作；⑤安装空气管道前，要先清洁管子，以避免杂物和灰尘在安装过程中掉入管道中；⑥对断路器充加 SF_6 气体，并采取相应的防潮措施；⑦充气结束后，要用检漏仪对管子的法兰处及接头处进行严格、细致的检查，以避免出现漏气问题。

（2）SF_6 断路器状态检修技术：

1）SF_6 断路器检修设备的选择原则。对 SF_6 断路器进行状态检修时，需要选择满足以下的原则检修装置和设备，即：①选择能够带电作业的检修设备；②能够较好地实现远程集中控制；③设备的质量良好，故障率低，可靠性高；④对参数进行非损伤性的检查，并保持零部件的完好；⑤状态参数必须能够对 SF_6 断路器的状态进行直接的反映，并保证其准确度。

2）SF_6 断路器的状态检修技术。对 SF_6 断路器进行状态检修时，常用的有以下几种技术方法，具体包括：

a. 机械故障检修技术。

SF_6 断路器的机械故障大体同其他断路器的机械故障相同，主要有三种问题，即联锁失效、分合闸不到位以及机构拒合或拒分。造成联锁失效的主要原因是辅助开关切换不到位；分合闸不到位的原因主要是机构卡涩、卡死以及触头的松动；拒分或拒合的主要原因除了同辅助开关以及机构有关外，还包括电动的失灵以及连杆轴销的脱落等。

当 SF_6 断路器出现机械故障时，工作人员要立即切断操作电源，并将 SF_6 气体回收，并用真空泵将残存气体抽出，其保持断路器中真空度在 133.33Pa 以下。然后，在根据具体点的故障情况分析和找出故障的产生原因，并实施有针对性的处理办法，并及时的同生产制造厂家进行联系。

b. 气体检漏技术。

断路器在相同温度环境下出现气压表指示值逐渐下降的现象时，就表示出现漏气问题。造成断路器漏气的原因主要包括：①压力表尤其是接头部位密封垫出现损伤；②滑动密封部位的滑动杆缺乏光洁度或是密封圈出现损伤；③管道的自封阀处以及接头处有杂物或者固定不紧；④法兰同瓷套的胶合处不严密；⑤瓷套胶垫出现位置偏移或质量老化。

检验 SF_6 断路器漏气的主要技术办法有以下 4 种，即：

（a）泡沫检漏法。这种方法是最原始的检漏方法，它能够对断路器中较大漏点的漏气速率以及确切位置进行直观的反映。泡沫法的成本基本为零，但由于需要在断路器的各个部位进行逐个的泡沫涂抹和观察，因此其工作量非常大，且不能对断路器的带电本体进行气体检漏。

（b）激光成像检漏仪法。这种方法是目前新兴的一种高科技检漏技术，它能够对断路器的气体泄漏位置、速率以及其他情况进行精确地判断，但由于仪器的价格昂贵，因此目前上没有得到广泛普及。

（c）包扎加定量检漏仪法。这种方法能够对断路器的气体泄漏情况进行精确地检验，并能够利用相关的换算方法得出断路器准确的年漏气率。因此，它常被用于检验漏气较为缓慢的断路器。包扎加定量检漏仪法的工作量较大，设备停运的时间较长，其检漏的周期也比较长。

(d) 定性检漏仪报警法。这种方法的仪器使用方便、简单，对设备灵敏度的调节通常只有高低两档，能够反复的对断路器进行探测。

(3) 目前 SF_6 断路器状态检修存在的问题和难点。状态检修技术的应用将运行管理的工作重心从值班、巡视转向设备状态管理和维护，有利于合理安排电力设备的检修、降低检修成本、确保系统稳定可靠运行，符合大集控运行模式的内在要求。而 SF_6 高压断路器作为电力系统的重要执行元件，是集故障检修、参数测量频次最多的一种重要电气设备，怎样完善断路器设备的在线监测手段，准确搜集、分析其运行信息，进行故障诊断，是开展断路器状态检修工作的核心及难点。

1) 在线监测技术的应用瓶颈。高压断路器状态检修是以其运行现状为基础的检修方式，因此运用在线监测手段采集设备运行状态、诊断设备故障是实现断路器状态检修的基础技术。然而目前断路器在实际运行中，状态不易做出准确判定，难以进行全面监测，主要存在 3 个主要问题：①断路器结构复杂，动作部位多而要求高，这使得对断路器的状态不易做出准确判定，难以采集、确定影响设备状态的监测量，阻碍了监测设备的定型和发展。国内，目前尚未有成熟的断路器在线监测系统投入运行。②站内现有的监测系统，其采样、通信方式已无法适应状态检修模式下对于在线监测的要求，且这些系统相互独立，监测数据无法共享。③断路器的在线监测将存在大量的监测数据，目前尚依赖人工方式发掘分析，势必影响最终的状态诊断效果，无法准确、及时生成检修决策。

综上所述，由于目前电力系统断路器设备型号较多，设备状态不一，同质化较低，因此确定适合的在线监测特征量，探索一套适合设备运行情况，符合状态检修实际需求的在线监测手段是解决以上问题的关键。

2) 确定可直接判断设备状态的在线监测特征量。

SF_6 断路器的关键性能和参数可大致分为 3 类，即：①电气特性，包括额定电流、额定短路开断电流、额定短路关合电流、工频耐压、雷电冲击耐压等；②时间特性，包括开断时间、固分时间、分闸同期性、合闸同期性、分闸速度、合闸速度等；③机械特性，包括机械寿命、行程、超程、接线端子拉力等。

断路器在线监测的特征量，一般应包括：开断、关合一次电流及动作时间；各相保护电流、$3I_0$ 电流、断路器动作时分合闸电流波形；开关触头行程位移；分合闸速度；储能电机储能电流波形；SF_6 气体水分；遥信等相关数据。然而由于设备种类较多，且包括相当数量的老旧进口或国产设备，质量良莠不齐，专业管理人员无法对各类设备的内部结构有深入的了解，在现有的技术条件的下，大部分特征量不具备在线监测的条件，即便有可监测的条件，也无法在同一平台下进行整合分析。

根据相关统计得出：①操作机构的故障发生率较高，机械故障的监测和诊断在高压断路器的在线监测中占重要的地位；②由于电气控制和辅助回路工作电压等级较低，易于安装传感器等监测设备，故电气控制和辅助回路的在线监测和故障诊断十分必要。

因此，归纳各种特征量作为判断设备状态的主要对象，其中：①分合闸线圈的电压、电流，用于监测线圈回路的电气完整性、间接判断断路器机械操作机构的情况；②储能电机线圈的电压、电流，用于监测电动机的工作情况、间接判断液压机构的密封性；③动触头运动特性（分合闸时间、速度，行程、超程），用于反映同期性问题、监测动力机构和传动机构的运行情况以及连接状态；④触头信息（三相电流，壳体温升），用于判断断路器的电寿命和动静触头的对中情况等；⑤绝缘（绝缘支撑、绝缘拉杆的泄露电流），用于反映支持瓷瓶受损和表面积污情况，反映绝缘拉杆的绝缘情况。

3）断路器在线监测系统需要解决的问题及建议。目前，针对断路器在线监测系统，在许多单位都进行了尝试，积累了大量宝贵经验。一些生产厂商也开发了一批在线监测装置，甚至一些软件开发商也在积极开发断路器状态检修管理系统。这给我们开展断路器在线监测工作提供了有利的条件。但是，断路器的一些重要状态量，由于经费和手段等原因，还不能及时开展在线监测，还是要通过停电监测来执行。如 SF_6 气体水分监测由于感应元件寿命限制，还不能进行长期在线监测等。以上制约限制了断路器在线监测系统的全面发展。

为适应电力系统设备状态检修工作的开展，断路器生产厂商也应该有所作为。如在断路器出厂时提供相应的监测接口，可以装设一些行程同步传感器，研制生产一些借助现代电子技术的智能断路器等。随着社会的发展，技术的革新，相信断路器的在线监测系统将得以完善，在电力生产中会发挥越来越重要的作用。

第 5 章　SF₆ 断路器反事故技术措施要求

反事故技术措施是在总结了长期以来电网运行管理，特别是安全生产管理方面经验教训的基础上，针对影响电网安全生产的重点环节和因素，根据各项电网运行管理规程和近年来在电网建设、运行中的经验，集中提炼所形成的指导当前电网安全生产的一系列防范措施。有助于各单位按照统一的安全性标准，建设和管理好电力系统，提升电力系统安全稳定性。

5.1　高压开关设备反事故技术措施

5.1.1　总则

（1）为提高高压开关设备（以下简称"开关设备"）的运行可靠性，根据事故分析和各地区、各部门的经验，提出以下反事故技术措施，适用范围为国家电力公司系统各有关设计、基建、安装、运行、检修和试验单位等。各运行单位亦应结合本地区具体情况和经验，制订适合本地区的补充反事故技术措施。

（2）为保证开关设备安全运行，必须建立和健全专业管理体系，加强开关设备专业的技术管理工作，各单位均应认真贯彻和执行国家电力公司颁布的《高压开关设备管理规定》和《高压开关设备质量监督管理办法》的各项条款。

（3）各级电力公司要加强对开关设备安装、运行、检修或试验人员的技术培训工作，使之熟悉和掌握所辖范围内开关设备结构性能及安装、运行、检修和试验的技术要求

5.1.2　选用高压开关设备技术措施

（1）凡不符合国家电力公司《高压开关设备质量监督管理办法》，国家已明令停止生产、使用的各种型号开关设备，一律不得选用。

（2）凡新建变电所的高压断路器，不得再选用手力操作动机构。对正在运行的高压断路器手力操动机构要尽快更换，以确保操作人员的人身安全。

（3）中性点不接地、小电流接地及二线一地制系统应选用异相接地开断试验合格的开关设备。

（4）切合电容器组应选用开断电容电流无重击穿及适合于频繁操作的断路器。

（5）对电缆线路和 35kV 及以上电压等级架空线路，应选用切合时无重击穿的断路器。

（6）用于切合 110kV 及以上电压等级变压器的断路器，其过电压不应超过 2.5～2.0 倍。

（7）对于频繁启停的高压感应电机回路应选用 SF₆ 断路器或真空断路器、接触器等开关设备，其过电压倍数应满足感应电机绝缘水平的要求，同时应采取过电压保护措施。

5.1.3　新装和检修高压开关设备技术措施

（1）设备的交接验收必须严格按照国家、电力行业和国家电力公司标准、产品技术条件及合同书的技术要求进行。不符合交接验收条件不能验收投运。

（2）新装及检修后的开关设备必须严格按照《电气装置安装工程电气设备交接试验标准》（GB 50150—2006）、《电力设备预防性试验规程》（DL/T 596—2005）、产品技术条件及原部颁有关检修工艺导则的要求进行试验与检查。交接时对重要的技术指标一定要进行复查，不合格者不准投运。

（3）分、合闸速度特性是检修调试断路器的重要质量指标，也是直接影响开断和关合性能的关键技术数据。各种断路器在新装和大修后必须测量分、合闸速度特性，并应符合技术要求。SF₆ 产品的机构检修参照少油断路器机构检修工艺进行，运行 5 年左右应进行一次机械特性检查。

（4）新装及大修后的 252kV 及以上电压等级断路器，其相间不同期及同相各断口间的不同期，必须用精度满足要求的仪器进行测量，并应符合产品技术要求。现场不能测量的参数，制造厂应提供必要的保证。

（5）新装的国产油开关设备，安装前应解体。国产 SF₆ 开关、液压机构和气动机构原则上应解体。若制造厂承诺可不解体安装，则可不解体安装。由于不解体安装发生设备质量事故造成的经济损失由制造厂承担。

5.1.4　预防断路器灭弧室烧损、爆炸

（1）各运行、维修单位应根据可能出现的系统最大运行方式及可能采用的各种运行方式，每年定期核算开关设备安装地点的短路电流。如开关设备实际短路开断电流不能满足要求，则应采取"限制、调整、改造、更换"的办法，以确保设备安全运行。具体措施如下：

1）合理改变系统运行方式，限制和减少系统短路电流。

2）采取限流措施，如加装电抗器等以限制短路电流。

3）在继电保护上采取相应的措施，如控制断路器的跳闸顺序等。

4）将短路开断电流小的断路器调换到短路电流小的变电所。

5）根据具体情况，更换成短路开断电流大的断路器。

（2）应经常注意监视油断路器灭弧室的油位，发现油位过低或渗漏油时应及时处理，严禁在严重缺油情况下运行。油断路器发生开断故障后，应检查其喷油及油位变化情况，发现喷油严重时，应查明原因并及时处理。

（3）开关设备应按规定的检修周期和具体短路开断次数及状态进行检修，做到"应修必修、修必修好"。不经检修的累计短路开断次数，按断路器技术条件规定的累计短路开断电流或检修工艺执行。没有规定的，则可根据现场运行、检修经验由各运行单位的总工程师参照类似开关设备检修工艺确定。

（4）当断路器所配液压机构打压频繁或突然失压时应申请停电处理。必须带电处理时，检修人员在未采取可靠防慢分措施（如加装机械卡具）前，严禁人为启动油泵，防止由于慢分而使灭弧室爆炸。

5.1.5　预防套管、支持绝缘子和绝缘提升杆闪络、爆炸

（1）根据设备运行现场的污秽程度，采取下列防污闪措施：

1）定期对瓷套或支持绝缘子进行清洗。

2）在室外 40.5kV 及以上电压等级开关设备的瓷套或支持绝缘子上涂 RTV 硅有机涂料或采用合成增爬裙。

3）采用加强外绝缘爬距的瓷套或支持绝缘子。

4）采取措施防止开关设备瓷套渗漏油、漏气及进水。

5）新装投运的开关设备必须符合防污等级要求。

（2）加强对套管和支持绝缘子内部绝缘的检查。为预防因内部进水使绝缘能力降低，除进行定期的预防性试验外，在雨季应加强对绝缘油的绝缘监视。

（3）新装 72.5kV 及以上电压等级断路器的绝缘拉杆，在安装前必须进行外观检查，不得有开裂起皱、接头松动及超过允许限度的变形。除进行泄漏试验外，必要时应进行工频耐压试验。运行的断路器如发现绝缘拉杆受潮，烘干处理完毕后，也要进行泄漏和工频耐压试验，不合格者应予更换。

（4）充胶（油）电容套管应采取有效措施防止进水和受潮，发现胶质溢出、开裂、漏油或油箱内油质变黑时应及时进行处理或更换。大修时应检查电容套管的芯子有无松动现象，防止脱胶。

（5）绝缘套管和支持绝缘子各连接部位的橡胶密封圈应采用合格品并妥善保管。安装时应无变形、位移、龟裂、老化或损坏。压紧时应均匀用力并使其有一定的压缩量。避免因用力不均或压缩量过大而使其永久变形或损坏。

5.1.6　预防断路器拒分、拒合和误动等操作故障

（1）加强对操动机构的维护检查。机构箱门应关闭严密，箱体应防水、防灰尘和小动物进入，并保持内部干燥清洁。机构箱应有通风和防潮措施，以防线圈、端子排等受潮、凝露、生锈。液压机构箱应有隔热防寒措施。

（2）辅助开关应采取下列措施：

1）辅助开关应安装牢固，防止因多次操作松动变位。

2）应保证辅助开关接点转换灵活、切换可靠、接触良好、性能稳定，不符合要求时应及时调整或更换。

3）辅助开关和机构间的连接应松紧适当、转换灵活，并满足通电时间的要求。连杆锁紧螺帽应拧紧，并采用防松措施，如涂厌氧胶等。

（3）断路器操动机构检修后，应检查操动机构脱扣器的动作电压是否符合 $30\%U_n$（U_n 为额定电压）和 $65\%U_n$ 要求。在 $80\%U_n$（或 $85\%U_n$）下，合闸接触器是否动作灵活且吸持牢靠。

（4）分、合闸铁芯应动作灵活，无卡涩现象，以防拒分或拒合。

（5）断路器大修时应检查液压机构分、合闸阀的顶针是否松动或变形。

（6）长期处于备用状态的断路器应定期进行分、合操作检查。在低温地区还应采取防寒措施和进行低温下的操作试验。

（7）气动机构应坚持定期放水制度。对于单机供气的气动机构在冬季或低温季节应采取保温措施，防止因控制阀结冰而拒动。气动机构各运动部位应保持润滑。

5.1.7 预防直流操作电源故障引起断路器拒动、烧损

（1）各种直流操作电源均应保证断路器合闸电磁铁线圈通电时的端子电压不得低于标准要求。对电磁操动机构合闸线圈端子电压，当关合电流小于 50kA（峰值）时不低于额定操作电压的 80%；当关合电流等于或大于 50kA（峰值）时不低于额定操作电压的 85%，并均不得高于额定操作电压值的 110%，以确保合闸和重合闸的动作可靠性。不能满足上述要求时，应结合具体情况予以改进。断路器操作时，如合闸电源电缆压降过大，不能满足规定的操作电压时，应更换成截面大的电缆以减少压降。设计部门在设计时亦应考虑电缆所造成的线路压降。

（2）220kV 及以上电压等级变电所所用电应有两路可靠电源。凡新建变电所不得采用硅整流合闸电源和电容储能跳闸电源。对已运行的电容储能跳闸电源，电容器质量必须合格，电容器的组数和容量必须满足几台断路器同时跳闸的需要，并应加装电容器熔丝的监视装置。经常检查电容器有无漏电现象，如有漏电应及时更换，以保证故障时断路器可靠跳闸。

（3）应定期检查直流系统各级熔丝配置是否合理，熔丝是否完好，操作箱是否进水受潮，二次接线是否牢固，分、合闸线圈有无烧损。

5.1.8 预防液压机构漏油、慢分

5.1.8.1 预防漏油措施

（1）新装或检修断路器时，应彻底清洗油箱底部，并对液压油用滤油机过滤，保证管路、阀体无渗漏和杂物。

（2）液压机构油泵启动频繁或补压时间过长，应检查原因并应及时停电处理。

（3）处理储压筒活塞杆漏油时，应同时检查处理微动开关，以保证微动开关动作可靠。

5.1.8.2 防止失压后重新打压慢分

液压机构发生失压故障时必须及时停电处理。若断路器不能停电处理，在运行状态下抢修时，为防止重新打压造成慢分，必须采取以下措施：

（1）在失压闭锁后，未采取防慢分措施前严禁人为启动油泵打压。

（2）在使液压系统泄压前将卡具装好，也可将工作缸与水平拉杆的连接解脱。严禁使用铁板、铁管支撑或钢丝绑扎。处理完毕重新打压到额定压力后，按动合闸阀使其合闸，如卡具能轻易取下或圆柱销能轻易插入，说明故障已排除，否则仍有故障，应继续修理，不得强行取下卡具。

（3）应定期检查合闸保持弹簧在合闸位置时的拉伸长度，并调整到制造厂规定的数据。对断路器进行检查时，应检查合闸位置液压系统失压后，水平拉杆的位移是否超过制造厂的规定。

5.1.9 预防断路器进水受潮

（1）对 72.5kV 及以上电压等级少油断路器在新装前及投运一年后应检查铝帽上是否有砂眼，密封端面是否平整，应针对不同情况分别处理，如采取加装防雨帽等措施。在检查维护时应注意检查呼吸孔，防止被油漆等物堵死。

（2）为防止液压机械储压缸氮气室生锈，应使用高纯氮（微水含量小于 $20\mu L/L$）作为气源。

（3）对断路器除定期进行预防性试验外，在雨季应增加检查和试验次数，对油断路器应加强对绝缘油的检测。

（4）40.5kV 电压等级多油断路器电流互感器引出线、限位螺钉、中间联轴孔堵头、套管连接部位、防爆孔及油箱盖密封用石棉绳等处，均应密封良好，无损坏变形。

（5）装于洞内的开关设备应保持洞内通风和空气干燥，以防潮气侵入灭弧室造成凝露。

5.1.10 预防高压开关设备机械损伤

（1）各种瓷件的连接和紧固应对称均匀用力，防止用力过猛损伤瓷件。

（2）检修时应对开关设备的各连接拐臂、联板、轴、销进行检查，如发现弯曲、变形或断裂，应找出原因，更换零件并采取预防措施。

（3）调整开关设备时应用慢分、慢合检查有无卡涩，各种弹簧和缓冲装置应调整和使用在其允许的拉伸或压缩限度内，并定期检查有无变形或损坏。

（4）各种断路器的油缓冲器应调整适当。在调试时，应特别注意检查缓冲器的缓冲行程和触头弹跳情况，以验证缓冲器性能是否良好，防止由于缓冲器失效造成拐臂和传动机构损坏。禁止在缓冲器无油状态下进行快速操作。低温地区使用的油缓冲器应采取适合低温环境条件的缓冲油。

（5）真空灭弧室安装时，先使静触头端面与静触头支架连接牢固，再连接动触头端，使动触头运动轨迹在灭弧室中轴线上，防止灭弧室受扭力而形成裂纹或漏气。

（6）126kV 及以上电压等级多断口断路器，拆一端灭弧室时，另一端应设法支撑。大修时禁止爬在瓷柱顶部进行工作，以免损坏支持瓷套。

（7）均压电容器安装时，防止因"别劲"引起漏油，发现漏油应予处理或更换。

（8）开关设备基础支架设计应牢固可靠，不可采用悬臂梁结构。

（9）为防止机械固定连接部分操作松动，建议采用厌氧胶防松。

（10）为防止运行中的 SF_6 断路器及 GIS 绝缘拉杆拉脱事故的发生，应监视分、合闸指示器处与绝缘拉杆相连的运动部件相对位置有无变化，对于不能观测其相对位置变化的断路器，可定期作断路器不同期及超程测量，以便及时发现问题。

5.1.11　预防 SF₆ 高压开关设备漏气、污染

（1）新装或检修 SF₆ 开关设备必须严格按照国家标准及行业标准中 SF₆ 气体和气体绝缘金属封闭开关设备有关技术标准执行。

（2）室内安装运行的气体绝缘金属封闭开关设备（简称 GIS），宜设置一定数量的氧量仪和 SF₆ 浓度报警仪。人员进入设备区前必须先行通风 15min 以上。

（3）当 SF₆ 开关设备发生泄漏或爆炸事故时，工作人员应按安全防护规定进行事故处理。

（4）运行中 SF₆ 气体微量水分或漏气率不合格时，应及时处理，处理时 SF₆ 气体应予回收，不得随意向大气排放，以免污染环境及造成人员中毒事故。

（5）密度继电器及气压表应结合安装、大小修定期校验。

（6）SF₆ 开关设备应按有关规定定期进行微水含量和泄漏的检测。

5.1.12　预防高压开关设备载流导体过热

（1）用红外线测温仪检查开关设备的接头部，特别在高峰负荷或盛夏季节，要加强对运行设备温升的监视，发现不合格应及时处理。

（2）对开关设备上的铜铝过渡接头要定期检查。

（3）在交接和预防性试验中，应严格按照标准和测量方法检测接触电阻。

5.2　SF₆ 电气设备运行、试验及检修人员安全防护细则

5.2.1　名词术语

（1）SF₆。

常温、常压下为气态、无毒、无色、无味，化学性能稳定，在 101325Pa、20℃时的密度为 6.16g/L，具有优异的绝缘灭弧电气性能。

（2）SF₆ 电气设备。

指在电气设备内充以 SF₆ 作为绝缘介质的电气设备，如 SF₆ 断路器、变压器、电缆、SF₆ 气体绝缘全封闭电器（GIS）等。

（3）毒性分解物。

在生产 SF₆ 气体时，会伴有多种有毒气体产生，并可能混入产品气中；SF₆ 气体在电气设备中经电晕、火花及电弧放电作用，还会产生多种有毒、腐蚀性气体及固体分解产物。这些气体主要有氟化亚硫酰（SOF_2）、氟化硫酰（SO_2F_2）、四氟化硫（SF_4）、四氟化硫酰（SOF_4）、二氧化硫（SO_2）、十氟化二硫（S_2F_{10}）、一氧十氟化二硫（$S_2F_{10}O$）等；固体分解产物主要有氟化铜（CuF_2）、二氟二甲基硅〔$Si(CH_3)_2F_2$〕、三氟化铝（AlF_3）粉末等。

（4）SF₆ 气体净化处理。

SF₆ 气体中的毒性分解物，有的可以用吸附剂吸收去掉，有的可以与酸溶液或碱溶液

进行化学反应去掉，用各种方法除去 SF_6 气体中毒性分解物的过程叫作 SF_6 气体净化处理。

5.2.2 SF_6 的安全使用

（1）SF_6 新气的安全使用和充装时的安全防护。

1）SF_6 新气中可能存在一定量的毒性分解物，在使用 SF_6 新气的过程中，要采取安全防护措施。制造厂提供的 SF_6 气体应具有制造厂名称、气体净重、灌装日期、批号及质量检验单，否则不准使用。

2）对新购入的 SF_6 气体要进行抽样复检，参照《六氟化硫电气设备气体监督细则》（DL/T 595—1996）实施。复检结果应符合 SF_6 新气标准，否则不准使用。

3）从钢瓶中引出 SF_6 气体时，必须用减压阀降压。

4）避免装有 SF_6 气体的钢瓶靠近热源或受阳光曝晒。

5）使用过的 SF_6 气体钢瓶应关紧阀门，戴上瓶帽，防止剩余气体泄漏。

6）户外设备充装 SF_6 气体时，工作人员应在上风方向操作；室内设备充装 SF_6 气体时，要开启通风系统，并尽量避免和减少 SF_6 气体泄漏到工作区。要求用检漏仪做现场泄漏检测，工作区空气中 SF_6 气体含量不得超过 $1000\mu L/L$。

（2）SF_6 试验室工作人员的安全防护。

1）SF_6 试验室是进行 SF_6 新气和运行气体测试的场所，因此化验人员经常会接触有毒气体、粉尘和毒性化学试剂。试验室除具备操作毒性气体和毒性试剂的一般要求外，还应具有良好的底部通风设施（对通风量的要求是 15min 内使室内换气一次）。

2）酸度、可水解氟化物、矿物油测定的吸收操作应在通风柜内进行；色谱分析的有毒试样尾气和易燃的氢载气应从色谱仪排气口直接引出试验室；生物毒性试验的尾气应经碱液吸收后排出室外。

3）每个分析人员务必遵守分析试验室操作规程和 SF_6 气体使用规则，新来的工作人员在没有正式工作之前，首先要接受安全教育和有关培训。

4）试验室内不应存放剧毒和易燃品，使用时应随领随用。

5）分析人员应配备个人安全防护用品。

（3）设备运行中的安全防护。

1）SF_6 电气设备安装室与主控室之间要作气密性隔离，以防有毒气体扩散进入主控室。

2）设备安装室内应具有良好的通风系统，通风量应保证在 15min 内换气一次。抽风口应设在室内下部。

3）设备安装室底部应安装 SF_6 浓度报警仪和氧量仪，当 SF_6 浓度超过 $1000\mu L/L$，氧量低于 18％时，仪器应报警。

4）工作人员不准单独和随意进入设备安装室。进入设备安装室前，应先通风 20min。

5）不准在设备防爆膜附近停留。

6）工作人员在进入电缆沟或低位区域前，应检测该区域内的含氧量，如发现氧含量低于 18％时，不能进入该区域工作。

7）设备内六氟化硫气体的定期检测参照《电力设备预防性试验规程》（DL/T 596—2005）进行。如发现气体中毒性分解物的含量不符合要求时，应采取有效的措施，包括气体净化处理、更换吸附剂、更新 SF_6 气体、设备解体检修等。

8）气体采样操作及处理渗漏时，工作人员要穿戴防护用品，并在通风条件下，采取有效的防护措施。

（4）设备解体时的安全保护。

1）对欲回收利用的 SF_6 气体，需进行净化处理，达到新气标准后方可使用。对排放废气，事前需作净化处理（如采用碱吸收的方法），达到国家环保规定标准后，方可排放。

2）设备解体前，应对设备 SF_6 气体进行必要的分析测定，根据有毒气体含量，采取相应的安全防护措施。设备解体工作方案，应包括安全防护措施。

3）设备解体前，用回收净化装置净化 SF_6 运行气，并对设备抽真空，用 N_2 冲洗 3 次后，方可进行设备解体检修。

4）解体时，检修人员应穿戴防护服及防毒面具。设备封盖打开后，应暂时撤离现场 30min。

5）在取出吸附剂，清洗金属和绝缘零部件时，检修人员应穿戴全套的安全防护用品，并用吸尘器和毛刷清除粉末。

6）将清出的吸附剂、金属粉末等废物放入酸或碱溶液中处理至中性后，进行深埋处理，深度应大于 0.8m，地点选在野外边远地区、下水处。

7）SF_6 电气设备解体检修净化车间要密闭、低尘降，并保证有良好的地沟机力引风排气设施，其换气量应保证在 15min 内全车间换气一次。排出气口设在底部。

8）工作结束后使用过的防护用具应清洗干净，检修人员也要进行自身清洁工作。

（5）处理紧急事故时的安全防护。

1）当防爆膜破裂及其他原因造成大量气体泄漏时，需要采取紧急防护措施，并立即报告有关上级主管部门。

2）室内紧急事故发生后，应立即开启全部通风系统，工作人员根据事故情况，佩戴防毒面具或氧气呼吸器，进入现场进行处理。

3）发生防爆膜破裂事故时应停电处理。

4）防爆膜破裂喷出的粉末，应用吸尘器或毛刷清理干净。

5）事故处理后，应将所有防护用品清洗干净，工作人员也要进行自身清洁工作。

6）SF_6 气体中存在的有毒气体和设备内产生的粉尘，对人体呼吸系统及黏膜等有一定的危害，一般中毒后会出现不同程度的流泪、打喷嚏、流涕，鼻腔咽喉有热辣感，发音嘶哑、咳嗽、头晕、恶心、胸闷、颈部不适等症状。发生上述中毒现象时，应迅速将中毒者移至空气新鲜处，并及时进行治疗。

7）要与有关医疗单位联系，制定可能发生的中毒事故处理方案和配备必要的药品，以便发生中毒事故时，中毒者能够得到及时的治疗。

5.2.3 安全防护用品的管理与使用

（1）设备运行、试验及检修人员使用的安全防护用品，应有专用防护服、防毒面具、氧气呼吸器、手套、防护眼镜及防护脂等。安全防护用品必须符合《个体防护装备选用规范》（GB/T 11651—2008）规定并经国家相应的质检部门检测，具有生产许可证及编号标志、产品合格证者，方可使用。

（2）安全防护用品应存放在清洁、干燥、阴凉的专用柜中，设专人保管并定期检查，保证其随时处于备用状态。

（3）凡使用防毒面具和氧气呼吸器的人员要先进行体格检查，尤其是要检查心脏和肺功能，功能不正常者不能使用上述用品。

（4）对设备运行、试验及检修人员要进行专业安全防护教育及安全防护用品使用训练。

（5）工作人员佩戴防毒面具或氧气呼吸器进行工作时，要有专门监护人员在现场进行监护，以防出现意外事故。

5.2.4　组织管理与劳动保健

（1）各级机构应在安全部门设立 SF_6 安全防护专责岗，负责有关 SF_6 气体安全防护工作。运行、检修、试验部门应有专职人员负责安全防护。SF_6 安全防护应列入化学技术监督范畴。

（2）各类安全监测仪表要定期标定、校准，随时处于完好状态。

（3）对设备运行、检修及气体试验人员应给予营养保健补助。

（4）从事有关 SF_6 气体试验、运行、检修和监督的工作人员，每年应体检 $1\sim2$ 次，体检项目应有特殊要求（如血相、呼吸系统、皮肤、骨质密度等），并建立健康档案。

5.3　SF_6 电气设备气体监督细则

5.3.1　SF_6 气体的技术管理

（1）对 SF_6 新气的质量验收。

1）SF_6 电气设备制造厂和使用单位，在 SF_6 新气到货后的一个月内，均应按照《六氟化硫气瓶及气体使用安全技术管理规则》和《六氟化硫电气设备中气体管理和检测导则》（GB 8905—2012）中的有关规定进行复核，抽样检验。验收合格后，应将气瓶转移到阴凉干燥的专门场所，直立存放。未经检验的新气不能同检验合格的气体存放一室，以免混淆。

2）供需双方对产品质量发生争议时，可提请上级单位"六氟化硫监督检测中心"判定。

3）对国外进口的新气，亦应进行复检验收。可按《船上的电气安装电缆》（IEC 60092—376）及《工业六氟化硫》（GB 12022—2014）新气质量标准验收。

4）SF_6 气体在储气瓶内存放半年以上时，使用单位充气于 SF_6 气室前，应复检其中的湿度和空气含量，指标应符合新气标准。

（2）对使用中的 SF_6 气体的监督和安全管理。

1）凡充于电气设备中的 SF_6 气体，均属于使用中的 SF_6 气体，应按照《电力设备预防性试验规程》（DL/T 596—1996）中的有关规定进行检验。

2）SF_6 电气设备制造厂在设备出厂前，应检验设备气室内气体的湿度和空气含量，并将检验报告提供给使用单位。

3）六氟化硫电气设备安装完毕，在投运前（充气 24h 以后）应复验 SF_6 气室内的湿度和空气含量。

4）设备通电后一般每三个月，亦可一年内复核一次 SF_6 气体中的湿度，直至稳定后，每 1～3 年检测湿度一次。发现气体质量指标有明显变化时，应报请上级单位"六氟化硫监督检测中心"复核，证明无误时，应制定具体处理措施并上报上级单位"六氟化硫监督检测中心"，取得一致意见后，由基层单位进行处理。

5）对充气压力低于 0.35MPa 且用气量少的 SF_6 电气设备（如 35kV 以下的断路器），只要不漏气，交接时气体湿度合格，除在异常时，运行中可不检测气体湿度。

（3）设备解体时的 SF_6 气体监督。

1）设备解体大修前，应按《电气设备中六氟化硫气体检测导则》（IEC 480—1974）和《电气设备预防性试验规程》（DL/T 596—1996）的要求进行气体检验，设备内的气体不得直接向大气排放。

2）设备解体大修前的气体检验，必要时可由上一级气体监督机构复核检测并与基层单位共同商定检测的特殊项目及要求。

（4）运行中设备发生严重泄漏或设备爆炸而导致 SF_6 气体大量外溢时，现场工作人员必须按 SF_6 电气设备制造、运行及试验检修人员安全防护的有关规定佩戴个体防护用品。

（5）SF_6 电气设备完成出厂试验后，如需减压装箱或解体装箱时，应参照《电气设备中六氟化硫气体检测导则》（IEC 480）和《电气设备预防性试验规程》（DL/T 596—2005）的要求进行气体检验后，方可进行装箱或降压。

（6）SF_6 电气设备补气时，如遇不同产地、不同生产厂家的 SF_6 气体需混用时，应参照《电力设备预防性试验规程》（DL/T 596—1996）中有关混合气的规定执行。

5.3.2 SF_6 气体检测仪器的管理

（1）对 SF_6 气体检测使用的仪表和仪器设备，应制定详细的使用、保管和定期校验制度，并应建立设备使用档案。

（2）对有关测试仪器、仪表应建立监督与标定传递制度。基层单位的仪器由上级单位"六氟化硫监督检测中心"负责定期校验和检定；上级单位"六氟化硫监督检测中心"仪器的标定计量由部属六氟化硫计量传递站进行定期检定和计量传递，并建立校验档案。

（3）各类仪器的校验周期按国家检定规程要求确定。暂无规定的原则上每年一次。

（4）各级六氟化硫监督检测中心只有取得计量部门的计量标准考核之后，方可对下属单位的仪器仪表开展定期校验和检定工作。

5.3.3 技术文件和档案的管理

（1）各级六氟化硫监督检测中心和基层六氟化硫气体管理部门应有下列气体监督的本企业文件。

1）SF_6 气体验收方法。

2）SF_6 气体质量分析检验规程和质量保证体系。

3）SF_6 气体监督检测仪器仪表的操作规程。

4）SF_6 气体监督检测仪器仪表的检定规程。

5）接触 SF_6 气体工作人员的劳动、安全、卫生和保健的有关规定。

6）个体防护用品使用和维护规程。

（2）各级六氟化硫监督检测中心和基层六氟化硫气体管理部门应有下列气体质量监督的管理文件。

1）IEC 有关的 SF_6 气体检测导则。

2）《六氟化硫气瓶及气体使用安全技术管理规则》。

3）《六氟化硫电气设备中气体管理和检测导则》（GB 8905—2012）。

4）《六氟化硫电气设备气体监督细则》（DL/T 595—1996）。

5）《六氟化硫电气设备制造、运行及试验检修人员安全防护条例细则》（DL/T 639—1997）。

（3）各级六氟化硫监督检测中心和基层六氟化硫气体管理部门应有下列气体质量监督的技术文件。

1）有关 SF_6 新气质量、气体湿度、气体泄漏检测的国家标准。

2）有关 SF_6 气体检测的部颁标准。

3）有关 SF_6 气体检测的行业标准。

（4）以下文件应归档管理。

1）SF_6 新气验收、每年定期的 SF_6 气体质量检测、大修前后气体分析的原始数据和质量校验报告。

2）仪器使用说明书（进口仪器的原文说明书及翻译件），仪器调试、使用、维修记录。

3）仪器检定规程和自检规程，仪器定期校验报告。

4）有关 SF_6 电气设备的技术档案。

5.3.4 专业技术交流与培训

（1）为了提高从事 SF_6 气体质量监督与安全管理的专业技术人员的技术水平，应开展各类专业技术培训及技术交流活动。

（2）各级六氟化硫监督检测中心应经电力工业部验收合格后，方可开展工作。按《六氟化硫气体运行监督检测中心验收细则》要求，每五年复检一次。

（3）从事 SF_6 气体质量监督与安全管理的专业技术人员必须经过技术培训，并取得主管部门认可的培训单位签发的合格证书。

（4）建立有关测试仪器的计量传递制度，从事仪器校验的工作人员要取得计量部门签发的上岗证书，仪器校验试验室要经计量部门计量标准考核认证。

第6章　SF₆断路器巡检项目、要求及运行维护

SF₆断路器，是用 SF₆ 气体作为灭弧和绝缘介质的断路器。它与空气断路器同属于气吹断路器，不同之处在于：①工作气压较低；②在吹弧过程中，气体不排向大气，而在封闭系统中循环使用。SF₆断路器以其维护方便、使用寿命长和安全可靠等优势，在电力系统中广泛使用，并对电力系统的稳定、安全的运行起到了尤为重要的作用。为了使 SF₆ 断路器发挥最大好处，需要了解断路器的运行情况，及时发现运行中的异常情况，因此必须对运行中的断路器进行监视。在使用过程中经常地检测和维护，使经验水平不断提高，为 SF₆ 电气设备的安全运行提供准确的技术依据。同时，为了更好地促进状态检修工作，除了掌握状态评价方法，对运行中变压器的巡视检查是非常必要的，从检修角度进行更专业地设备巡视，及时发现设备缺陷和隐患。

6.1　SF₆断路器巡检项目及要求

1. 日常巡视项目

（1）SF₆断路器的巡视检查项目：

1）检查 SF₆ 气体压力应正常，压力表指针指示在绿区（按制造厂提供的"压力～温度"曲线校正，区分因温度变化而引起的压力异常）。

2）开关本体及机构应无异声、异味。

3）分、合闸机械指示及机构位置与运行状态应相符。

4）外绝缘套管无破损、裂纹、积污、闪络痕迹。

5）接头无过热、温度蜡应齐全无熔化，引线无散股或断股现象。

6）储能电源投上，开关机构已储能。

7）开关支架、基础应无变形、下沉，本体无倾斜，接地线、接地螺栓表面无锈蚀、压紧牢固。

8）弹簧机构的弹簧储能、蜗轮蜗杆和合闸挂钩扣入深度应正常。

9）机构箱及箱内各元件（例如辅助开关、继电器、接触器等）表面、配线、螺丝应清洁完整、无锈蚀松脱；对于日常巡视不能看到的项目，待停电时做好检查。

10）各指示灯交直流开关接触器等完好，位置正确，无过热现象。

11）检查机构箱门开启灵活，密封良好，没有进水受潮。

12）端子箱二次线及端子排完好，电缆孔应用防火泥封堵良好。

13）根据环境气温投退机构箱内的加热器或干燥灯，如加热器带自动温控装置，则正常运行时自动温控装置投"自动"。

14）各连杆、传动机构无弯曲、变形、锈蚀，轴销齐全。

（2）真空断路器的巡视检查项目：

1）绝缘子应完好、无破损，清洁无明显污垢。

2）检查绝缘拉杆应完整无断裂现象，各连杆应无弯曲。

3）检查分合闸指示正确。

4）开关应无异声、异光。

5）真空灭弧室应无漏气，表面无裂纹。

6）开关操作机构应完好。

7）检查各接头接触应良好，无过热现象。

2. 特殊巡视项目

（1）事故跳闸和重合闸动作后应重点检查下列项目：

1）连接部分应无变形松动、损坏，套管无裂纹破损和闪络现象，断路器分合闸位置指示正确，符合实际运行情况。

2）储能弹簧状态正常。

3）引线接头应无过热、烧损痕迹，示温蜡片无熔化现象。

4）SF_6 气体压力有无报警。

5）微动拉杆拐点位置应正确且无变形。

（2）气候突变时，重点检查下列项目：

1）气温骤升、骤降时，SF_6 断路器压力是否正常。

2）浓雾天气时，检查套管有无放电闪络现象。

3）雷雨大风和雷击后，检查套管有无闪烙痕迹或损坏，户外断路器上应无杂物。导线应无断脱或松动现象。

（3）高峰负荷时应检查各发热部位是否发热变色。

（4）断路器远方/就地切换控制回路运行要求：

1）在正常运行及热备用状态时，严禁将本地机构箱位置处的断路器控制模式切换至"就地"。

2）除冷备用及检修状态外，严禁在就地进行分、合闸操作。

3）断路器检修且本体有人工作时，严禁进行保护带断路器传动试验和远方分、合闸操作。

3. 定期维护项目

（1）在下列情况下应投入加热驱潮装置、启动高压室通风机和空调抽湿：

1）在梅雨凝露季节。

2）相对湿度大于80％以上时或雨后24h内。

3）室温低于10℃以下时。

（2）真空断路器的运行维护：

1）高压开关柜应保持防潮、防尘、防小动物进入。

2）观察断路器各组成元件的状态，是否有过热变色、有响声、接触不良等现象。

3）在送电过程中发现断口一侧有"咝咝"放电声时，说明真空度已降低，应立即停止运行。

4. SF₆ 断路器的主要维护要点及注意事项

SF₆ 断路器安装时要注意：断路器运到安装现场之后，应注意观察部件是否受潮；在装卸断路器时应尽量轻移动，避免剧烈碰撞，不得随意打开阀门；在安装瓷套的过程要特别小心，防止瓷绝缘子被打碎，切忌不能用硬物撞击到 SF₆ 气体管路和气体阀门；在断路器充气时必须保持气管路的干燥和干净。

对 SF₆ 断路器的维护要点有以下方面：

（1）气体的检漏。SF₆ 气体泄漏的原因，主要是在焊缝、密封面和管路接头处的裂缝或密封不严的地方。对 SF₆ 气体进行检漏的过程一定要使用专用检漏仪。如果发生大量的 SF₆ 气体泄漏情况（虽然这种情况出现的几率极小），工作人员不能停留在现场，要远离泄漏点 10m 以上的安全距离，直到泄漏停止后，才可以进入该区域。如果是电器的内部发生问题，这样在容器的内部一定会存在 SF₆ 电弧分解产物，在打开外壳清除之后，在检测工作过程中，很有可能会接触到污染的部件，一定要使用防毒面具，而且还要穿戴防护工作服。

为了保证工作人员可以在 SF₆ 断路器室内的安全工作，检修室内一定要有良好的通风设备进行换气通风，按有关规定要求空气中氧气浓度含量不应低于 18％。在对 SF₆ 断路器检漏的过程中，必须严格执行产品说明书中的要求，检漏仪的探头不可以长时间地处在高浓度 SF₆ 气体之中。

检漏 SF₆ 气体时要高度注意，当检测仪表的探头触及到高浓度 SF₆ 气体时表针会立即显示满刻度并强烈报警，这时候工作人员应立刻将探枪移开，转移到洁净区。

（2）SF₆ 含水量检测。SF₆ 断路器中对 SF₆ 气体的含水量及纯度都有极为严格的要求，但在正常运行的过程中由于内部发生闪络，会生成几种 SF₆ 分解物，同时大气中的水分也是会渗入到绝缘设备的气体中。在较高的气压下，过量的水分很容易使气体的绝缘强度下降，甚至在设备内部会发生闪络事故。我国有相关规定，断路器所采用新的 SF₆ 气体时，其中水分含量是不大于 $8×10^{-6}$ ppm。机械特性试验之后测量气体的含水量不应该超过 $150×10^{-6}$ ppm。在设备中充有 SF₆ 气体的单元，在进行检修安装的时候，一定保持 SF₆ 的气压是正压以避免潮气进入。对于气室的处理包括干燥和清理两种形式：对气室清理主要是包括对灭弧、绝缘、金属外壳和导体等部分进行清理；对高压和超高压的电器的气室干燥工作主要是依靠抽真空以及注入高纯度 N_2 的形式进行，在真空处理的过程中，最后一次是干燥处理，一定保证气室的干燥合格。

通过对 SF₆ 断路器的压力表进行观察、利用 SF₆ 检漏仪进行 SF₆ 气体检漏和水分测定及利用 SF₆ 断路器的一些曲线（包括温度、压力曲线还有 SF₆ 气压表）都可以做到将 SF₆ 气压降到闭锁压力前，及时发现漏气的现象以及漏气点。能够定量计算出漏气的量，可以判断 SF₆ 气体对断路器运行的影响程度；在定期检查巡视的时候，还能够发现瓷套有无破损、结构是否变形、气体压力表有无损坏、SF₆ 气体阀门和管路变形情况、有无发热异常现象、导线是否良好。

（3）预防性试验检查工作。断路器的制造及安装的质量与断路器运行的可靠性有很大关系，同时也与实验检测工作和运行维护等方面有关。通常要从绝缘水平、机构动作、导电回路等方面来进行试验鉴定的。采用 SF₆ 气体来作为绝缘和灭弧的介质是 SF₆ 断路器的特点，SF_6 气体的质量好坏决定断路器灭弧性能及内绝缘水平。SF_6 断路器对导电回路及机构动作的稳定性要求与常规断路器基本相同，其预防性的试验项目如下：

1）检测 SF_6 断路器内部绝缘性能的主要途径是测量 SF_6 气体中的含水量。如果断路器没有大量漏气，一般情况下每年测量一次就可。

2）在测量主回路的直流电阻时，推荐实测值不要大于初始值的 1.2 倍。注意，曾经发生过因为紧固螺钉没有拧紧而烧蚀电杆的情况，必须予以重视。

3）判断均压电容器及分闸电阻性能时，要考核元件老化的情况。

4）通过测量机构油、气压泄漏情况及补气时间，来鉴定油气压的系统完好性和油气泵运转性能。注意曾经发现过因空压机严重磨损，导致打压时间增加的异常现象。

5）测量分、合闸电磁铁的动作电压时，其可靠动作电压要求为（30%～65%）U_n。

6.2 SF_6 断路器运行维护工作

1. 运行维护项目

（1）检查环境温度，若温度下降很多时，应注意检查 SF_6 断路器的 SF_6 气体压力表指示是否正常。

（2）对照 SF_6 断路器本体铭牌上的压力—温度曲线特性，检查 SF_6 气体压力表指示是否正常。

（3）检查断路器各部位应无异常现象：①无漏气及异味；②断路器内部有无异常声响，各接头部分无严重发热现象；③检查瓷套管应无裂纹、破损，无放电痕迹和严重脏污现象；④检查断路器分合指针的指示位置应与断路器实际位置相符；⑤检查断路器弹簧操作机构是否正常（断路器在备用分闸状态时，合闸弹簧应储能），并检查"机构已储能信号"灯常亮；⑥检查机构箱门是否关好，箱内应无雨水侵入或杂物。

（4）有停电机会应进行清洗断路器瓷套。

（5）对 SF_6 气体检漏，必要时进行补气。

（6）对 SF_6 气体进行微水测量。

（7）测量导电回路直流电阻。

2. 运行人员工作

（1）SF_6 断路器发出"SF_6 气体压力降低报警"或"SF_6 气体压力降低闭锁跳合闸"光字牌信号后，值班员应到现场检查。

（2）对 110kV SF_6 断路器，若 SF_6 气体压力表指示已降到 0.45MPa 时，应立即汇报调度及上级领导，要求迅速处理，并作好转移负荷的准备。

（3）对 110kV SF_6 断路器，若 SF_6 气体压力表指示已降到 0.42MPa 时，应立即将该开关操作电源退出，作为死开关（合位时，插上分闸防动销；分位时，插上合闸防动销），并汇报调度及上级领导，待调度将该回路负荷转移后，采取倒母线的方法，将该回路单独运行在其中一段母线上，用母联断路器切断该回路（针对出现回路）；或采取负荷转移后，用旁路与其形成并联支路，用隔离开关隔离故障断路器（断开闸刀前，必须退出旁路开关的操作保险）。

（4）对母联断路器则采用将任一运行回路的"1"和"2"闸刀合上，再断开母联断路器的隔离闸刀（断开闸刀前，必须退出旁路开关的操作保险）。

（5）对 220kV SF_6 断路器，若 SF_6 气体压力表指示已降到 0.55MPa 时，应立即汇报调度及上级领导，要求迅速处理并作好事故预想。

（6）对 220kV SF_6 断路器，若 SF_6 气体压力表指示已降到 0.5MPa 时，应立即将该开关操作保险退出，作为死开关（合位时，插上分闸防动销；分位时，插上合闸防动销），并汇报调度及上级领导，用旁路与其形成并联支路，用隔离开关隔离故障断路器（断开闸刀前，必须退出旁路开关的操作保险）。

（7）SF_6 断路器 SF_6 气体压力下降太快时，即使未达到报警压力，也应汇报调度及上级领导，申请处理。

（8）断路器在运行中内部有放电声或其他异常声音时，应立即汇报调度，要求迅速停用，并报告上级领导，要求尽快派人处理。

（9）SF_6 断路器气压异常升高，应根据负荷、环境温度进行判断，立即向上级汇报情况。

（10）断路器故障跳闸后，值班员应检查 SF_6 断路器 SF_6 气体压力正常，空气回路正常，无漏气现象，发现下列异常情况时，不得将该断路器投入运行，并立即报告调度和上级领导，要求尽快处理。

3. SF_6 断路器拒合处理

（1）操作控制开关后，合闸铁芯不动。应检查：

1）熔断器是否完好或小开关跳闸。

2）机构辅助开关切换是否灵活和正确。

3）控制开关触点动作是否正常。

（2）操作控制开关后，合闸电磁铁动作，但仍然拒合。应检查：

1）合闸电磁铁铁芯是否在某点卡住。

2）合闸电磁铁铁芯顶杆是否变形。

3）合闸锁扣四连杆机构过死点位置是否过大。

4）将合闸铁芯按到底，检查四连杆机构尺寸，与装配不符，应调整铁芯行程和冲程。

5）合闸锁扣对牵引杆的扣入深度是否过大（应为 3～4mm）。

6）若以上检查未发现异常，应检查操作电源电压是否过低。

4. SF_6 断路器拒分处理

（1）操作控制开关后，分闸电磁铁不动。应检查：

1）熔断器是否完好或小开关跳闸。

2）机构辅助开关动合触点是否在闭合位置。

（2）分闸电磁铁动作，但分闸跳扣未释放，导致不分闸。应检查：

1）分闸电磁铁铁芯是否灵活，有无卡涩现象。

2）调整分闸铁芯行程和冲程，手按铁芯至终极位置，跳钩尖应与所挂的轴完全脱离。

3）检查操作电源电压是否过低。

4）检查跳扣钩合面与轴间间隙是否过小，若过小，应调整。

5．储能后自行合闸

（1）合闸锁扣四连杆机构过死点距离小于2mm，调节螺钉，检查四连杆是否灵活。

（2）合闸电磁铁动作后，在合闸位置或返回途中卡住，或者其他原因，四连杆机构不能返回，进行检查处理。

（3）长期运行后，合闸锁扣与牵引杆扣合面磨损过度，或装配调整不当，进行检修处理。

6．轴弯曲

（1）储能电动机轴弯曲：主要是蜗杆、蜗轮装配不当，离合器打不开，储能终了，电动机轴惯性力作用发生弯曲，应进行调整。

（2）手摇储能轴弯曲：手动操作时，在棘轮没有完全停止就放下棘爪，造成手摇储能轴弯曲，对弯曲的轴进行校正。

7．密度继电器校验

（1）结构原理。

1）密度继电器通过C形自动充气接头与气隔上的D形接头连接，储气杯的内腔与气室连通，波纹管内充有规定压力的SF_6气体作为比较基准，波纹管的伸缩能触动微动开关。

2）当断路器内部故障等原因导致气压升高，波纹管外围气压也随着升高，波纹管收缩，微动开关SS触点闭合，发出过压报警信号；由于密封不良等原因引起SF_6气体泄漏，气压下降，波纹管外围气压也随着下降，波纹管膨胀，微动开关SA触点闭合，发出低压报警信号，此时应补气；若压力继续降低，影响断路器开断性能，微动开关SV触点闭合，闭缩断路器分、合闸控制回路。

3）由于密度继电器直接装在气室上，波纹管内外的SF_6气体承受相同的环境温度和工作温度，因此环境温度的变化不会引起密度继电器动作。

4）波纹管内充入规定压力的SF_6气体以及密度继电器动作压力值的调整等工作，都在厂家恒温室（20℃）进行，故波纹管密封重要，在现场密度继电器内部元件不得随意拆卸。

（2）动作压力值现场校验。

1）拧下校验仪正面的封盖，把手轮从孔中沿导向槽推到底为止。

2）将1号接头（一端为快速接头）旋上相应的过滤接头后，与现场被校验密度继电器的相应位置连接。

3）将校验点采样导线的航空接头，同校验仪上的密度继电器接点插座对接，将校验点采样导线另一端红色（一对）和黑色（一对）鱼夹分别与密度继电器的报警（一对）和闭锁（一对）接点连接。

4）开启电源，预热10min；将报警闭锁切换开关打到报警侧。

5）开启密度继电器阀门，观察压力值是否符合要求，若压力值偏低再缓缓开启贮气缸阀门，观察压力值到了所要求的压力值后，就关闭贮气阀门。

6）然后反时针方向缓慢摇动手轮减少压力，直到校验仪发出两次哔声告示，表示密度继电器报警动作。

7) 测报警值时，报警闭锁切换开关打到报警侧，测闭锁值时，报警闭锁切换开关打到闭锁侧，反时针方向摇动手轮时，压力减少，顺时针方向摇动手轮时，压力增大，采用增大压力的方法可测量报警或闭锁动作的返回值。

8) 调节压力，观察 SF_6 气体压力表或密度表读数和校验仪上的 P 值和 P_{20} 值进行比较，就可以对 SF_6 气体压力表或密度表进行精密校验。

9) 校验工作完毕后，关闭密度继电器阀门，开启储气阀门，顺时针摇动手轮，直到底不能动为止，然后关闭储气缸阀门，此时压力调节缸中的 SF_6 气体重新压回 SF_6 储气缸之中，脱开连接气管。

10) 关掉电源，复原。

6.3　SF_6 断路器可能出现的故障

1. 漏气分析及处理（密度继电器发信号）

（1）密度继电器发信号：

1）密度继电器动作值出现误差，误发信号，对其进行调整或更换；二次接线出现故障，找出错点，改正接线。

2）断路器本体漏气，找出漏气原因，再作针对处理。

（2）当 SF_6 气体正常渗漏至密度继电器发信号时，可按 SF_6 气体压力-温度曲线进行补气，使其达到额定压力；补气时可在带电运行状态下进行。

（3）当 SF_6 气体压力迅速下降或出现零表压时，应立即退出运行，并分析是否是由于下列原因造成漏气：

1）焊接件质量有问题，焊缝漏。

2）铸件表面漏气（有针孔或砂眼）。

3）密封圈老化或密封部位的螺栓、螺纹松动。

4）气体管路连接处漏气。

5）压力表或密度继电器漏气，应予以更换。

找出具体漏气原因，在制造厂家协助下进行检修。

需要注意的是，当运行中断路器发生严重泄漏故障时，运行或检修人员需要接近设备时，要注意从上风方向接近，必要时应戴防毒面具，穿防护衣，并应注意与带电设备的安全距离。

2. 拒合或合闸速度偏低

（1）合闸铁芯行程小，吸合到底时，定位件与滚轮不能解扣，调整铁芯行程。

（2）连续短时进行合闸操作，使线圈发热，合闸力降低。

（3）辅助开关未转换或接触不良，要进行调整，并检查辅助开关的触点是否有烧伤，有烧伤要予以更换。

（4）合闸弹簧发生永久形变，合闸功不足。

（5）合闸线圈断线或烧坏，应更换。

（6）合闸铁芯卡住，应检查并进行调整，使其运动灵活。

（7）扇形板未复位或与半轴的间隙过小（小于 1mm），原因是分闸不到位或调整不当，应重新调整。

（8）扇形板与半轴的扣接量过小，应调整在 2～4mm 范围内，或扇形板与半轴扣接处有破损应予以更换。

（9）合闸定位件或凸轮上的滚轮热处理硬度偏低，有变形现象，应予以更换。

（10）机构或本体有卡阻现象，要进行慢动作检查或解体检查，找出不灵活部位重新装调。

（11）分闸回路串电，即在合闸过程中，分闸线圈有电流（其电压超过 $30\%U_n$），分闸铁芯顶起，此时应检查二次回路接线是否有错，并改正错误。

（12）电源压降过大，合闸线圈端电压达不到规定值，此时应调整电源并加粗引线。

（13）控制回路没有接通，要检查何处断路，如线圈的接线端子处引线未压紧而接触不良等，查出问题后进行针对性处理。

3. 拒分或分闸速度低

（1）半轴与扇形板调整不当，扣接量过大（扣接量一般应调整在 2～4mm 范围内）。

（2）辅助开关未转换或接触不良，要进行调整，并检查辅助开关的触点是否有烧伤，有烧伤要予以更换。

（3）分闸铁芯未完全复位或有卡滞，要检查分闸电磁铁装配是否有阻滞现象，如有应排除。

（4）分闸线圈断线或烧坏应予以更换。

（5）分闸回路参数配合不当，分闸线圈端电压达不到规定数值，应重新调整。

（6）控制回路没有接通，要检查何处断路，然后进行针对处理。

（7）机构或本体有卡阻现象，影响分闸速度，可慢分或解体检查，重新装配。

（8）分闸弹簧预拉伸长度达不到要求，适当调整预拉伸长度。

（9）分闸弹簧失效，分闸功不足，可更换分闸弹簧。

4. 合闸弹簧不储能或储能不到位

（1）控制电机的自动空气开关在"分"位置，应予以关合。

（2）对控制回路进行检查，有接错、断路、接触不良等，应进行针对性处理。

（3）接触器触点接触不良，应予调整。

（4）行程开关切断过早，应予调整，并检查行程开关触点是否烧坏，有烧伤要予以更换。

（5）检查机构储能部分，有无卡阻、配合不良、零部件破损等现象，如有应予以排除。

5. 水分超标（渗进水分）

（1）更换吸附剂。

（2）抽真空，干燥或更换 SF_6 气体。

第7章　SF₆断路器C级检修标准化作业

C级检修主要是指SF₆断路器标准化检修，是以公司系统统一规范的检修作业流程及工艺要求为准则而开展的一种检修模式。其目的是通过对作业流程及工艺要求地严格执行，更好地开展检修工作，确保检修工艺和设备投运质量，使得检修作业专业化和标准化。C级检修项目与小修比较接近，然而C级检修更重视作业流程的规范性。在目前的检修形势下，采取定期检修与状态检修相结合的检修模式，而定期检修通常采用C级检修，具体流程及工艺要求各单位可能存在差异。

7.1　断路器检修的基本知识

7.1.1　检修的一般规定

（1）检修的分类：

1）大修：对设备的关键零部件进行全面解体的检查、修理或更换，使之重新恢复到技术标准要求的正常功能。

2）小修：对设备不解体进行的检查与修理。

3）临时性检修：针对设备在运行中突发的故障或缺陷而进行的检查与修理。

（2）检修的依据：

应根据交流高压隔离开关设备的状况、运行时间等因素来决定是否应该对设备进行检修。

7.1.2　检修周期

（1）大修周期：

1）断路器运行15年应进行1次本体大修。

2）操动机构在本体大修时必须进行机构大修（包括动力元件）。机构大修除结合本体大修外，还需每7～8年进行1次检修。

3）已按大修项目进行临时性检修的断路器，其大修周期可以从该次临时性检修的日期起算。

（2）小修周期。小修周期一般为每1～3年检修1次。

（3）临时性检修：出现下列情况之一，应退出运行维护：

1）SF₆气体压力迅速下降低于规定值或年漏气率大于2％时。

2）回路电阻大于厂家技术要求时。

3）绝缘不良、放电、闪络或击穿时。

4）因断路器卡涩现象引起不能分闸或分合闸速度过低时。

5）开断短路电流次数达到 30 次或自行规定值时。

6）开断故障电流以和负荷电流累计达到 3000kA 时或自行规定值时。

7）机械操作次数达到 3000 次或自行规定值时。

8）存在其他严重缺陷，影响安全运行的异常现象时。

7.1.3 检修项目

1. 大修项目

（1）SF_6 气体回收及处理。

（2）灭弧室解体检修。

（3）支柱装置解体检修。

（4）操动机构解体检修。

（5）并联电容器检查、试验。

（6）并联电阻检查、试验。

（7）进行修前、修后的电气及机械特性试验。

（8）去锈、刷漆。

（9）SF_6 压力表校验。

（10）测试调整及试验。

（11）现场清理及验收。

2. 小修项目

（1）清扫和检查断路器外观。

（2）如为液压操动机构则检查油过滤器及液压油的过滤或更换；如为弹簧操作机构应检查转动部位的润滑情况，进行清扫和添加新的润滑油。

（3）液、气压元件的检查，如渗漏油、漏气。

（4）检查、清扫操动机构，在传动及摩擦部件加润滑油，紧固螺栓。

（5）检查清扫瓷套管、外壳和接线端子，紧固有关螺栓。

（6）检查并紧固压力表。

（7）检查辅助开关。

（8）检查紧固电气控制回路的端子，更换模糊的端子标签。

（9）有条件的进行工频耐压试验。

（10）检查连锁、防跳及防止非全相合闸等辅助控制装置的动作性能。

（11）根据锈蚀情况对外观进行油饰装修。

7.1.4 检修的准备工作

（1）检修人员必须了解 SF_6 气体的特性和管理知识，熟悉断路器的结构、动作原理及操作方法，应有一定的电工安全知识和机械维修经验。

（2）检修应在清洁的装配场所或符合安全生产规定条件的场所进行。

（3）检修所需配备的主要仪器、设备和材料。

（4）根据运行和试验中发现的问题，制定书面执行计划，确定检修内容，明确检修重点并制定技术措施。

7.1.5　现场检修标准及注意事项

1. 环境条件

（1）解体检修时，在晴天进行，环境的空气相对湿度不得大于80%。

（2）户外施工应做好防尘、防潮措施，对罐体可用热风通风，使罐体内保持干燥，每天工作结束后要封盖。

（3）分解的零部件应运入SF_6检修室进行解体。若无正规的SF_6检修室可建立临时SF_6检修室，要求室内的地面、墙面、门窗应打扫干净无尘埃，地面可铺橡胶块。

（4）每天开门前及收工后，要对检修室进行清洁工作，采用真空吸尘器进行，防止尘埃飞扬。

（5）解体后的零件，包括瓷套、绝缘件、金属件等应放入烘房进行干燥处理。若现场无烘房，应创建简易烘房，可在室内安置若干个远红外灯泡及远红外电炉板，将零件搁置起来，不直接着地。

2. 检修人员的防护要求

（1）解体检修时，检修工作人员应穿专用工作衣、帽、围巾、戴防毒面具或防尘口罩，使用乳胶薄胶手套或尼龙手套（不可用棉纱类）、风镜和专用工作鞋。

（2）进出SF_6检修室，应用风机或压缩空气对全身进行冲洗。

（3）工作间隙勤洗手和人体外露部位，重视个人卫生。

（4）工作场所应保持干燥、清洁和通风良好。

（5）工作场所严格禁止吸烟和吃食品。

（6）断路器解体时，发现内部有白色粉末状的分解物，应使用真空吸尘器或用柔软卫生纸擦除，不可用压缩空气或其他使之飞扬的方法清除。若有人被外逸气体或有毒粉尘侵袭，应立即对其清洗后送医院诊治。

（7）下列物品应作专门处理：真空吸尘器内的吸入物，防毒面具的过滤器、全部揩布及纸，断路器灭弧室内的吸附剂，气体回收装置过滤器内的吸附剂等不可在现场加热或焚烧，将上述物件装入双层密封的塑料袋内，有待集中处理。断路器灭弧室内的吸附剂，不可进行烘燥再生。

7.1.6　断路器本体解体检修工艺

当出现下列情况时，SF_6断路器应返回制造厂进行解体大修：

（1）断路器运行时间已达到10年；经检查后存在有严重影响设备安全运行的异常现象。

（2）操作次数已达到断路器所规定的机械寿命次数。

（3）累计开断电流达到断路器所规定的累计开断数值。

需要注意的是，异常现象的判定及累计开断数值可参见制造厂诊断说明。

1. 解体工艺要求（空气相对湿度小于80%）

（1）必要时先测试断路器机械特性和回路接触电阻。

（2）对SF_6气体回收后，对断路器抽真空至133.32Pa，充高纯度N_2至额定压力，然后排空，再抽真空，再用高纯度N_2冲洗，再排空，反复冲洗2次。

（3）30min后进行分解工作。

（4）解体后零件、瓷套用四氯化碳或无水酒精进行彻底清洗。

（5）清洗后的所有零部件，应进烘房烘潮处理，12～24h，温度控制在70～80℃，待自然冷却后组装。

（6）解体拆卸过程中，对连接部件做好标记，组装时不可错位。

（7）断路器内活动件，包括压气活塞、动、静触头等，应使用专用油脂均匀薄涂。

（8）组装后，封盖前仔细检查内部，用真空吸尘器仔细清洁。

（9）密封面处理：

1）密封槽面不能有划伤、锈蚀痕迹。

2）用四氯化碳或无水酒精清洗密封面，用无纤维高级卫生纸擦干净。

3）拆下的所有密封圈必须全部更换。

4）在密封槽内涂适量的密封脂，含硅的密封脂不能涂在与SF_6气体接触面。

5）密封圈外侧法兰面薄涂中性凡士林。

6）断路器内无SF_6气体或真空状态不可分、合断路器。

2. 灭弧室解体工艺要求

（1）解体：

1）将灭弧室拆下垂直固定在检修支架上，采用厂家提供的专用工具进行分解。

2）解体时将上下接线座（法兰）与瓷套的连接做标记，以便组装时正确复位。

3）静触头与支架取出时，不得倾斜，不可碰擦喷口、压气缸，以防损坏灭弧喷口。

4）解体后的零部件，用真空吸尘器将其表面的白色粉末（SF_6气体分解物）吸干净，用卫生纸擦干净，用清洗剂清洗干净。

5）重点检查部件：

a. 动、静触头触指不应变形，弹簧（一般应更换）不变形、断裂，触指的镀银层不脱落，触指磨损不严重，否则应更换。

b. 变开距灭弧室滑动触头不应变形、无严重磨损，弹簧一般应更换，与压气缸的接触面应光滑，不明显凹痕。

c. 喷嘴是灭弧能力的关键，若出现严重烧损、开裂、孔径变大、不圆等，应更换。

d. 活塞组件应符合：逆止阀片应平整，弹簧不变形、开启、关闭动作灵活，活塞与压气缸不变形、开裂、内部表面光洁，活塞环应更换；动、静弧触头烧损大于3mm，外径严重烧损应更换；变开距灭弧室喷口、主动触头、弧触头、压气缸与操作杆组装时，应连接紧固、牢固，相互垂直，长度符合要求。

e. 检查灭弧室瓷套、应无碎裂损坏，内壁用清洗剂清洗干净。

f. 静触头座法兰和活塞缸体法兰应清洗干净。

（2）组装：

1）组装时按照厂家提供的灭弧室装配图进行，并采用厂家提供的专用工具。

2）动触头组合和压气活塞组合组装时，各活动部件薄涂专用油脂。

3）所有零部件或组合件，均必须进行烘潮处理。

4）组装时，所有螺栓紧固使用力矩扳手。

5）灭弧室单元组装时，应注意检查压气缸相对应的导电杆或活塞桶体与法兰的倾斜度，倾斜度不大于0.5mm；并测量动触头与压气缸、活塞桶体和下法兰座的总装长度，应符合要求。

6）静触座及静触头组装，应保证与上法兰的垂直度，具体要求与灭弧室单元组装相同。

7）灭弧单元与静触头单元在瓷套上装配时，应测量动、静触头的对中性能，允许中心偏移1mm。

8）动触头、静触头接触面应薄涂接触润滑的专用油脂。

9）测量灭弧室内断口的各项尺寸，包括开断距离、行程、接触行程。

10）组装中应保证内部清洁。

7.1.7 抽真空和气体处理的操作工艺

（1）用气体回收装置回收开关SF_6气体（基本操作顺序：开真空泵→开断路器阀门→达到真空度后→关断路器阀门→停真空泵）。

（2）对断路器气室抽真空（专人负责），当真空度达到133.32Pa以下时开始计时。

（3）维持真空泵运转至少30min。

（4）停泵并与泵隔离，静止30min后读取真空度A值。

（5）再静止5h，读取真空度B值。

（6）要求$B-A<66.66Pa$（极限允许值133.32Pa）否则，进行检漏并重复步骤（2）～（5）。

（7）检测新气瓶气体微水含量（应小于8ppm，质量比）记录当时天气情况（温、湿度）。

（8）对气室充SF_6气体至0.05～0.1MPa，静止12h测量含水量应小于450ppm（体积比），可认为处理合理，若大于450ppm，应重新抽真空并用高纯度N_2（99.999%）充至额定压力，进行内部冲洗、干燥。

（9）若含水量小于450ppm（体积比），可将SF_6气体充至额定压力，静止12h以上，重新测量含水量应不大于150ppm（体积比）。

（10）关于含水量的标准，规定交接和大修后，灭弧室及其相通气室为150ppm（体积比），其他气室为250ppm（体积比），运行中灭弧室及其相通气室为300ppm（体积比），其他气室为500ppm（体积比）。

7.1.8 充气及补气的操作工艺

（1）对充气设备的要求如下：

1）应使用吸湿率低的专用管道（一般采用不锈钢金属软管较适宜），必须使内部经常保持清洁干燥，严禁使用不合格的管道，以防止将水分及杂质带入设备内部（橡胶管道不宜做充气管道）。

2）SF$_6$充气装置、减压阀等应放在干燥处或恒温室保存，长期保持干燥。

3）充补的SF$_6$气体必须保证在合格范围内。

（2）操作顺序：

1）与高压设备连接前应先用合格的SF$_6$气体对管道进行冲洗，去除减压阀和管道内的空气和水分。也可以利用真空泵对整个充补气装置进行抽真空处理，操作顺序：抽真空→关真空泵阀门→停抽真空→开启断路器充气阀门→开启钢瓶阀门→打开减压阀→充补到额定压力→关闭钢瓶阀门→关闭断路器充气阀门→拆除连接断路器充气阀门的接头→断路器阀门装上封盖。

2）充补气后断路器内部的压力应按照SF$_6$气体的温度、压力曲线进行修正。

（3）注意事项：

1）补气、充气后，应称钢瓶的质量，以计算补入断路器内气体的质量，钢瓶内存有的气体质量应标在标签上，并挂在钢瓶上。

2）充补气后至少隔12h，才可进行含水量的检测。

3）当密度继电器发生补气信号，初次可带电补充，并加强监视。若在一个月内又出现补气信号，应停电处理，检查漏气情况，并检查密度继电器动作的可靠性。

4）对多次开断的断路器解体检修后的SF$_6$气体，应经吸附剂净化处理，并做生物毒性试验，合格后方可充入设备。

7.1.9 SF$_6$气体管理

1. 含水量测量方法（露点法）

（1）工作前作业人员应正确穿戴SF$_6$防毒用品。

（2）检查SF$_6$检测仪是否正常，无短路、接地，正确接线，接通电源，接通开关气阀，将检测仪的调节阀旋至"检测"位置，按反时针方向缓慢调节流量阀，使流量至0.3～0.4mL。

（3）测试前对管道进行通气干燥。

（4）将检测处的放气口，接至远方，人员应站在顺风处。

（5）观察显示窗口微水含量，待显示含量合格（新投运：150ppm；运行设备：300ppm）。

（6）关闭流量调节阀，脱开开关放气阀。

（7）将调节阀旋至"保护"位置，关闭电源。

（8）检测完后，关闭好开关放气阀，并用检漏仪对放气阀进行检漏，确定无漏气。

（9）将防毒面具及工具进行清洗，人员应洗手。

2. 含水量超标原因

（1）厂家组装断路器时，瓷套、灭弧室元件、拉杆等部件干燥不彻底。

（2）断路器密封不严，运行中水分进入。

（3）设备现场组装时进入水分，或是充、补气SF$_6$气体的含水量高和充气管路吸附有水分。

3. 含水量超标处理

（1）利用气体回收装置将已充 SF₆ 气体回收。

（2）对断路器抽真空，当真空度达 133.32Pa 以下计时。

（3）维持真空度至少 30min。

（4）停泵并与泵隔离，静止 30min 读取真空度 A 值。

（5）再静止 5h，读取真空度 B 值；要求（$B-A \leqslant 66.66$Pa，极限允许 133.32Pa）；否则重复步骤（3）、（4）、（5）；

（6）对断路器充 SF₆ 气体至 0.05～0.1MPa，静止 12h 测量含水量应小于 450ppm（V/V），否则，应重新抽真空，并用高纯度 N₂（99.99％）充至额定值，进行内部冲洗。

（7）若含水量应小于 450ppm（V/V），可将 SF₆ 气体充至额定值，静止 12h 以上，测量含水量应小于 150ppm（V/V）。

4. SF₆ 断路器检漏

（1）定性检漏。

抽真空检漏，在含水量超标处理（5）步骤中 $B-A \leqslant 133.32$Pa，可认为密封良好。

检漏仪检漏，采用灵敏度不低于 0.01ppm（V/V）的 SF₆ 气体检漏仪检漏，无漏点。

（2）定量检漏。

用 0.1mm 厚塑料薄膜围在部件上，使接缝向上，尽可能成圆形或方形，整形后边缘用白布带扎紧或用胶带沿边缘密封，5h 后检测，若数值小于 30ppm，则合格，否则应处理，并计算出漏气率：

$$F = \Delta C (V_m - V_1) P / \Delta t$$

式中 F——漏气率；

　　　 ΔC——测量泄漏 SF₆ 气体浓度增量；

　　　 Δt——测量的时间间隔；

　　　 V_m——包扎罩的容积；

　　　 V_1——部件体积；

　　　 P——绝对大气压，0.1MPa。

SF₆ 断路器检修流程如图 7-1 所示。

7.1.10　相关试验

1. 断路器大修相关试验

（1）测量绝缘电阻。

（2）测量每相导电回路的电阻。

（3）交流耐压试验。

（4）断路器均压电容器的试验。

（5）测量断路器的分、合闸时间。

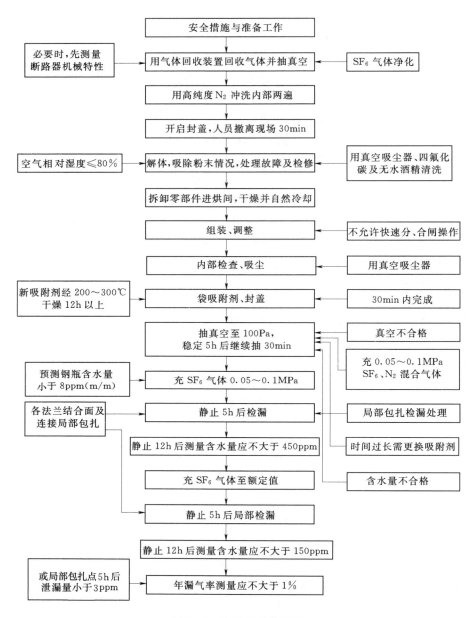

图 7-1 断路器检修流程

（6）测量断路器的分、合闸速度。

（7）测量断路器主、辅触头分、合闸的同期性及配合时间。

（8）测量断路器合闸电阻的投入时间及电阻值。

（9）测量断路器分、合闸线圈绝缘电阻及直流电阻。

（10）断路器操动机构的试验。

（11）套管式电流互感器的试验。

（12）测量断路器内 SF_6 气体的含水量。

（13）密封性试验。

（14）气体密度继电器、压力表和压力动作阀的检查。

2. 断路器小修相关试验

（1）测量绝缘电阻值。

（2）测量直流泄漏电流，试验电压为直流 40～60kV。

（3）对辅助和控制回路进行 2000V、1min 工频耐压试验。

（4）对 SF_6 断路器相对地和断口间进行工频耐压试验，耐压值为额定值的 80%，断路器应连同附装的并联电容器和并联电阻器一同进行试验。

（5）测量回路电阻，用不小于 100A 的直流电流测量各导电部位的回路电阻，导电回路各个联接部位电阻所占的比例应列入技术条件中。

（6）气体及液体介质的检验（生物与化学）。

（7）测量断路器内的 SF_6 气体含水量，其值应小于 150ppm（体积之比，20℃）。

（8）各种辅助设备的检验，如继电器、压力开关、加热器等。

（9）测量分、合闸线圈的直流电阻和最低动作电压。

（10）测量电阻器、电容器的阻值和容值，测量电容器的介损。

（11）测量气体断路器的漏气率和液压（气动）机构的泄漏量。

（12）按机械操作试验要求方式，就地和遥控分别进行 3 次操作试验，同时测量各机械特性参数。

（13）断路器联锁装置的校核试验。

7.2 SF_6 断路器 C 级检修标准化作业

7.2.1   修前准备

（1）检修前的状态评估。

（2）检修前的红外测温和现场摸底。

（3）备品备件、工器具和材料的准备见表 7-1～表 7-3。

表 7-1 备 品 备 件

序号	名　称	规　格	单位	数量	备　注
1	新 SF_6 气体		瓶	1	符合新气标准
2	分、合闸线圈	3AP1 FG 型开关专用	只	各 1	

表 7-2 工 器 具

名　称	规　格	单位	数量	备　注
SF_6 充气装置		套	1	含厂家提供的专用充气接头

111

表 7-3   材   料

序号	名 称	规 格	单位	数量	备注
1	厌氧胶	Y-150	支	1	
2	润滑油	Ccntoplcx24DL	瓶	1	

（4）危险点分析与防范措施见表 7-4。

表 7-4   危险点分析与防范措施

序号	危 险 点	防 范 措 施
1	人身触电	确认设备处于检修状态
2	作业时与相邻带电设备距离过近，引起放电	作业时注意与带电设备保持足够的安全距离（110kV）不小于 1.5m
3	作业时感应电引起人身伤害意外事故	采取预防感应电措施，如挂临时接地线等
4	高空作业（断路器瓷套外观及引线接触面检查）时，易高空坠落	进行引线接触面检查、瓷瓶清扫等登高作业时，工作人员须系保险带
5	SF₆ 气体大量泄漏，造成人身伤害及环境污染	气体回收应规范，充放气时工作人员应处于上风口，必要时应穿戴防毒面具、眼镜、专用工作服及乳胶手套
6	在未释放分、合闸弹簧能量的情况下，对机构内某些部件进行检查、拆解或紧固时，开关误动伤害人体	对操作机构零部件需拆卸或螺栓紧固检查时，必须先释放分合闸弹簧能量，并断开储能电源
7	断路器试验或断路器传动时，工作班成员内部或工作班间在工作中协调不够，易引起人身伤害或设备损坏事故	对机构和开关检修前先将"远控/近控"切换开关切换至"近控"位置；加强工作班成员内部或工作班间协调，高压试验或二次传动试验必须先征得工作负责人同意；二次传动时在断路器上挂断路器传动提示牌，未取下之前严禁其他工作班人员上断路器工作
8	机构内二次接线检查时低压触电或造成直流短路	提高工作人员的责任心；必要时先切断机构内交、直流电源

7.2.2　检修工序

（1）对断路器进行检查与维护：

1）三相连接引线接触面检查。

2）清扫并检查断路器瓷套表面。

3）检查 SF₆ 压力。

4）检查密度继电器的动作压力值。

5）三相本体检漏。

（2）对操作机构进行检查与维护：

1）辅助开关检查。

2）分、合闸缓冲器检查。

3）脱扣器检查。

4）二次接线及端子排检查。

5）防凝露器检查。

6）机构箱检查及清扫。

（3）功能检查：

1）脱扣功能检查。

2）闭锁功能检查。

3）防跳功能检查。

4）储能电机控制检查。

5）操作传动检查。

（4）外表检查。防锈处理。

（5）扫尾工作及自验收。

7.2.3 检修内容和工艺标准

1. 断路器本体检查、维护

开工前确认设备状态，将"远控/就地"切换开关打至"就地"。

（1）三相连接引线接触面检查。三相引线接触面紧固，搭接处无发热迹象，引线接触面螺栓无锈蚀。

登高作业时必须系安全带。为防止感应电，必要时挂临时接地线。

（2）清扫并检查断路器瓷套表面。绝缘支柱外表无污垢，无破损，联接法兰完好。防止高空作业坠落。

（3）SF_6 压力检查，补气。20 ℃时额定压力 0.6 MPa。在气压偏低时补充 SF_6 气体至额定压力，充气压力最大允许偏差 0.3MPa，充气时，专用充气装置的单向接头和开关的充气接头连接，减压调节阀在通气阀关闭时缓慢打开，充气过程中观察压力表数据，至额定值。

注意正确的充气压力，与环境温度相关。补气时必须使用由厂商提供的专用设备进行补气，防止充气管子受潮，充气应缓慢进行，避免出现凝露现象。补气过程中防止发生 SF_6 气体泄漏，人应站在上风口。

（4）检查密度继电器的动作压力值（必要时）。拆除密度继电器带顶针的螺旋母，维修接头直接和密度计连接的，在连接了充气装置之后，通过在减压器上调节 SF_6 压力，可以测试密度计的动作值。SF_6 闭锁、报警回路正确，SF_6 报警/SF_6 闭锁压力值：5.2/5.0。

需要注意的是：在打开的维修接头处不会有气体从开关中泄漏。

（5）三相本体检漏（必要时进行）。应无明显漏点。检漏时注意风向等因素。

2. 机构检查、维护

检查机构前，必须先切断合闸电源，释放分闸、合闸弹簧能量。

（1）辅助开关检查。连杆无磨损和损坏，引线无脱落。防止误碰低压电。

（2）分闸、合闸缓冲器检查。分闸、合闸缓冲器不应有任何渗漏。

（3）脱扣器检查。线圈和连接块的固定支座固定螺栓无松动，拧紧力矩符合要求。线圈六角螺丝，拧紧力矩（8±1）N·m。连接块的固定支座圆柱头螺栓，拧紧力矩（40±4）N·m。

检查过程中，严禁操作开关，防止手指轧伤。

（4）二次接线及端子排检查。端子无损坏。导线绝缘良好，连接可靠。

检查过程中，应防止二次回路低压触电。

（5）防凝露器检查。投切装置动作正常，加热电阻完好。防止低压触电。

（6）机构箱检查及清扫。密封条密封良好，箱内无渗漏水痕迹，否则应进行密封条更换或堵漏处理。

3. 装置功能检查

（1）脱扣功能检查。分别进行近控、远控传动操作，分闸、合闸脱扣器动作可靠、无异常。传动操作时注意工作班人员间的协调，防止伤害人体。

（2）闭锁功能检查。在合闸弹簧的储能过程中，通过一个电气"合闸"指令来检查合闸闭锁功能，要求脱扣器不动作。

（3）防跳功能检查。开关处于"分闸"状态（合闸弹簧储能），先给"合闸"电气持续指令，之后给"分闸"指令，开关只允许分闸。

开关处于"合闸"状态（合闸弹簧储能），先给"分闸"电气持续指令，之后给"合闸"指令，开关只允许分闸。

检查过程中，严禁操作开关，防止手指轧伤。

（4）储能电机控制检查。检查电动机是否在每次合闸操作之后都由一行程开关接通，以及每一次储能结束后，电动机是否由此行程开关切断，要求行程开关动作灵活，接触可靠。

在进行此项工作时，严禁同时进行其他项目的检查，防止人体轧伤。

（5）三相连杆检查。连杆无变形，轴、销无磨损，润滑完好。

（6）操作传动检查。将"就地/远控"切换开关打至"远控"，进行远控传动操作，要求多次传动开关均动作正常、可靠。

工作班之间注意协调，防止误伤人体。

（7）金属件外观检查、维护。去锈蚀，底层处理和上油漆。

4. 扫尾工作及自验收

（1）对所有检修项目逐项进行检查，要求无漏检项目，做到修必修好。

（2）检查设备上有无遗留物，要求做到工完场清。

（3）检查现场安全措施，要求恢复至工作许可时状态。

（4）将设备（断路器、远控/就地切换开关等）恢复至工作许可时状态。

（5）工作结束时拆除所有临时安全措施。

第8章 SF₆断路器常见故障原因分析、判断及处理

高压断路器是电力系统中最重要的开关设备，它担负着控制和保护的双重任务，如果断路器不能在电力系统发生故障时及时开断，就可能使事故扩大，造成大面积停电。为了满足开断和关合，断路器必须具备三个组成部分：

（1）开断部分，包括导电、触头部分和灭弧室。

（2）操动和传动部分，包括操作能源及各种传动机构。

（3）绝缘部分，高压对地绝缘及断口间的绝缘。

SF₆断路器三个组成部分中以灭弧室为核心。为了确保变电安全，避免由设备缺陷而导致的异常事故，除了加强设备检修工艺外，还应掌握常见缺陷和故障的分析与处理，及时消除设备缺陷，随时保证运行设备的安全系数，使电网安全运行始终处于可控、能控、在控状态。

8.1 断路器常见故障分析

下面就不同灭弧介质的断路器和不同型式操作机构分别介绍断路器在运行时最常见的故障，以及原因分析。

8.1.1 断路器本体的常见故障

1. 油断路器本体

（1）渗漏油。

1）固定密封处渗漏油，主要是支柱瓷瓶、手孔盖等处的橡皮垫老化、安装工艺差和固定螺栓的不均匀等原因。

2）轴转动密封处渗漏油，主要是衬垫老化或划伤、漏装弹簧、衬套内孔没有处理干净或有纵向伤痕及轴表面粗糙或轴表面有纵向伤痕等原因。

（2）本体受潮。

1）帽盖处密封性能差。

2）其他密封处密封性能差。

（3）导电回路发热。

1）接头表面粗糙。

2）静触头的触指表面磨损严重，压缩弹簧受热失去弹性或断裂。

3）导电杆表面渡银层磨损严重。

4）中间触指表面磨损严重，压缩弹簧受热失去弹性或断裂。

（4）断路器本体内部卡滞。

1）导电杆不对中。

2）灭弧单元装配不当、传动部件及焊接尺寸不合格和灭弧单元与传动部件装配时间隙不均匀。

3）运动机构卡死。拉杆装配时接头与杆不在一条直线、各柱外拐臂上下方向不在一条直线上。

（5）断口并联电容故障。

1）并联电容器渗漏油。

2）并联电容器试验不合格。

2. 真空断路器本体

（1）真空泡漏气。真空泡密封性能差，漏气造成真空泡内部真空度下降，绝缘性能下降。

（2）真空泡绝缘不良。

1）真空泡漏气。

2）真空泡外表面积灰，在天气潮湿情况下，真空泡表面绝缘性能下降，严重时，会引起真空泡表面闪络。

（3）触头间熔焊拒分。

触头间接触压力小，当触头间通过大电流时，触头间发热而发生熔焊，造成断路器拒分。

（4）接触电阻不合格。

1）由于开断电弧时触头金属表面的电磨损，间隙变大致使触头间接触压力小。

2）触头连杆的压缩弹簧调整不当，造成触头间接触压力小。

3）由于电磨损使触头表面粗糙不平。

4）触头与触头间接触不均匀。

3. SF_6 断路器本体

（1）SF_6 漏气。

1）密封面表面粗糙、安装工艺差及密封床老化。

2）传动轴及轴套表面有纵向伤痕磨损严重，轴与轴套间密封床老化。浇铸件质量差，有砂眼。

3）瓷套质量差，有裂纹或砂眼。

4）SF_6 连接管道安装工艺不良。

5）SF_6 充放气接头密封性能差或关闭不严。

6）SF_6 压力表或密度继电器等接头处密封不良。

（2）SF_6 气体湿度即含水量超标。

1）SF_6 存在漏气现象。

2）补充的 SF_6 气体含水量不合格。

3）运输和安装过程中，本体内部的绝缘件受潮。

4）本体内部的干燥剂含水量偏高。

（3）主回路接触电阻超标。

1）连杆松动。

2）运行时间长和操作次数多后，动触头表面磨损严重，或动静触头、中间触头表面不干净。

3）导电回路连接表面粗糙或紧固螺栓松动。

（4）合闸电阻不合格。

1）合闸电阻阻值超标。

2）合闸电阻的电阻片老化使介损超标，超标严重将影响正常运行。

（5）断口并联电容故障。

1）并联电容器试验不合格。

2）并联电容器渗漏油。

（6）重燃。定开距设计的灭弧室断路器在开断空载线路时发生重燃的概率较高，亦有可能是装配灭弧室时残留在灭弧室内的金属微粒，在操作振动和气流作用下，金属微粒悬浮在断口间，造成重燃。

（7）喷口及均压罩松动。

1）运行时间长及操作次数多。

2）均压罩公差偏大固定不可靠。

需要注意的是，压缩空气断路器在高压电力系统已基本淘汰，故压缩空气断路器本体的常见故障在此不作叙述。

8.1.2　断路器操作机构的常见故障

1. 电磁操作机构

（1）合闸铁芯不启动。

1）辅助开关的触点接触不良。

2）合闸操作回路断线或熔丝熔断。

3）合闸接触器线圈烧坏。

4）合闸铁芯被铜套卡死。

（2）合闸铁芯启动未合上。

1）延时开关配合不良，过早切断电流。

2）合闸铁芯顶杆止钉松动，造成顶杆长度变短。

3）合闸铁芯返回弹簧断裂、隔磁铜圈脱落或铁芯顶杆行程不足。

4）跳闸后滚轮卡死，使滚轮无法返回造成空合。

5）合闸速度太大，剩余能量将其振开或分闸弹簧调整不当。

（3）脱扣卡板不复归。

1）卡板复归弹簧太软，跳闸后不复位造成空合。

2）脱扣板顶端下面不平整，返回时卡住。

3）脱扣板与卡板扣入距太少，合闸后在铁芯返回时被振动而自行分闸。

4）分闸时，连板下圆角顶死在托架上，使卡板无法返回造成空合。

（4）分闸铁芯不启动。

1）分闸线圈顶杆卡死，或分闸铁芯与线圈间的铝套互相卡死。

2）分闸回路的切换开关触点接触不良。

3）分闸线圈断线或烧坏。

（5）分闸铁芯启动未分闸。

1）并联接法的分闸线圈中有一个断线，造成铁芯吸力不足。

2）掣动螺钉未松到位或未松开。

3）卡板与脱扣板扣入尺寸太多或扣合面粗糙。

（6）机构卡死。

1）机构连板不平整、销孔磨损变形、焊接开裂变形等使机构连杆倾斜卡死而不能分闸。

2）固定连杆的主要轴孔不平行，使连杆倾斜，卡死而不能分闸。

2. 弹簧操作机构

（1）合闸锁扣锁不住而自行分闸。

1）扣入距离太多或太少造成无法保持储能。

2）合闸四连杆在未受力时，锁扣复位弹簧变形或连杆有卡死，过死点距离太少。

3）牵引杆储能完毕扣合时冲击过大。

4）合闸锁扣基座下部的顶紧螺栓未顶紧，使锁扣扣不住或扣合不稳定。

5）合闸锁扣轴销弯曲变形，使锁扣位置发生变化而锁不住。

（2）合闸四连杆返回不足。合闸四连杆有卡阻现象，返回不灵活。

（3）拒合。

1）四连杆过死点太多或铁芯冲程调整不当。

2）辅助开关触点接触不良。

3）储能状态，斧状连板与牵引杆滚轮无间隙，造成四连杆无法返回。

4）空合，分闸四连杆无法返回或返回不足。

5）四连杆过死点太少，受力后或振动后自行分闸，合闸保持不住。

6）斧状连板与顶块扣入距离不足或顶块弹簧变形拉力不足造成合闸保持不住。

7）操作回路接触不良，断线或熔断器的熔丝熔断。

（4）拒分。

1）分闸电磁铁铁芯有卡住点。

2）分闸电磁铁芯行程和冲程调整不当或分闸动作电压调得太高。

3）分闸四连杆过死点太多。

4）分闸四连杆冲过死点的距离太小，使断路器分不开。

5）辅助开关触点接触不良，使分闸电磁铁不动作而不能分闸。

6）操作回路接触不良，断线或熔断器的熔丝熔断。

（5）离合器故障。

1）离合器打不开，八字脚太低。

2）离合器不闭合，蜗轮蜗杆中心未调整好，使蜗杆前后窜动不灵活，有卡阻现象。

（6）电源回路故障。

1）控制电动机电源的辅助开关顶杆弯曲。

2）电源回路不通，接触不良，断线或熔断器的熔丝熔断。

（7）储能电动机拒绝启动。

1）电源回路不通，接触不良，断线或熔断器的熔丝熔断。

2）电动机本身断线或内部短路。

3．液压操作机构

（1）外部漏油造成油泵频繁启动。

1）油箱油位降低，工作缸活塞组合油封漏油。

2）蓄压器活塞组合油封漏油。

3）油管道接头、压力表、压力开关等接头处漏油。

（2）内部漏油造成油泵频繁启动。

1）阀口有污秽，使阀口不能正确复位，油泵频繁启动有突发性，往往未经处理就自行恢复或几次分合操作后，油泵频繁启动就消失。

2）合闸位置时油泵频繁启动，合闸二级阀阀口关闭不良或二级阀活塞密封垫损坏；分闸一级阀关闭不良；分闸阀阀座密封垫损坏；合闸一级阀或合闸保持逆止阀关闭不良；合闸一级阀阀座密封垫损坏；油箱内部分管道接头漏油等原因均可能造成断路器在合闸位置时油泵频繁启动。

3）分闸位置时油泵频繁启动，二级阀阀口关闭不良，致使高压油经泄油孔泄油；工作缸活塞密封垫损坏；油箱内部分管道接头漏油等原因造成断路器在分闸位置时油泵频繁启动。

4）分合闸位置时油泵均频繁启动，高压放油阀阀门关闭不良或放油阀活塞顶杆未回足，致使高压放油阀向油箱内泄油；合闸一级阀关闭不良，致使高压油经泄油孔漏出；油泵逆止阀阀门关闭不良等造成断路器在分合闸位置时油泵均频繁启动。

（3）蓄压器故障。

1）N_2 泄漏，N_2 筒体有泄漏点；逆止阀阀门关闭不良、活塞密封圈或活塞杆密封圈损坏造成 N_2 向外或油中泄漏。

2）蓄压筒内有金属屑，致使蓄压筒缸体内壁与活塞组合密封垫划伤拉毛，造成高压油泄漏到 N_2 内，N_2 压力异常升高。

（4）油泵故障。

1）油泵不启动，电源回路故障，微动开关接点接触不良及油泵马达损坏造成油泵不启动。

2）微动开关接点接触不良或中间继电器接点断不开电源，可能造成油泵不能正常停止而压力异常升高。

（5）液压系统减压慢或不能减压。

1）液压系统严重泄漏（见油泵频繁启动）。

2）液压系统及油泵内部有空气没有排尽。

3）油泵滤网堵塞。

4）油泵吸油阀钢球、逆止阀钢球密封不良。

5）油泵逆止阀及柱塞的密封不良。

6）柱塞或复位弹簧卡死。

（6）断路器拒动。

1）分合闸电磁线圈损坏。

2）分合闸动铁芯与电磁铁上磁轭盖间有卡涩现象，铁芯动作不灵活。

3）分合闸阀杆头部顶杆弯曲。

4）辅助开关未能正常切换或接点接触不良、接点不通。

5）分合闸一级球阀未打开或打开距离太小。

（7）断路器拒合。

1）合闸一级阀杆的顶针弯曲造成卡涩，使合闸一级阀未打开或打开距离太小。合闸控制管和逆止阀有堵塞点。

2）由于分闸一级球阀严重泄漏造成自保持回路无法自保，合闸二级球阀打不开或打开距离不足。

3）合闸电磁铁芯行程未调节好，影响合闸一级阀打开。

4）阀系统严重泄漏，控制系统闭锁合闸功能。

（8）断路器拒分。

1）分闸一级阀杆的顶针弯曲造成卡涩，使合、分闸一级阀未打开或打开距离太小。

2）合闸一级阀未复位，高压油严重泄漏。

3）分闸电磁铁芯行程未调节好，致使分闸一级阀打不开或打开太小。阀系统严重泄漏，控制系统闭锁分闸功能。

（9）断路器合而又分。

1）节流孔堵塞，合闸保持腔内无高压油补充。

2）逆止阀，分闸一级阀严重泄漏。

（10）断路器误动。

1）液压系统和控制管道内存在大量气体。

2）阀系统严重漏油。

3）分合闸电磁线圈启动电压太低，又发生直流回路绝缘不良。

4. 气动操作机构

（1）合闸位置时电磁阀严重漏气。

1）电磁阀合闸冲击密封垫存在严重变形或密封处积污严重，造成密封处密封不良，严重时压缩机频繁启动。

2）电磁阀分合闸保持器的密封不良。

（2）合闸过程中，压缩空气大排气，开关闭锁。

电磁阀活塞的密封垫老化，造成活塞的密封不良，在合闸时，电磁阀活塞的推力变小，时活塞动作不到位，无法关闭合闸密封，造成高压力气体通过电磁阀排气口向外大量排气。

（3）压缩空气系统故障。

1）压缩空气系统漏气，各管道的接头密封不良；压力开关、压力表、安全阀等附件连接处漏气，严重时会造成压缩机频繁启动或压缩空气系统不能正常建压。

2）操作机构工作缸及其他密封处的密封垫严重变形或老化，造成压缩空气系统漏气。

3）一级阀或二级阀的密封面积污严重或有异物，造成阀片关闭不严，严重时会造成压缩机频繁启动或压缩空气系统不能正常减压。

4）压缩机打压时间过长，压缩机的活塞环磨损严重，造成压缩机效率下降；压缩机的阀片断裂也会造成压缩机打压时间过长或压缩空气系统不能正常建压。逆止阀漏气，逆止阀内积污严重或逆止阀密封处有异物会造成逆止阀漏气，严重时会造成压缩机频繁启动或压缩空气系统不能正常建压。

5）压缩机电源故障。

（4）断路器拒动。

1）辅助开关的接点接触不良或辅助开关的接点不能正常复位。

2）控制回路断线。

3）分合闸线圈烧坏。

8.2 SF₆断路器（或同类型断路器）常见故障

8.2.1 断路器本体故障现象、故障原因及处理方法

1. SF₆气体密度过低，发出报警

（1）气体密度继电器有偏差。处理方法：检查气体密度继电器的报警标准，看密度继电器是否有偏差。

（2）SF₆气体泄漏。处理方法：检查最近气体填充后的运行记录，确认SF₆气体是否泄漏，如果气体密度以0.05%／年的速度下降，必须用检漏仪检测，更换密封件和其他已损坏部件。

（3）防爆膜破裂。处理方法：检查是否内部气体压力升高而使防爆膜破裂，如果确认是电弧的原因，必须要更换灭弧室。

2. SF₆气体微水量超标、水分含量过大

（1）检测时，环境温度过高。处理方法：检测时温度是否过高，可在断路器的平均温度±25℃时，重新检测。

（2）干燥剂不起作用。处理方法：检查干燥剂是否起作用，必要时更换干燥剂，抽真空，从底部充入干燥的气体。

3. 导电回路电阻值过大

（1）触头连接处过热、氧化，连接件老化。处理方法：触头连接处过热、氧化或者连接件老化，则拆开断路器，按规定的方式清洁、润滑触头表面，重新装配断路器并检查回路电阻。

（2）触头磨损。处理方法：触头磨损，则对其进行更换。

4. 触头位置超出允许值

弧触头磨损。

处理方法：更换触头。

5. 三相联动操作时相间位置偏差

（1）操作连杆损坏。

（2）绝缘操作杆损坏。

处理方法：更换损坏的操作连杆，检查各触头有无可能的机械损伤。

8.2.2 弹簧操动机构故障现象、故障原因及处理方法

SF_6 断路器在运行中产生的故障现象，绝大多数是因为操动机构和控制回路元件故障引起的。所以要求检修人员必须熟悉断路器的操动机构以及控制保护回路，以便在断路器出现故障时能够正确地判断、分析和处理。

1. 拒合

（1）合闸铁芯未启动。

1）合闸线圈端子无电压：①二次回路接触不良，连接螺钉松；②熔丝熔断；③辅助开关触点接触不良，或未切换；④SF_6 气体低压力闭锁。

处理方法：①检查、拧紧连接螺钉，使二次回路接触良好；②修理辅助开关接触不良的触点，或更换辅助开关；③测量合闸线圈端子电压，如果没有电压，检查 SF_6 气体压力，确定原因，必要时补气。

2）合闸线圈端子有电压：①合闸线圈断线或烧坏；②合闸铁芯卡住；③二次回路连接过松，触点接触不良；④辅助开关未切换。

处理方法：①检查、拧紧连接螺钉，使二次回路接触良好；②修理辅助开关接触不良的触点，或更换辅助开关；③测量合闸线圈端子电压，如果有电压，检查合闸线圈是否断线或烧坏，铁芯是否卡住，必要时更换线圈。

（2）合闸铁芯已启动。

1）合闸线圈端子电压太低。

2）合闸铁芯运动受阻。

3）合闸铁芯撞杆变形，行程不足。

4）合闸掣子扣入深度太大。

5）扣合面硬度不够，变形，摩擦力大，"咬死"。

处理方法：

1）修理，或者更换合闸线圈。

2）检查合闸掣子扣入是否过深、扣合面是否变形，进行修理，必要时更换零件。

2. 拒分

（1）分闸铁芯未启动。

1）分闸线圈端子无电压：①二次回路接触不良，连接螺钉松；②熔丝熔断；③辅助开关触点接触不良，或未切换；④SF_6 气体低压力闭锁。

处理方法：①检查、拧紧连接螺钉，使二次回路接触良好；②修理辅助开关接触不良

的触点，或更换辅助开关；③测量分闸线圈端子电压，如果没有电压，检查 SF$_6$ 气体压力，确定原因，必要时补气，或进行修理。

2）分闸线圈端子有电压：①分闸线圈断线或烧坏；②分闸铁芯卡住；③二次回路连接过松，触点接触不良；④辅助开关未切换。

处理方法：①检查、拧紧连接螺钉，使二次回路接触良好；②修理辅助开关接触不良的触点，或更换辅助开关；③测量分闸线圈端子电压，如果有电压，检查分闸线圈是否断线或烧坏，铁芯是否卡住，必要时更换线圈。

（2）分闸铁芯已启动。

1）分闸线圈端子电压太低。

2）分闸铁芯空程小，冲力不足或铁芯运动受阻。

3）分闸掣子扣入深度太浅，冲力不足。

4）分闸铁芯撞杆变形，行程不足。

处理方法：

1）修理，或者更换分闸线圈。

2）检查分闸掣子扣入是否过浅，冲力不够，进行修理，必要时更换零件。

3. 储能后自动合闸

（1）合闸掣子扣入深度太浅，或扣入面变形。

（2）合闸掣子支架松动。

（3）合闸掣子变形锁不住。

（4）牵引杆过"死点"距离太大，对合闸掣子撞击力太大。

处理方法：检查合闸掣子扣入深度、扣入面、支架、牵引杆过"死点"距离等，进行修理、适当的调整，或者更换零件。

4. 无信号自动分闸

（1）二次回路有混线，分闸回路两点接地。

（2）分闸掣子扣入深度太浅，或扣入面变形，扣入不牢。

（3）分闸电磁铁最低动作电压太低。

（4）继电器触点因某种原因误闭合。

处理方法：

（1）检查二次回路是否有混线，使之控制良好。

（2）检查分闸掣子扣入深度和扣入面，修理或者更换零件。

（3）测量分闸电磁铁最低动作电压，如果其值太低，调整分闸线圈的间隙，或者更换线圈。

（4）检查继电器，修理触点，或者进行更换。

5. 合闸即分

（1）二次回路有混线，合闸同时分闸回路有电。

（2）分闸掣子扣入深度太浅，或扣入面变形，扣入不牢。

（3）分闸掣子不受力时，复归间隙调得太大。

（4）分闸掣子未复归。

处理方法：

（1）检查二次回路是否有混线，使之控制良好。

（2）检查分闸掣子的扣入深度、复归间隙等情况，修理或者更换零件。

6. 弹簧储能异常

（1）弹簧未储能：

1）电动机过电流时保护动作。

2）接触器回路不通或触点接触不良。

3）电动机损坏或虚接。

4）机械系统故障。

处理方法：

1）检查储能电动机是否过电流保护。

2）检查接触器回路和触点接触情况，进行修理，使之控制良好。

3）检查机械系统是否故障，进行修理，必要时更换零件。

（2）弹簧储能未到位。限位开关位置不当。

处理方法：检查限位开关位置，重新进行调整。

（3）弹簧储能过程中打滑。棘轮或大小棘爪损伤。

处理方法：检查棘轮、大小棘爪是否有损伤，进行处理，必要时更换。

8.3 现场实际案例

8.3.1 某变电站 110kV 旁路开关 SF$_6$ 泄漏

【缺陷现象】 2012 年 6 月 20 日，该变电站上报缺陷：110kV 旁路开关 SF$_6$ 压力为 0.55MPa，相邻间隔不低于 0.62MPa。

【原因分析】 2012 年 6 月 29 日，对 110kV 旁路开关进行带电补气，并使用手持式检漏仪检漏，未发现有明显渗漏点。基于该开关为某公司 1997 年生产的 3AP 断路器，投运至今已近 15 年，以前也未曾补气，以年泄漏率 0.5%（一般 SF$_6$ 断路器年泄漏率 1% 正常，西门子产品年泄漏率为 0.5% 正常）的速率来计算，此时补气属于正常水平，认为该开关不存在泄漏问题，则将 SF$_6$ 压力补充至额定工作压力（0.64MPa，其他间隔 SF$_6$ 压力为 0.66MPa 左右）。

2012 年 7 月 19 日，运行人员反映，110kV 旁路开关 SF$_6$ 压力下降明显，与其他开关相比，SF$_6$ 压力差值达到 0.06MPa，此时怀疑该开关存在 SF$_6$ 泄漏点，则于 2012 年 7 月 30 日下午 5 点左右抵达变电所，利用先进的 SF$_6$ 激光红外检漏仪带电对该开关进行检漏，通过仔细的检查，终于找到了该开关存在的 SF$_6$ 泄漏点。

该泄漏点位于开关 A 相极柱下法兰密封面，怀疑该密封面密封件由于老化（已运行 15 年左右），从而导致密封不严，出现 SF$_6$ 泄漏。泄漏点照片如图 8-1 所示。开关解体后密封面锈蚀情况如图 8-2 所示。

（a）泄漏点：A相极柱法兰密封面

（b）检漏仪自动对焦泄漏点

图 8-1　泄漏点照片

【整改处理】　2012 年 8 月 14 日，会同厂家人员，对开关进行现场解体大修，现场检查发现开关集柱法兰密封面有多处锈蚀，引起密封不严，现场对锈蚀部位进行处理，安装后进行检漏试验，试验合格后缺陷消除。现场对密封面处理图片如图 8-3 所示。

8.3.2　某变电站 110kV 母分开关不能分闸

【缺陷现象】　2013 年 5 月 29 日 20

图 8-2　开关解体后密封面锈蚀情况图

时，该变电站110kV母分开关不能分闸。故障时运行方式为内桥结构，两条出线及母分开关运行。由于110kV母分开关在运行状态，机构储能弹簧指示未储能，手动分闸存在较大安全风险，因此要求改状态，确保110kV母分开关无负荷，再进行手动分闸。工作票许可后，检修人员进行手动分闸处理，在推动分闸铁芯时，开关不能脱扣；检查储能回路，发现储能电机空转，不能储能。推动分闸铁芯图如图8-4所示。

图8-3　现场对密封面处理图片

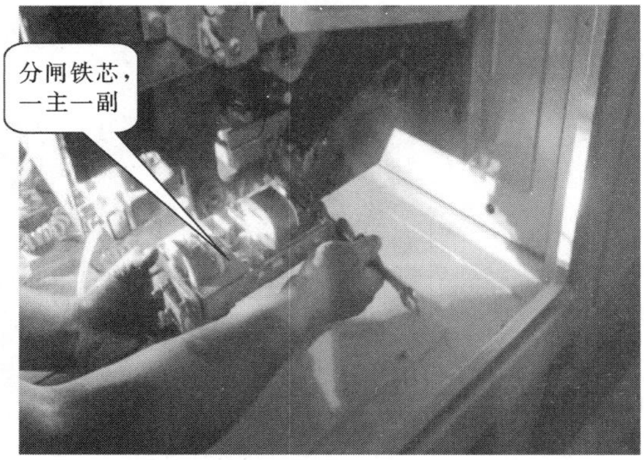

图8-4　推动分闸铁芯图

【原因分析】　该型号开关出现该类型故障比较少见，所以现场咨询了该生产厂家的电气技术人员，初步判定可能是开关机构卡涩导致储能棘爪离合、不能分闸。

2011年5月31日，该生产厂家的电气技术人员到现场服务，并断定故障原因是机构合闸不到位，处理方式是逆时针敲击拉杆，使转动到合闸位置。

如图8-5所示为合闸不到位时的拉杆位置，图8-6所示为合闸到位时的拉杆位置。

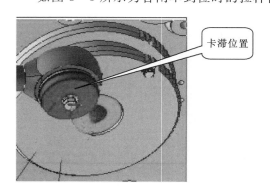

图8-5　合闸不到位时的拉杆位置

图8-6　合闸到位时的拉杆位置

拉杆转动到合闸位置后，手动分闸成功。随后，将开关状态改至冷备用进行后续调整。

出现该故障的原因：

（1）合闸弹簧压缩量偏小，合闸力不足。

（2）机构合闸凸轮与拐臂间隙偏小，调整间隙至（1.5±0.2）mm。

现场分别调整了合闸弹簧压缩量及凸轮与拐臂间隙。

如图 8-7 所示为调整合闸弹簧压缩量，图 8-8 为调整凸轮与拐臂间隙。

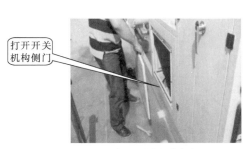

打开开关机构侧门

压缩弹簧筒内的合闸弹簧，目的是增大机构合闸力。

（a）打开开关机构侧门　　　　　　　　　　（b）压缩弹簧筒内的合闸弹簧

图 8-7　调整合闸弹簧压缩量

通过调整机构输出杆的长度，来调整凸轮和拐臂的间隙。

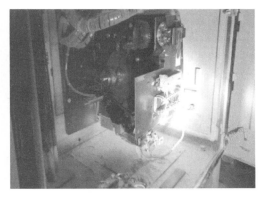

图 8-8　调整凸轮与拐臂间隙　　　　　　　图 8-9　分闸线圈烧毁冒烟

【整改处理】　机构输出杆伸长，凸轮和拐臂的间隙增大，反之间隙减小，间隙要求（1.5±0.2）mm。进行上述调整，并更换烧毁的分闸线圈后，机构分合闸正常，低电压试验合格。

（1）运行人员发现开关不能分闸后检查，分闸线圈烧毁冒烟，立即用干粉灭火器，使得机构箱内积聚大量干粉，部分粉尘进入机构，对机构传动部件、轴承造成影响。分闸线圈烧毁冒烟如图 8-9 所示。

建议出现此类情况时，若无明火尽量不要使用灭火器，拉开控制电源即可，以免损伤机构。

（2）据厂家技术人员反映，CT27-Ⅱ型弹簧机构出现拒分缺陷时有发生。对于 110kV

及以上 GIS 设备来说出现该类型缺陷若停电处理，必定对电网影响较大，若是常见缺陷，应进行排查整改。

（3）一般来说对机构调整后必须对开关特性进行试验，如分合闸时间、速度、三相同期性以及触头接触电阻，但 GIS 设备不具备试验条件，因此对厂家处理后设备状态没有确切的把握。

8.3.3　某变电站多台 110kV 断路器（西门子 3AP）SF₆ 低气压告警

【缺陷现象】　2012 年 8 月 4 日，该变电站多台 110kV 断路器（西门子 3AP）在下雨后发生 SF_6 低气压告警信号。

现场检查机构箱内干燥，压力正常；但密度继电器雨后存在凝露现象，密度继电器接点动作断开位置。设备接线图如图 8-10 所示。

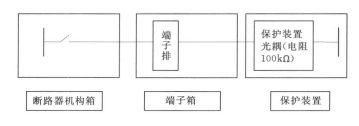

图 8-10　设备接线图

【原因分析】

（1）密度继电器动作正常，但是由于凝露造成节点绝缘下降（正常为兆欧级，凝露后为 $100\sim500\text{k}\Omega$ 之间），而发生 SF_6 低气压告警信号。

（2）密度继电器采用小型微动开关，接点间隙小，微量水汽造成绝缘下降。

（3）保护装置光耦取样电阻太大或者取样电压太低造成误告警。

【整改处理】

（1）密度继电器加装驱潮防凝露装置，目前的升温或者降温的防凝露装置可能会造成密度继电器动作特性变化（密度继电器一般为温度补偿压力表）。

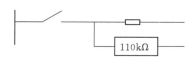

图 8-11　降低保护装置取样电阻

（2）采取有效措施防止机构箱内进水，阻止水分在密度继电器产生凝露，完全封闭有困难。

（3）降低保护装置取样电阻，或者提高取样电压。可在端子箱、开关机构箱或保护装置安装。降低保护装置取样电阻如图 8-11 所示。

8.3.4　某变电站 1#主变 220kV 开关发打压超时信号

【缺陷现象】　2013 年 12 月 27 日，该变电站 1 号主变 220kV 开关发打压超时信号。

此开关为 220kV GIS 设备，型号为 ZF11-252（L），2009 年 10 月生产，编号为 2009.96，配 ABB 公司液压碟簧机构。

【原因分析】　经核查图纸，发现打压超时信号由油泵控制回路中的 KT1A、KT1B、

KT1C 三个时间继电器控制。开关油泵控制回路图如图 8-12 所示。

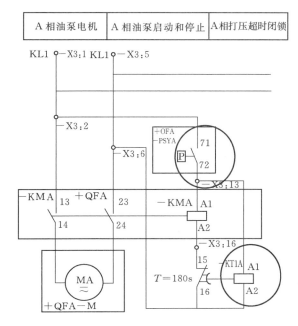

图 8-12　开关油泵控制回路图

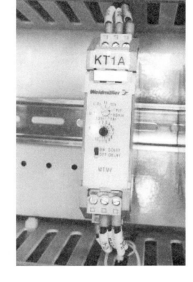

图 8-13　时间继电器 KT1A

其中 P 为压力节点，如液压机构中压力低于设定值 $P1$，P 节点接通，接触器 KMA 励磁，接通油泵电机回路，电机 MA 启动进行打压操作，同时时间继电器 KT1A 开始计时（KT1A 整定时间为 180s），当液压机构中压力升至设定值 $P2$，P 节点断开，接触器 KMA 失去励磁，断开油泵电机回路，同时 KT1A 断电，结束计时。如 180s 内油压未到达设定值 $P2$，或者节点 P 不断开，则 KT1A 动作，断开控制回路中 15-16，切断电机控制电源，使 KMA 失去励磁，断开油泵电机回路。

现场检查发现时间继电器 KT1A 动作，如图 8-13 所示，可定为 A 相打压超时，现场查看 A 相与 B、C 相机构位置，发现碟簧压缩量相差不大，经咨询厂家技术人员后，将电机储能电源断开再合上，使 KT1A 复位，油泵继续打压约 3s，油压节点 P 动作断开控制回路，同时打压超时信号复归。

经分析，此缺陷可能原因为以下几种：

（1）油泵效率降低。由于当日昼夜温差较大，热胀冷缩导致油压降低较大，同时油泵效率较低（类似于西门子 3AQ 机构油泵内部有气体），导致 180s 内油压不能打至设定值 $P2$，KT1A 动作，发打压超时信号。如为此种原因，需对油路系统进行检查，找出原因并更换效率低的部件。验证此种原因需观察整个打压动作过程。

（2）油压接点 P 不能正常复归，即油压已打至设定值 $P2$，但是油压接点 P 未动作，导致未能切断电机控制回路，KT1A 持续计时至 180s 后动作。如为此种原因，需对油压节点 P 进行处理或者更换。验证此种原因需停电检查机构油压接点 P 的动作及复归情况。

（3）时间继电器 KT1A 动作错误，即 KT1A 内部逻辑失常，油泵打压未达到 180s 即动作，断开油泵控制电源，同时发打压超时信号。如为此种原因，需更换时间继电器 KT1A。

第9章 隔离开关的结构和工作原理

本章叙述以 GW4 型隔离开关为例。

9.1 GW4 型隔离开关的结构

GW4 型隔离开关是由三个独立的单相隔离开关组成的三相高压电气设备。采用联动操作，主闸刀由电动（或手动）操作机构操动，接地闸刀由手动操作机构操动。主闸刀与接地闸刀设有防止误操作的机械闭锁装置，以及手动操作机构可配置有电磁锁和辅助开关，构成电气防止误操作连锁回路，以实现机械闭锁或电气连锁，达到防止误操作的目的。

GW4 型隔离开关为双柱单断口水平旋转式结构，由接线座装配、触头臂装配、触指臂装配、绝缘子、底座装配、轴承座装配、接地刀杆和接地开关底座、传动系统、操动机构等组成。根据现场使用需要可在单侧或双侧安装接地闸刀，也可以不安装接地闸刀。GW4 型隔离开关整体实物如图 9 - 1 所示。

图 9 - 1 GW4 型隔离开关整体实物

1. GW4 型隔离开关单相装配

GW4 型隔离开关单相装配如图 9-2 所示。

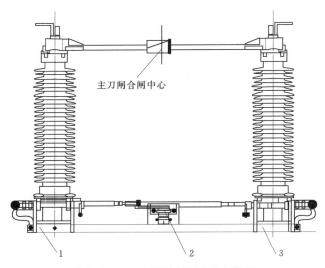

主刀闸合闸中心

图 9-2　GW4 型隔离开关单相装配
1—左接地支架；2—主刀闸操作杠杆；3—右接地支架

2. 底座装配

底座装配为槽钢做成，每相底架两端装有轴承座装配、槽钢上有安装主闸刀操作底座和接地闸刀操作底座安装孔，可根据用户需要安装一个或两个接地闸刀，左、右接地可以任意组合。底座装配如图 9-3 所示。

3. 轴承座装配

轴承座采用全密封组合式结构，可任意配置成 A、B、C 三相的各种结构，轴承座内装圆锥滚子轴承，加二硫化钼锂，两端设有密封装置，可确保防雨、防潮、防凝露。金属表面全部热镀锌处理，可确保 20 年不生锈。能承受较大的径向负荷及隔离开关的轴向重力且不产生间隙，稳定性好、旋转灵活。轴承座装配如图 9-4 所示。

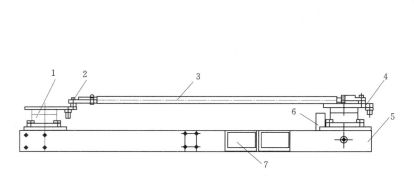

图 9-3　底座装配
1—轴承座装配；2—接头；3—交叉连杆；4—转轴；
5—槽钢；6—限位钉；7—铭牌

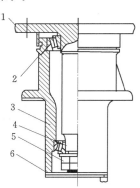

图 9-4　轴承座装配
1—转动板；2—上端圆锥滚子轴承；
3—轴承座；4—下端圆锥滚子轴承；
5—并紧螺母；6—防尘罩

4. 导电系统

导电系统分成左、右两部分，分别固定在支柱绝缘子的顶端。导电系统由接线夹、接线座、导电杆、软铜导电带、触指臂导电管、触指（左触头）、触头（右触头）、触头臂导电管组成。导电系统如图 9-5 所示。

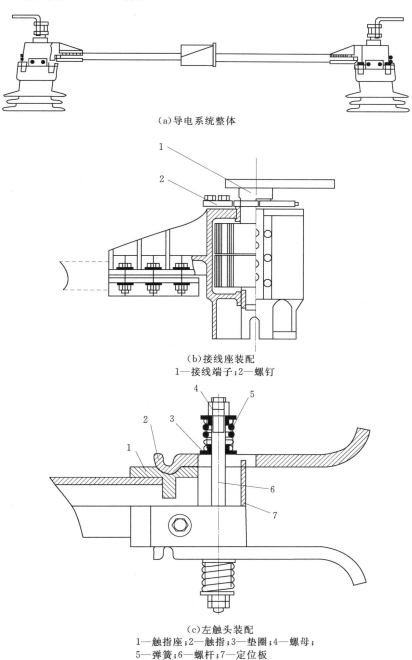

(a)导电系统整体

(b)接线座装配
1—接线端子；2—螺钉

(c)左触头装配
1—触指座；2—触指；3—垫圈；4—螺母；
5—弹簧；6—螺杆；7—定位板

图 9-5　导电系统

9.2 GW4 型隔离开关的工作原理

隔离开关（俗称闸刀）是高压开关电器中使用最多的一种电气设备，顾名思义，是在电路中起隔离作用的。它本身的工作原理及结构比较简单，但是由于使用量大，工作可靠性要求高，对变电所、电厂的设计、建立和安全运行的影响均较大。闸刀的主要特点是无灭弧能力，只能在没有负荷电流的情况下分、合电路。

1. GW4 型隔离开关传动系统

隔离开关工作由其分合体现，而使其分合主要借助于传动系统。GW4 隔离开关传动系统主要由垂直连杆、水平连杆及传动装配等组成。隔离开关操作由操动机构带动底座中部转动轴旋转 180°，通过水平连杆带动一侧支柱绝缘子（安装于转动杠杆上）旋转 90°，并借交叉连杆使另一支柱绝缘子反向旋转 90°，于是两闸刀便向一侧分开或闭合。另外两相（从动相）则通过三相连杆联动，同步于（主动相）分合。GW4 隔离开关传动系统结构如图 9-6 所示。

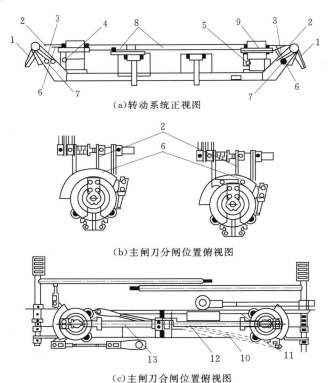

(a)转动系统正视图

(b)主闸刀分闸位置俯视图

(c)主闸刀合闸位置俯视图

图 9-6　GW4 隔离开关传动系统结构图

1—接地闸刀合闸限位拐臂 A；2—机械连锁拐臂 B；3—接地闸刀合闸限位拐臂 C；4—主闸刀合闸限位螺杆 D；5—主闸刀分闸限位螺杆 E；6—机械连锁拐臂 F；7—接地闸刀分闸限位螺杆 G；8—双接地闸刀 H；9—绝缘子下附件 I；10—调节螺杆 J；11—调节螺母 K；

12—导电管 L；13—导电管 M

另外，部分隔离开关根据设计要求配备接地开关。接地开关操动机构分合时，借助传动轴及水平连杆使接地开关轴旋转一角度达到分合之目的。由于接地开关转轴上有扇形板与紧固于瓷柱法兰上的弧形板组成连锁，故能确保主分一地合一主合的顺序动作。

2. 操动机构

隔离开关的分合由操动机构实现，通常配备手动操动机构或电动操动机构。手动操动机构以人力为操作动力，由凸轮、连杆等组成，操作方式多为水平操作。电动操动机构以电动机为操作动力，其与手动操动机构最大的区别在于它包含电气回路，同时电动操动机构具备手动操作功能。

电动操动机构主要由电动机、机械减速传动系统、电气控制系统和箱体等组成。由电动机驱动，通过齿轮、蜗杆涡轮减速后将转矩传至输出轴。

机构设有远方/停止/就地切换开关，当机构调整或检修时拨到就地位置，可在机构前操作（此时远动电力已切断）。拨至远方位置时，机构分合按钮不起作用，只可远动。机构箱内装有加热器，可以驱散箱内潮气，防止电器元件受潮引起故障。电动操动机构的结构以及实物如图9-7、图9-8所示。

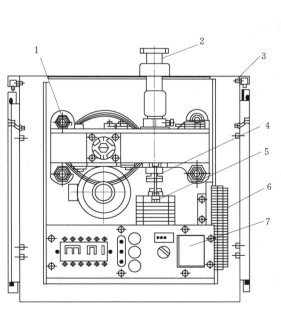

图9-7 电动操动机构结构图

1—减速箱；2—输出轴；3—箱体；4—辅助
开关连接头；5—辅助开关；6—接线
端子；7—电路板

图9-8 电动操动机构实物图（CJ12D-180型）

第10章 隔离开关安装及验收标准规范

随着电网的日益壮大，变电设备日益增多，为保证设备在今后运行中能安全可靠运行，规范施工及验收工作十分重要，以加强设备安装质量并通过验收及时发现安装过程中的问题。变电设备竣工验收是全面检查变电站系统设计、设备制造、施工、调试和生产准备的重要环节，是保证电网安全、可靠、稳定运行的关键性环节。全面加强验收管理，提高验收工作的效率和质量，确保设备"零缺陷"投运，保障电网安全稳定运行。

10.1 高压隔离开关安装工艺

10.1.1 工艺流程

高压隔离开关安装施工工艺流程如图 10-1 所示。

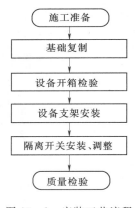

图 10-1 安装工艺流程

10.1.2 主要施工工艺质量控制要求

1. 施工准备

（1）人员准备。施工人员须先熟悉安装图纸及产品安装使用说明书；必须参加过专业技术方面的培训；并经考试合格后方可上岗进行作业。

（2）技术资料准备。隔离开关安装使用说明书及出厂实验报告；隔离开关安装作业指导书和施工图纸；电气装置安装工程高压电器施工及验收范围。

（3）工器具的准备。按照施工技术措施要求准备施工工器具、力矩扳手、吊装绳索、起重工具等重要工具应校验合格。施工测量用仪器、仪表等应校验合格。隔离开关安装所需消材。

2. 基础检查

（1）安装前，仔细阅读产品说明书，查看施工图纸，检测基础误差应满足设备安装要求。

（2）如无特殊要求，设备基础或者基础坑的误差应满足：水平误差不大于±5mm、基础中心线误差小于±5mm，高低误差小于±5mm。

3. 到货检验

（1）设备开箱应根据装箱清单进行核对、清点，检查设备及附件外包装应完好，按照图纸核对规格、尺寸，核对操作机构的电源参数符合图纸要求。

（2）检查机构内部有无受潮，所有部件，包括瓷件应完好无损。

（3）包装箱内的产品说明书、合格证、实验报告、装箱清单等资料应妥善保管。

（4）开箱检查时，如发现设备质量问题，应立即上报有关部门，并留存图像资料。

4. 设备支架安装

（1）独立设备支架安装，其倾斜度应小于支架高度的 1.5‰。

（2）设备支架同轴误差不大于±15mm，水平误差不大于±10mm。

（3）设备支架同组水平误差不大于±5mm，同相水平误差不大于±1.5mm。

5. 隔离开关安装、调整

（1）检查接线端子及载流部分应清洁，且接触良好，触头镀银层无脱落。

（2）载流部分的可挠连接不得有折损；连接牢固，接触应良好，载流部分表面应无严重的凹陷及锈蚀。

（3）绝缘子表面清洁，无裂纹、破损、焊接残留斑点等缺陷，磁铁粘合牢固。

（4）检查隔离开关瓷瓶两端胶合剂外露表面应平整，无水泥残渣及露缝等缺陷，胶装处应均匀涂以防水密封胶，胶装后在结合处应明显可见均匀露砂。

（5）隔离开关底座转动部位灵活，并应涂以适合当地气候的润滑脂。

（6）操作机构固定连接部件应紧固，转动部分应涂以适合当地气候的润滑脂。

6. 隔离开关组装

（1）隔离开关相间连杆应在同一水平线上，相间距离误差：110kV 及以下不大于 10mm；220kV 不大于 20mm。

（2）支柱绝缘子应垂直于底座平面（V 型隔离开关除外），且连接牢固；同一绝缘子柱中心线应在同一垂直线上，同组各绝缘子柱的中心线应在同一垂直平面内。

（3）隔离开关的各支柱绝缘子连接牢固，螺栓穿入方向应一致，紧固力矩符合厂家要求。

（4）隔离开关的动、静触头接触良好，相对位置符合制造厂技术要求。

（5）均压环（罩）应安装牢固、平整，下端应有放水孔。

7. 传动装置的安装与调整

（1）拉杆应校直，与带电部分的距离符合现行国家标准的有关规定。

（2）拉杆的内径应与操动机构轴的直径相配合，两者间的间隙不应大于1mm；连接部分的销子不应松动；如按其他方式连接，连接应牢固可靠。

（3）延长轴、轴承、连轴器、中间轴轴承及拐臂等传动部件，其安装位置应正确，固定应牢靠；传动齿轮应咬合准确，操作轻便灵活。

（4）所有传动部分应按制造厂要求涂以润滑脂。

（5）接地开关转轴上的扭力弹簧或其他拉伸式弹簧应调整到操作力最小，并加以固定。

8. 操动机构的安装调整

（1）操作机构应安装牢固，机构轴线与连接位置中心偏差应在±1mm 以内，同一轴线上的操作机构安装位置应一致。

（2）操动机构常见的安装方式有水泥杆抱箍的安装方式和与钢支架直接连接的安装方式。

（3）电动操作前，应进行三次以上手动分、合闸操作，机构动作正常。

（4）电动机的转向应正确，机构的分、合闸指示应与设备的实际分、合闸位置相符。

（5）机构动作应平稳，无卡阻、冲击等异常现象。

（6）限位装置应准确可靠，到达规定分、合闸极限位置时，应能可靠地断开控制电源。

（7）机构箱密封垫、密封条应完整，机构箱应密封良好。

（8）隔离开关合闸后触头间的相对位置、备用行程，以及分闸状态时触头间的净距应符合产品的技术规定。

（9）具有引弧触头的隔离开关由分到合时，在主动触头接触前，引弧触头应先接触；由合到分时，触头的断开顺序应相反。

（10）三相联动的隔离开关，不同期值应符合产品的技术规定。

9. 接地开关安装

（1）接地开关合闸时，动触头插入深度与静触头的偏差应符合厂家标准。

（2）接地开关与主触头间的机械或电气闭锁应准确可靠。

（3）接地开关导电杆分闸时三相一致，分闸后应在同一水平面。

（4）接地开关安装后，分、合闸限位应正确、可靠。

10. 隔离开关触头接触的调整

（1）用 0.05mm×10mm 的塞尺检查，对于线接触塞尺应塞不进去；对于面接触，其塞入深度为：在接触表面宽度为 50mm 及以下时，不应超过 4mm；在接触表面宽度为 60mm 及以上时，不应超过 6mm。

（2）触头间应接触紧密，两侧的接触压力应均匀，且符合产品的技术规定。

（3）触头表面应平整、清洁，并应涂以中性凡士林。

11. 其他

（1）辅助开关应安装牢固，接触良好，动作准确。

（2）设备本体的接地连线应齐全、可靠。

（3）隔离开关安装调整工作全部完成后测量回路电阻，进行高压试验。

12. V 型隔离开关安装要求

（1）动、静触头水平轴线偏差应不大于 5mm。

（2）调整隔离开关在合闸后，触块中心应超过触指标记 2～4mm。

（3）操作机构分、合闸操作时，止挡间隙不得小于 3mm，横拉杆安装后应水平。

（4）操作机构立拉杆与主动扇形齿轴相结合，结合长度不应小于键槽长度的 1/2。立拉杆安装后应垂直，各方向倾斜不大于杆长的 1.5‰。

（5）操作机构的合闸位置应准确，合闸后，机构手把应能立起，导电杆触头最大摆动量：35kV 的小于 ±10mm，110kV 的小于 ±15mm；操作机构及隔离开关主轴与垂直拉杆结合，应用两个弹簧销子做成"＋"字，做钢性拆卸结合，结合处不可用焊接。

（6）圆钢制水平拉杆允许磨坡口，焊接后保留焊口，其高度不应小于 3mm。

（7）三相联动同期，合格范围：35kV 的不大于 5mm；60～110kV 的不大于 10mm.

（8）导电杆打开后断口最小距离：35kV 的不小于 400mm；66kV 的不小于 650mm；110kV 的不小于 100mm。

（9）接地开关动作角度宜在 65°～75°之间。

13. 垂直型隔离开关安装要求

（1）安装前，认真核对隔离开关基础的各部分尺寸误差，其基础中心距离的尺寸误差不得大于 10mm，同组三相底座基础水平误差不得大于 5mm。

（2）安装横拉杆时，要保证旋转角度，检查旋转支撑绝缘子与支持绝缘子间的距离应符合设计要求。

（3）传动机构内部的传动轴应灵活、组件齐全，开口销打开角度应大于 90°。

（4）隔离开关安装完成后进行找正、调整工作，使用经纬仪检查支持绝缘子的垂直度，应不大于支持绝缘子长度的 1‰。调整支持绝缘子垂直度时，应使用 C 型垫片进行调整。

（5）隔离开关三相不同期不得大于 ±10min。

（6）动、静触头均安装完毕后，通过分合闸操作调整动、静触头相对位置，使之满足说明书要求，并且动触头的触指与静触杆可靠接触。

14. 水平形隔离开关安装要求

（1）安装前，认真核对隔离开关基础的各部分尺寸误差，其基础中心距离的尺寸误差不得大于 10mm，同组间杆高误差不得大于 5mm。

（2）手动分、合隔离开关调整三相同期，应不大于 20mm。

（3）隔离开关合好后主拐臂距位止钉应有 3mm 距离，将止钉防松螺母紧固。

（4）接地部分安装，同组三相垂直拉杆各方向垂直误差小于 3‰，合闸接触行程过刀嘴中心线 2～3mm，三相同期应不大于 20mm。

10.1.3 质量检验

1. 质量检验时的检查

（1）金属构件加工、配置、螺栓连接、焊接等应符合国家规范规定。

（2）所有螺栓、垫圈、开口销、弹垫垫圈、锁紧螺母等齐全、安装连接可靠。

（3）隔离开关安装符合设计规定，相间及对地电气距离符合规程规定。

（4）油漆完好，相色正确，接地良好。

2. 质量验评资料

（1）产品说明书、出厂检验报告、产品合格证等技术文件齐全。

（2）安装签证、验评记录齐全、准确。

（3）交接试验报告齐全、准确。

（4）备品备件及专用工具齐全。

需要注意的是，隔离开关分合时，接触紧密。

10.2　GW4 型隔离开关安装调试工艺

变电站中，隔离开关的数量一般为断路器的 2～4 倍，由于数量比较多，其安装调试的工作量相当的大。在110kV以下的电压等级中，作为主导设备的GW4型隔离开关，如果隔离开关的安装工艺及机械尺寸调整不符合要求，则会出现分、合闸不到位，触头过热，甚至瓷瓶断裂的事故。熟悉隔离开关的结构、动作原理及安装调试方法，可以有效地避免停电事故和动作的不可靠性，并且能够提高作业现场的工作效率，解决设备不可靠运行与电力系统可靠运行的矛盾。

10.2.1　GW4型隔离开关的安装

1. 隔离开关安装的原则

大电流隔离开关的安装和调试是保证其能够正常运行的前提。从某种意义上说，良好的安装就是调试成功的一半，因此，大电流隔离开关安装时应本着横平竖直的原则进行。

（1）三相的基座应上下对正，即在同一水平面内。保证水平连杆在同一个平面内。

（2）三相基座应前后平齐，即三相的从动极和主动极应分别在同一个垂直平面内。保证水平连杆在同一个平面内。

（3）三相基座应左右平行，保证水平连杆长度配合默契。

（4）三相瓷瓶应垂直。保证水平连杆在同一个平面内，且保证触头接触面接触良好。

（5）操动机构输出轴与操作相操作轴同心。保证操作时所需的操作功最小。

2. 大电流隔离开关各部分安装的要求

（1）导电部分。接触应紧密，导电应良好，必要时清擦干净后涂凡士林或导电膏。

（2）绝缘部分。绝缘完好，满足要求。

（3）转动（传动）部分。润滑、灵活且无卡阻，不符合要求时涂 MoS_2 等润滑脂。

（4）固定部分。紧固牢固，不松动。

3. 隔离开关安装时的注意事项

（1）额定电流应符合设计要求。

（2）地刀的安装方向符合要求。单接地时，分左接地和右接地，一般地刀在开关侧。

（3）隔离开关的开口方向符合要求。当人面对隔离开关机构站立时，隔离开关的开口方向应与人的眼睛所看到的方向应一致。

（4）隔离开关的左右触头安装位置正确。左触头（触指侧）装于主动极侧，右触头（触头侧）装于从动极侧。

（5）隔离开关主刀的机构通常装于A相操作轴下方

（6）相间距离：110kV的不小于2m；35kV的不小于1.2m。

10.2.2　隔离开关的调试

1. 隔离开关调试的实质

隔离开关调试的实质就是在正确、合理安装的基础上，使各部分的机械尺寸和角度都符合标准要求。

2. 隔离开关的调试（从下向上）

（1）基座的调整。

1）基座平整度的调整。

2）连接水平连杆、连接交叉连杆长度及角度的调整三相应一致，连接主刀操作拐臂，不同厂家安装位置不同，有些厂家产品装于基座轴上；有些则安装于水平连杆上，需要现场安装时焊接。其长度和角度的调整，产品说明书有说明时，根据说明书调整；无说明时，以能够满足机构相与机构连接后，本体和机构分合角度及配合同步合适为宜。（若连接水平连杆、连接交叉连杆与轴为焊接形式，则该角度和长度不可调）。

3）定位螺钉的调整，应满足其与定位挡板间的间隙为1～3mm。

（2）瓷瓶的调整。可以用调节垫进行调整，但应注意每处所加的调节垫不大于3mm，且所加垫片相互之间应焊接在一起。

1）瓷瓶垂直度符合要求。

2）单极的两瓷瓶高度应相同。

（3）导电触头的调整。可以通过松开接线座上紧固导电杆的螺丝，转动或者移动导电杆，使之对正。

1）单极的两导电杆（左右导电杆）触头对正。即高度一致，上下高度差小于5mm，并成一直线（左右）。

2）三相左右导电杆长度应相同。

3）三相触指的插入深度相同，其中：设备说明书有数值时，按照数值调整；没有数值时，则根据经验调整。同时，三相触指的插入深度：若太浅，合闸后中间触头接触面不足；若太深，合闸时冲击力过大，会造成冲击损坏绝缘子。因此应保证合闸后触指与触头之间留有4～6mm的裕度且保证合闸时触指插入深度不小于深度的90％。

（4）操作极调整。

1）开距的调整。隔离开关分开后导电杆与基座中心线的夹角保证在90°～92°范围内，最简单的方法是利用卷尺测量左右导电杆首尾两端是否平行，首尾两端距离的差值应不大于±10mm。

2）操作极与机构调整。使操作极本体与机构均处于合闸位置，连接本体与机构（若为活连接），当为死联结时，可以先用点焊的方式连接（待整体调整好后再焊接牢固），进行分闸、合闸一次，观察操作极分合闸是否到位。

若本体合闸不到位，则调整交叉连杆的长度——"合欠使之长、合过则调短"；若本体分闸不到位，则调整操动拐臂的长度——"分小调短、分大调长"。需要说明的是，"分小调短"可以通过两种方法来实现：一是增大操动拐臂的长度；二是增大拐臂的夹角。相反，可以实现"调长"。

同时应注意，本体与机构运动的角度应该一致，因此调整操动拐臂时应该兼顾分闸的角度和机构所运行的角度。

若本体合（或分）闸已到位，机构合（或分）闸不到位，表明机构运行的行程（或角度）小于本体，应该将本体合（或分）闸时运行的行程（或角度）减小，此时，需要减小操动拐臂的长度；相反，若机构到位，而本体不到位，则需要增加操动拐臂的长度。

（5）三极联动调整。

三极联动的调整，必须以隔离开关的接线板均承受正常母线拉力的条件下进行，否则，当母线连接好之后，需要进行重新调整。

操作极调整好后，使三极均处于合闸状态，连接好水平连杆后，进行三极联动操作，分、合一次，观察其余两极分闸、合闸是否到位。三极联动调整时，应以三极合闸同期性为标准，调整方法是当任一极的触头与触指刚接触时，测量另外两极触头与触指之间的距离，通过调整交叉连杆的长度改变。若同期调整好后，分合闸不到位，同期调整采用"折中法"即取偏大与偏小的中间值，向中间值调整，但是要满足设备出厂同期值的标准要求。会出现下面几种情况（现以操作极为 A 相说明）。

1）三极同期但均分合闸不到位，可以适当调整操动拐臂的长度。

2）三极不同期但分合闸均到位，通过调整交叉连杆折中调整同期，使之满足标准要求。

3）A、B 相同期与 C 相不同期、但分合闸到位，调整 C 相交叉连杆。

4）B、C 相同期与 A 相不同期、但分合闸到位，调整 A 相交叉连杆。

5）A、C 相同期与 B 相不同期、但分合闸到位，调整 B 相交叉连杆。

6）三相同期，A、B 相分合闸不到位，调整 AB 极间水平连杆使之到位或调整 C 相交叉连杆使 C 相不到位程度同 A、B 相，再调整操动拐臂的长度。

7）三相同期，B、C 相分合不闸到位，调整 BC 极间水平连杆使之到位或调整 A 相交叉连杆使 A 相不到位程度同 B、C 相，再调整操动拐臂的长度。

8）三相同期，A、C 相分合闸不到位，调整 AB、BC 极间水平连杆使之到位或调整 B 相交叉连杆使 B 相不到位程度同 A、C 相，再调整操动拐臂的长度。

9）当三相既不同期也不到位，这是最不好的情况，要通过调整水平连杆、交叉连杆及操动拐臂综合调整，遵循折中的方法使之满足要求。

可见，三极联动的调整原则是保证同期符合要求、合闸时能够合正、分闸时满足断口距离尺寸的规定等 3 项。一般这三者之间存在矛盾时，在保证分闸断口距离的前提下，优先牺牲分闸距离。需要注意的是，对于交叉连杆及水平连杆两端的正反螺纹，调节时应尽可能使两端外露的螺纹长度相同。

（6）分、合闸定位螺钉的调整。三极联动调整后，将交叉连杆及水平连杆的背螺帽背紧，调整分、合闸定位螺钉与挡板之间的间隙为 1～3mm。

3. 接地开关的调试

接地开关的调试，建立在隔离开关的调试完成之后。接地开关的调试方法与隔离开关的类同，值得注意的有以下方面：

（1）接地开关的水平连杆大多都是通过管夹件连接，因此紧固螺栓时需要交叉、对称、均匀且逐步拧紧，否则地刀导电杆可能与接地静触头存在偏移。

（2）接地导电杆与静触头的接触应良好，以导电杆露出静触头 3～10mm 为宜。由于各生产厂家的规定不同，所以应根据设备说明书的标准而定。一般地，隔离开关的水平连杆都装在主动极侧，当接地刀为内打式且为右接地时，导电杆露出静触头的尺寸不宜太大，否则当隔离开关在分闸位置时，接地刀闸可能合不上，原因是接地导电杆端头会与隔离开关的水平连杆相互顶住。

（3）接地闸刀导电杆在分闸时应保持为水平状态，必要时用水平尺辅助调整，以便保证接地开关分闸后的绝缘距离满足要求。

4．机械连锁调整

隔离开关和接地开关调整完毕后，对机械连锁进行调整，标志着整组隔离开关的调试工作完成。

调整基座上的扇形板与弧形板的相对位置，使得隔离开关合闸时，接地开关不可合闸，接地开关合闸时，隔离开关不可合闸。

5．手力操作机构的调试

手力操作机构的调整，是随着本体的调整一起调整的，不过调整的同时应该检查：

（1）机构转动是否灵活，要求操作手柄上需要的操作力不大于1kg。

（2）辅助开关切换正确，标准是辅助开关在机构操动过程大约处于极限位置的4/5处可靠切换。

6．电动操作机构的调试

电动机构的调试较手动机构相对复杂，调试检查项目有以下方面。

（1）机构各元件完好。

（2）接线正确，手动、电动，就地、远方各操作数次，动作正确。

（3）通电试操作前，先使机构处于分、合闸中间位置，再操作。

（4）电动机转动方向同本体分、合闸的方向一致。

（5）机构电气限位和机械限位调整合适且与本体分、合闸终了位置吻合。

10.3　GW4 隔离开关验收标准规范

10.3.1　本体检查

（1）型号、参数核对：与设计要求相符。

（2）同型号产品的安装尺寸应一致，零部件应具有互换性。

（3）瓷瓶垂直偏差应满足产品技术条件。同一瓷瓶柱的各瓷瓶中心线应在同一垂直线上，误差应符合产品技术条件。

（4）底座与基础及支持瓷瓶间的垫铁片数应不超过3片。

（5）三相并列安装的隔离开关中心线应在同一直线上。

（6）各部件连接螺栓、基础螺栓应紧固，连接可靠，并用力矩扳手检查。

10.3.2　导电回路

（1）绝缘子外表无破损、无裂纹。如瓷件有破损，单个面积不应超过 $40mm^2$，且必须进行修补，修补后的面积不应超过 $50mm^2$。

（2）瓷件表面釉层光滑，色泽一致且不应有明显的析晶釉。对缺釉情况处理：单个瓷件表面的缺釉面积不得超过 $50mm^2$，数量不超过2处。

（3）绝缘子金属附件采用上砂水泥胶装，胶装处胶合剂外露表面应平整，无水泥残渣及露缝等缺陷，胶装处应均匀涂以防水密封胶。

（4）触头表面应平整、清洁，触指弹簧完好，涂以凡士林。动静触头接触位置符合产品技术条件。

（5）触头间应接触紧密，两侧的接触压力应均匀，且符合产品的技术规定。

（6）触头弹簧须采取可靠的绝措施，防止弹簧分流，失去弹性。

（7）合闸后隔离开关触头间的相对位置、备用行程应符合产品技术条件。

（8）分闸状态时触头间的净距或拉开角度，应符合产品的技术条件。

（9）检查手动接地开关的缓冲器，其压缩行程应符合产品的技术规定。

（10）接地闸刀在分闸位置与带电部位的距离应不小于900mm。

10.3.3　操动机构

（1）操动机构应安装牢固，外壳接地线安装可靠。

（2）电动机的转向应正确，机构的分、合闸指示应与实际相符。

（3）传动齿轮应咬合准确，操作轻便灵活。

（4）电机三相电源不应缺相，应装设缺相保护。

（5）机构动作应平稳，无卡阻、冲击等异常情况。

（6）机构限位装置应准确可靠，到达规定分、合极限位置时，应可靠地切除电动机电源。

（7）隔离开关操作应正常，传动部件无卡阻现象。

（8）电动及手动分、合闸操作闸刀，运动过程应平稳。

（9）接地闸刀插入深度符合产品要求。

（10）分、合闸指示正确；辅助开关动作正确可靠。

（11）合闸位置应有标志，宜用字符"I"或"合"；分闸位置应有标志，宜用字符"O"或"分"。

（12）主刀和地刀之间机械闭锁及电气闭锁应可靠，机械联锁应有足够的机械强度、配合精确，当发生误操作时不得变形损坏，并应有可靠切断电动机电源的闭锁装置。

10.3.4　二次接线、控制、信号回路

（1）二次引线应无损伤，接线应连接可靠。

（2）二次接线端子间应清洁无异物。

（3）每一个端子片的一侧应避免出现接线数量大于2的情况，且当接线数量大于1时不允许接线的线截面不同，防止设备在长时间运行后出现连接线松动的现象。

（4）电缆备用芯子应做好防误碰措施。

（5）二次电缆应固定，电缆编号牌扎线应牢固、可靠。

（6）箱体密封条应完好。机构箱应清洁，封堵应完好。

（7）元器件应标识清楚。二次元件的布置应能防止误碰措施。

（8）温湿度控制的防凝露加热器完好。

（9）控制箱内相关的继电器、加热器的温湿度控制器应设置准确、功能完好。加热器与相邻零部件、电缆间间距保持合理的空气距离。

（10）隔离开关操作时位置信号应正确上传。

（11）控制电源和电动机操作电源应独立分开。

（12）加热器电源回路应独立，并装设空气小开关。加热器回路失电发告警信号。

10.3.5 交接试验项目

（1）测量绝缘电阻。

（2）测量隔离开关导电回路的电阻，抽测闸刀导电回路接触电阻值与试验报告相吻合，并符合厂家要求。

（3）交流耐压试验（根据有关规定进行）。

（4）有特殊要求的辅助开关时差特性。

10.3.6 验收时提交的资料和文件

（1）变更设计的证明文件。

（2）制造厂提供的产品说明书、试验记录、合格证件及安装图纸等技术文件。

（3）安装调整记录。

（4）现场试验记录。

（5）备品、备件及专用工具清单。

10.3.7 其他

（1）隔离开关接地闸刀可动部件和底座之间的铜质软连接的截面应满足热稳定电流要求，但最低不应小于 $50mm^2$。每根接地引下线截面应满足设计要求。

（2）隔离开关各支架、横梁等之间应有专用多股搪锡软铜线或热镀锌扁钢连接，截面应满足热稳定电流要求。

（3）构架、基座、传动连杆、轴、销、螺丝等应无锈蚀。

（4）M12 及以上直径的螺丝、螺母应采用不锈钢材料或热镀锌工艺处理。

（5）底座转动部件应为全密封结构。

（6）传动部件焊接处无虚焊、无焊渣、防锈工艺符合要求。

（7）弹簧表面及转动部件应有防锈措施、必要时加涂 MoS_2 锂基润滑脂。

第11章　隔离开关状态检修

高压隔离开关虽然结构简单，但由于种类繁杂、数量巨大，检修工作量较大，因此，保证隔离开关良好的运行状态，进行合理的检修维护管理工作，成为隔离开关安全运行的重要保证。对隔离开关的传统检修方式是定期检修。定期检修是根据以往设备的运行维护经验，预先确定一个设备的检修周期。在规定的检修周期时间到达后按计划对设备进行检修。但近年来我国电网快速发展，开关设备数量急剧增加，检修工作量剧增，给检修工作带来困难。同时，随着开关设备质量的提高，免维护设备（GIS）的大量采用，断路器健康水平大大提高，断路器设备的检修周期延长、系统停电困难、停电时间短、以及其他因素影响，使很多高压隔离开关存在的问题得不到及时解决，客观造成了隔离开关失修、超周期运行，并由此引发设备故障。因此，早期制定的设备检修和试验周期已和目前实际情况不相适应，定期检修不可避免地造成运行状况良好的隔离开关超量检修，不符合设备的客观实际情况。将电气设备从定期的检修逐步向着状态检修转变已经成为当今的趋势。

11.1　状态检修实施原则

状态检修应遵循"应修必修，修必修好"的原则，依据设备状态评价的结果，考虑设备风险因素，动态制定设备的检修计划，合理安排状态检修的计划和内容。

隔离开关和接地开关状态检修工作内容包括停电、不停电测试和试验以及停电、不停电检修维护工作。

11.2　状态评价工作的要求

状态评价应实行动态化管理，每次检修和试验后应进行一次状态评价。

11.3　新投运设备状态检修

新投运设备投运初期按照国家电网公司《输变电设备状态检修试验规程》（Q/GDW 1168—2013）规定（110kV/66kV 的新设备投运后 1～2 年，220kV 及以上的新设备投运后 1 年），应进行例行试验，同时应对设备及其附件（包括电气回路和机械部分）进行全面检查，收集各种状态量，并进行一次状态评价。

11.4 老旧设备状态检修

对于运行达到一定年限，故障或发生故障概率明显增加的设备，宜根据设备运行及评价结果，对检修计划及内容进行调整，必要时缩短检修周期、增加诊断性试验项目。

11.5 检 修 分 类

按照工作性质内容及工作涉及范围，将隔离开关和接地开关检修工作分为四类，即 A 类检修、B 类检修、C 类检修和 D 类检修。其中 A、B、C 类是停电检修，D 类是不停电检修。

1. A 类检修

A 类检修是指隔离开关和接地开关的整体解体性检查、维修、更换和试验。

2. B 类检修

B 类检修是指隔离开关和接地开关局部性的检修，如机构解体检查、维修、更换和试验。

3. C 类检修

C 类检修是指对隔离开关和接地开关常规性检查、维护和试验。

4. D 类检修

D 类检修是指对隔离开关和接地开关在不停电状态下的带电测试、外观检查和维修。

5. 检修项目

（1）A 类检修。

1）现场各部件的全面解体检修。

2）返厂检修。

3）本体部件更换。

a. 导电部件。

b. 传动部件。

c. 支持绝缘子。

d. 其他。

4）相关试验。

（2）B 类检修。

1）本体主要部件处理。

a. 传动部件。

b. 导电部件。

c. 其他。

2）操作机构部件更换。

a. 整体更换。

b. 传动部件。

c. 控制部件。

d. 其他。

3）停电时的其他部件或局部缺陷检查、处理、更换工作。

4）相关试验。

（3）C 类检修。

1）按照《输变电设备状态检修试验规程》（Q/GDW 168—2008）规定进行例行试验。

2）清扫、检查、维护。

3）检查项目。

a. 检查进出线端子和触头。

b. 检查构架和基础。

c. 检查绝缘子外表面。

d. 检查均压环。

e. 检查操作连杆。

f. 检查电动机运行情况。

g. 检查辅助及控制回路。

h. 检查机构箱。

i. 检查机械闭锁。

j. 检查防误装置。

k. 绝缘子超声探伤。

（4）D 类检修。

1）绝缘子外观目测检查。

2）维修、保养。

3）检修人员专业检查巡视。

4）不停电的部件更换处理工作。

5）红外热像检测。

11.6　设备的状态检修策略

　　隔离开关和接地开关的状态检修策略既包括年度检修计划的制定，也包括缺陷处理、试验、不停电的维修和检查等。检修策略应根据设备状态评价的结果动态调整。

　　年度检修计划每年至少修订一次。根据最近一次设备的状态评价结果，考虑设备风险评估因素，并参考制造厂家的要求确定下一次停电检修时间、类别及内容。在安排检修计划时，应协调相关设备检修周期，尽量统一安排，避免重复停电。

　　对于设备缺陷，根据缺陷性质，按照缺陷管理相关规定处理。同一设备存在多种缺陷，也应尽量安排在一次检修中处理。

　　C 类检修正常周期应与例行试验周期一致。

　　不停电维护和试验根据实际情况安排。

1. "正常状态"检修策略

被评价为"正常状态"的隔离开关和接地开关，执行 C 类检修。根据设备实际情况，检修周期可按照正常周期或者延长。在检修之前，可以根据实际需要适当安排 D 类检修。

2. "注意状态"检修策略

被评价为"注意状态"的隔离开关和接地开关，执行 C 类检修。如果单项状态量扣分导致评价结果为"注意状态"时，宜根据实际情况提前安排 C 类检修。如果由多项状态量合计扣分导致评价结果为"注意状态"时，可按正常周期执行，并根据设备的实际情况，增加必要的检修和试验内容。

被评价为"注意状态"的隔离开关和接地开关应适当加强 D 类检修。

3. "异常状态"检修策略

被评价为"异常状态"的隔离开关和接地开关，根据评价结果确定检修类别和内容，并适时安排检修。实施停电检修前应加强 D 类检修。

4. "严重状态"检修策略

被评价为"严重状态"的隔离开关和接地开关，根据评价结果确定检修类别和内容，并尽快安排检修。实施停电检修前应加强 D 类检修。

11.7 实施状态检修应注意的几个问题

1. 状态检修实施原则

状态检修的实施，应以保证设备安全、电网可靠性为前提，安排设备的检修工作。在具体实施时，应根据各单位的实际情况（设备评价情况、检修能力、电网可靠性指标、资金情况、风险情况等）综合考虑检修计划编制。

2. 新投运设备状态检修

《输变电设备状态检修试验规程》（Q/GDW 168—2008）规定：新投运设备满 1 年（220kV 及以上）或满 1～2 年（110/66kV），以及停运 6 个月以上重新投运的设备，应进行例行试验。

具体执行时，对新投运设备安排首次试验时，宜不受规程"例行试验"项目的限制，根据情况安排检修内容，适当增加"诊断试验"或交接试验项目，以便全面掌握设备状态信息。

3. 老旧设备的状态检修

标准中的老旧设备是指运行达到一定年限，故障或发生故障概率明显增加的设备。由于各制造厂的设计裕度不同，各单位可根据本单位设备运行实际情况，参照评价结果，对不同厂家的设备确定不同的老旧设备运行年限规定。

各单位对老旧设备应根据情况考虑适当缩短试验周期和安排检修内容。

4. 提高状态检修水平

（1）做好管理工作。

变电站高压设备运行状态原始记录数据对日后维修起到举足轻重作用，只有做好基础设备维修记录工作，才能更好管理设备。进行设备维修时，要对该设备进行详细分析，深入研究设备运行规律。另外，还可以使用高科技对设备进行维修，保障设备符合验收标准。不断改善传统维修方式，提升设备维修质量。该方式具有巨大优势，能够起到管理作用，也可以为设备维修奠定技术基础。

（2）把握质量关。

电气设备系统都比较稳定，能拥有一个良好的状态。进行新旧设备更换时，为了保障新设备进行更新之后，能够保持稳定良好的运行状态，这对电流要求比较高，新变电设备应该避免电流运行故障出现。而且，高压设备一定要具有良好的运行环境，保障安装和生产环境。还需要及时改善检测手段，提升应对能力。这能够避免出现变电设备疏漏现象出现，变电设备对应的维修方式不尽相同，应该根据不同设备选择不同的维修手段。

（3）变电设备的状态监测。

设备状态检测一般包含离线检测、在线检测以及定期检测三种检测方法。在线监测使用的是变电所蕴含的系统，这些系统提供出准确数据，可以显示设备运行状况，设备参数变动。离线监测使用的是油液分析仪、超声波监测仪以及震动监测仪等，对电力运行设备定期检查，从而获取准确的设备参数。定期解体点检，是在设备停止运行期间，根据设备解体点标准不同，解析设备运行标准以及作业流程，从而判断出设备运行状态。不同的设备所选等级不同，可以使用一种或者多种结合监测手段进行检测，保障设备运行安全。一般设备故障会影响设备运行效率和安全性。应该根据不同的指标，选择合适设备等级。设备运行安全性在系统运行中占据重要位置，应该极力保障设备安全性，提高电力运行安全，保障企业社会经济效益。

（4）提高设备检测人员（点检员）的素质。

开展高压变电设备维修之前，应该对设备环境进行监控，保障设备在正常运行的情况下，提升工作效率。人员进行检测时，需要明确这个设备是否可以顺利开展施工，是否可以保障设备良好运行状态。一些细微部分也应该得到监控，这样才能保障设备运行效益。为了实现设备高效运行，保障设备拥有良好的发展环境。应该执行定点维修工作，随着电力企业不断发展，该维修制度成为电力企业发展趋势。而且，定点检查已经成为高压电器运行核心技术基础，使用中能够较好维护设备，提升运行效率。定点维修人员又称为点检员，他们具备电力运行知识、电力维护知识以及检修能力，能够熟练开展电力维修工作并做好检测、检修的记录。

11.8　隔离开关的状态评价

1. 设备状态分类

隔离开关和接地开关的状态也分为正常状态、注意状态、异常状态及严重状态四种。对于正常状态的隔离开关和接地开关，其检修策略是按基准周期还是延长周期，需依据具体扣分情况［详见《隔离开关和接地开关状态评价导则》（Q/GDW 450—2010）］作进一步分析后决定。

注意状态、异常状态及严重状态，皆可由单一状态量的单项扣分详见［《隔离开关和接地开关状态评价导则》（Q/GDW 450—2010）］决定，状态量的测试结果将直接影响到隔离开关和接地开关的状态，故状态量的测试结果应具有高度的可信度。测试误差可能影响到隔离开关和接地开关的评价结果，故应对测试结果依据状态检修试验规程规定的数据分析方法进行详细分析，只有确认数据有效才能用于状态评价。

2. 状态量的选择及其权重

考虑到各地自然条件、设备状况差异较大，状态量的选择、状态量的权重、状态量的劣化程度分级等仅为推荐，各地区可根据当地的实际情况，对其进行适当调整。如可根据需要增加或减少部分状态量，或调整状态量的权重。也可针对不同电压等级或不同结构的设备设置不同的状态量表，以更好地适应当地电网设备状态评价的实际需要。

对于隔离开关和接地开关设备，由于目前有效的带电检测手段还不多，难以真正做到实时监测设备的状态。因此设备状态量按获取途径分为以下三类：

（1）家族缺陷。

主要包括同一厂家、同一型号、同一时期设备的故障信息。应积极做好设备缺陷的统计分析工作，对已发生的设备缺陷应及时汇总，分析缺陷发生的本质原因，总结同型同厂的设备是否有存在同样缺陷的可能，并及时通报。对于被通报的存在家族缺陷的设备，应根据该缺陷的严重程度确定其状态。家族缺陷具有明确的警示作用，存在家族缺陷的设备应有必要的反事故措施。

（2）运行巡检。

运行中巡视、带电检测在设备的状态评价中占据重要的地位。日常巡视中，对于设备评价标准涉及的状态量应重点检查并做好记录，同时可定期开展检修人员巡视。检修人员巡视的周期可以较长，但巡视内容应和运行人员巡视有所区别，应着重从设备的结构、原理等方面检查设备可能存在的缺陷隐患。

（3）试验。

当预试中试验数据有超过试验标准时，一般都会及时处理，除非缺陷一时难以消除且不影响运行时，才会暂时投运，有这种情况发生时，应注意相关状态量的评价并采取有效手段及时跟踪其变化趋势。

3. 状态量的扣分

隔离开关和接地开关状态量扣分标准按该状态量不同劣化程度可能对设备安全运行的影响程度确定。隔离开关和接地开关状态量的变化可能有不同原因引起，不同原因引起的状态量变化可能决定不同的设备状态及不同的检修策略，需进行必要的诊断性试验后再对设备的状态作进一步评价。

同一个原因可能同时引起不同状态量的变化，应对状态量的直接变化和间接变化作分析，对直接变化进行扣分而对间接变化酌情处理。

隔离开关和接地开关部件状态的评价应同时考虑单项状态量的扣分和部件合计扣分情况，按照状态评价标准对部件进行扣分。但隔离开关和接地开关被评价为严重状态的情况有以下方面：

（1）累计机械操作次数达到制造厂规定值。

（2）发生拒分、合现象，或自行误分合，或接地闸刀拉不开。

（3）出线座卡死或不能操作。

（4）操作时可动部件卡死或不能操作。

（5）操作连杆断裂或脱落。

（6）机械闭锁失灵。

具体评价标准依照《隔离开关和接地开关状态评价导则》（Q/GDW 450—2010）。

4. 实施状态检修的关键

实施状态检修的关键有两个：①正确掌握运行设备的状态；②制订科学合理的监测指标。对变电所户外闸刀而言，影响其健康运行的主要有瓷瓶污秽、载流部分发热、传动部分卡涩、瓷瓶内伤开缝等四大因素。其中，对于传动部分卡涩问题，目前尚无有效的监测手段，主要依靠提高产品的质量和防锈性能、加强安装和检修工艺、使用优质润滑脂等方法解决。对其他三个因素进行监测分析，可基本上掌握闸刀的健康状况，为实施状态检修提供依据。

第12章　隔离开关反事故技术措施要求

反事故技术措施是在总结了长期以来电网运行管理，特别是安全生产管理方面经验教训的基础上，针对影响电网安全生产的重点环节和因素，根据各项电网运行管理规程和近年来在电网建设、运行中的经验，集中提炼所形成的指导当前电网安全生产的一系列防范措施。有助于各单位按照统一的安全性标准，建设和管理好电力系统，提升电力系统安全稳定性。

12.1　隔离开关设备反事故技术措施

（1）隔离开关和接地开关应选用符合国家电网公司《关于高压隔离开关订货的有关规定（试行）》完善化技术要求的产品。应对不符合国家电网公司《关于高压隔离开关订货的有关规定（试行）》完善化技术要求的 72.5kV 及以上电压等级隔离开关应进行完善化改造。

（2）设备的交接验收必须严格执行国家和电力行业有关标准，不符合交接验收标准的设备不得投运。

（3）新装及检修后的隔离开关必须严格按照《电气装置安装工程电气设备交接试验标准》（GB 50150—2006）、《电力设备预防性试验规程》（DL/T 596—2005）、产品技术条件及有关检修工艺的要求进行试验与检查，不合格者不得投运。

（4）新装或检修隔离开关应在瓷柱与法兰结合面涂以性能良好的硅类防水胶。

（5）新安装或检修后的隔离开关必须进行回路电阻测试，另外应积极开展瓷绝缘子探伤和触指压力测试。

（6）坚持隔离开关定期检修制度，隔离开关一般 3 年至少进行一次检查，一般 12 年至少进行一次大修检查。

（7）对于久未停电检修的母线侧隔离开关应积极申请停电检修或开展带电检修，防止和减少恶性事故的发生。

（8）同一间隔内的多台隔离开关的电机电源，在端子箱内必须分别设置独立的开断设备。

（9）结合电力设备预防性试验应加强对隔离开关转动部件、接触部件、操动机构、机械及电气闭锁装置的检查与润滑，并进行操作试验，防止机械卡涩、触头过热、绝缘子断裂等事故的发生，确保隔离开关的可靠运行。

（10）认真对隔离开关的各连接拐臂、联板、轴、销进行检查，如发现弯曲、变形或断裂，应找出原因，更换零件并采取预防措施。

（11）加强对支持绝缘子内部绝缘的检查。为预防因内部进水使绝缘降低，进行定期的预防性试验。

（12）在运行巡视时，应注意隔离开关支柱绝缘子瓷件及法兰有无裂纹，夜间巡视时应注意瓷件有无异常电晕现象。

（13）支持绝缘子各连接部位的橡胶密封圈应采用合格品并妥善保管。安装时应无变形、位移、龟裂、老化或损坏。压紧时应均匀用力并使其有一定的压缩量。避免因用力不均或压缩量过大而使其永久变形或损坏。

（14）定期检查隔离开关的铜铝过渡接头。

（15）与隔离开关相连的导线弛度应调整适当，避免产生太大的拉力。

（16）在隔离开关倒闸操作过程中，应严格监视隔离开关动作情况，如发现卡滞应停止操作并进行处理，严禁强行操作。

（17）加强对操动机构的维护检查。机构箱门应关闭严密且密封良好，防雨、防尘、通风、防潮等性能良好，防止小动物进入，并保持内部干燥清洁。

（18）加强辅助开关的检查维护，防止因触点腐蚀、松动变为、触点转换不灵活、切换不可靠等影响设备正常运行。

（19）定期用红外测温设备检查隔离开关设备的接头/导电部分，特别是在重负荷或高温期间，加强对运行设备温升的监视，发现问题应及时采取措施。

（20）为预防 GW6 型隔离开关运行中"自动脱落分闸"，在检修中应检查操动机构蜗轮、蜗杆的啮合情况，确认没有倒转现象；检查并确认刀闸主拐臂调整是否过死点；检查平衡弹簧的张力是否合适。

12.2　防止电气误操作事故

为防止电气误操作事故，应全面落实《国家电网公司电力安全工作规程》（国家电网安监〔2005〕83 号）、《防止电气误操作装置管理规定》（国家电网生〔2003〕243 号）及其他有关规定，并提出如下要求：

12.2.1　严格执行操作票制度

（1）倒闸操作必须根据调度员或值长的命令执行，下令要清楚、准确。受令人复诵无误后执行。

（2）下令人应使用专业技术用语和设备双重编号，在下令前互通姓名，下令内容应录音，并作记录。

（3）受令人复诵无误后，下令给专业值班员填写操作票。每份操作票只能填写一个操作任务，注明操作顺序号。如一份操作票有多页，页码按顺序编号。

（4）操作人员在填写好操作票后，再审核一遍，签名后交监护人审查。监护人审查无误后签名，然后交值班负责人审阅签名，合格后交值长签名。

（5）操作中应由二人进行，一人操作，一人监护。操作完一项在其后划"√"，全部操作完毕后向值班负责人交令。

（6）就地拉开关、刀闸时，应戴相应电压的绝缘手套。拉合刀闸的瞬间不得观望。雷雨天应尽量避免操作,如需操作,应戴绝缘手套,穿绝缘靴,使用带防雨罩的拉闸杆。带电装拆高压熔断器必须采取相应的防触电和短路安全措施。

(7) 已执行的操作票加盖"已执行"印章,否则加盖"作废"章,上述操作票存三个月备查。

12.2.2　加强防误操作管理

(1) 切实落实防误操作工作责任制,各单位应设专人负责防误装置的运行、检修、维护、管理工作。防误装置的检修、维护管理应纳入运行、检修规程范畴,与相应主设备统一管理。

(2) 加强运行、检修人员的专业培训,严格执行操作票、工作票制度,并使两票制度标准化,管理规范化。

(3) 严格执行调度命令。倒闸操作时,不允许改变操作顺序,当操作发生疑问时,应立即停止操作,并报告调度部门,不允许随意修改操作票。

(4) 应制订和完善防误装置的运行规程及检修规程,加强防误闭锁装置的运行、维护管理,确保防误闭锁装置正常运行。

(5) 建立完善的万能钥匙使用和保管制度。防误闭锁装置不能随意退出运行,停用防误闭锁装置时,必须履行批准手续;短时间退出防误闭锁装置时,应经值长或变电站站长批准,并按要求尽快投入运行。

12.2.3　完善防误操作技术措施

(1) 新、扩建变电工程及主设备经技术改造后,防误闭锁装置应与主设备同时投运。

(2) 断路器或刀闸闭锁回路不能用重动继电器,应直接用断路器或隔离开关的辅助触点;操作断路器或隔离开关时,应以现场状态为准。

(3) 防误装置电源应与继电保护及控制回路电源独立。

(4) 采用计算机监控系统时,远方、就地操作均应具备防止误操作闭锁功能。利用计算机实现防误闭锁功能时,其防误操作规则必须经本单位电气运行、安监、生技部门共同审核,经主管领导批准并备案后方可投入运行。

(5) 成套高压开关柜五防功能应齐全、性能良好。开关柜出线侧宜装设带电显示装置,带电显示装置应具有自检功能,并与线路侧接地刀闸实行联锁;配电装置有倒送电源时,间隔网门应装有带电显示装置的强制闭锁。

12.2.4　加强对运行、检修人员防误操作培训

加强对运行、检修人员防误操作培训,使其掌握防误装置的原理、性能、结构和操作程序,能熟练操作和维护。

12.2.5　防止误拉误合断路器和隔离开关的措施

(1) 倒闸操作发令、接令或联系操作,要正确、清楚,并坚持重复命令,有条件的要录音。

（2）操作前要进行三对照，操作中坚持三禁止，操作后坚持复查，整个操作要贯彻五不干。

1）三对照：①对照操作任务和运行方式，由操作人填写操作票。②对照"模拟图"审查操作票并预演。③对照设备编号无误后再操作。

2）三禁止。①禁止操作人和监护人一齐动手操作，失去监护。②禁止有疑问盲目操作。③禁止边操作边做与其无关的工作（或聊天），分散精力。

3）五不干。①操作任务不清不干。②应有操作票而无操作票不干。③操作票不合格不干。④应有监护人而无监护人不干。⑤设备编号不清不干。

（3）预定的重大操作或运行方式将发生特殊的变化，电气运行专工应提前制订"临时措施"，对倒闸操作进行指导，作出全面安排，提出相应要求和注意事项及事故预想等，使值班人员操作时心中有数。

（4）通过平时技术培训（考问，事故演习），使值班人员掌握正确的操作方法，并领会规程条文的精神实质。

12.2.6　防止带负荷拉合隔离开关的措施

（1）按照隔离开关允许的使用范围及条件进行操作。拉合负荷电路时，严格控制电流值，确保在全电压下开断的小电流值在允许值之内。

（2）拉合规程规定之外的环路，必须谨慎，要有相应的技术措施。

1）操作前应经过计算和试验，操作方法经总工批准后，方可执行。

2）选择有利的操作方式，尽量使用室外隔离开关进行操作

3）设备和环境及人身安全应符合要求。

4）拉合环路电流，应与对应的允许断口电压差配合，环路电流太大时，不得进行环路操作。

（3）加强操作监护，对号检查，防止走错间隔，动错设备，错误拉隔离开关。同时，对隔离开关普遍加装防误操作闭锁装置。

（4）拉合隔离开关前，现场检查断路器，必须在断开位置，隔离开关经操作后，操作机构的定位销一定销好，防止因机构滑脱接通或断开负荷电路。

（5）隔离开关检修时，与其相邻运行的隔离开关机构应锁住，以防止误拉合。

（6）手车断路器的机械闭锁必须可靠，检修后应实际操作进行验收，以防止将手车带负荷拉出或推入间隔，引起短路。

12.2.7　防止带电挂地线（带电合接地刀）的措施

（1）断路器与隔离开关拉闸后，必须检查实际位置是否拉开，以免回路电源未切断。

（2）坚持验电，及时发现带电回路，查明原因。

（3）正确判断正常带电与感应电的区别，防止误把带电当静电。

（4）隔离开关拉开后，若一侧带电，一侧不带电，应防止将有电一侧的接地刀合闸，造成短路。

（5）普遍安装带电显示器，并闭锁接地刀，有电时不允许合接地刀。

12.2.8 防止带地线合闸的措施

（1）加强地线的管理。按编号使用地线，拆挂地线要做好记录并登记。

（2）防止在设备系统上遗留地线。

1）拆挂地线或拉合接地刀，要在模拟图上做好标记，并与现场的实际位置相符。交接班检查设备时，同时要查对现场地线的位置和数量是否正确，与电气模拟图是否一致。

2）禁止任何人不经值班人员同意，在设备系统上私自拆挂地线，挪动地线的位置，或增加地线的数量。

3）设备第一次送电或检修后送电，值班人员应到现场进行检查，掌握地线的实际情况；调度人员下令送电前，事先应与发电厂的值班人员核对地线，防止漏拆地线。

（3）对于一经操作可能向检修地点送电的隔离开关，其操作机构要锁住，并悬挂"有人工作，禁止合闸"标示牌，防止误操作。

（4）正常倒母线，严禁将检修设备的母线隔离开关误合。事故倒母线要按照"先拉后合"的原则操作。

（5）设备检修后的注意事项。

1）检修后的隔离开关应保持在断开位置，以免接通检修回路的地线，送电时引起短路。

2）防止工具仪器等物件遗留在设备上，送电后引起接地或短路。

3）送电前坚持测设备绝缘电阻。万一遗留地线，通过测量绝缘电阻可以发现。

第 13 章 隔离开关巡检项目及要求

　　隔离开关是运行操作的主要设备，一次设备的停送电依靠断路器断开，隔离开关隔离，整个一次操作绝大部分是隔离开关（含接地闸刀）的操作。然而户外隔离开关的运行条件比较恶劣，长年累月承受着各种气候条件的影响，容易产生机械或电气方面的故障，而变电站的检修、维护工作，往往侧重在断路器等关键设备上，特别是在单母线系统或母线侧使用的隔离开关，一经投运就很难退下来，甚至是"终身服役"。随着设备的老化和用电负荷的增加，由于隔离开关缺陷引起的停电事故不断发生，而且呈上升趋势。户外高压隔离开关运行可靠性的问题，越来越引起电力运行部门的关注。

　　作为运维单位必须快速、正确的执行操作，对操作中出现的隔离开关故障能够及时处理。巡检工作是发现设备缺陷的有效手段，要加强运行维护工作，及时发现可能出现的缺陷和隐患，搞好维护工作，将隔离开关的故障尽可能降到最低。

13.1　隔离开关巡检项目及要求

隔离开关的巡查项目及要求包括以下各项：

（1）绝缘件检查：瓷件无破损、无异物附着。

（2）引线检查：引线应无松动、无扭劲、无损伤，无严重摆动，接地线连接正确。

（3）异常声检查：有无异常声。

（4）传动部件检查：润滑良好、外观无异常。

（5）触头检查：接触良好、软连接无折断现象

（6）分或合闸位置判断：正确。

（7）金属件检查：锈蚀情况。

（8）机构箱体检查：密封良好、无进水现象。

（9）加热器检查：工作正常，无功率过大现象。

（10）端子排：外观无异常。

（11）二次元件：无破损及老化现象。

（12）电缆孔：封堵完好。

（13）平衡弹簧：完好无损伤。

（14）传动机构连杆：无弯曲变形、松脱、锈蚀。

（15）闭锁装置：准确到位。

13.2 隔离开关运行中出现的主要问题

1. 导电部分接触不良，引起过热或烧损

(1) 固定接触部位螺栓压不紧，或者接触面不光整有脏物，接触面渗进雨水和尘埃使其氧化，也有由于铜铝接触面处理不当产生电化腐蚀，使接触电阻增大，造成接头处发热。有的情况导致导电带因过热易失去弹性，甚至在操作中断片，更加剧了发热现象。

(2) 活动接触部位，由于接触不良易产生过热。

触头接触处过热。有的触头结构，其触指末端接触点自清扫能力较差，容易产生接触不良；有的由于结构不良，易产生触头弹簧有电流流过，导致弹簧退火弹性减弱，降低接触压力，使接触不良进一步恶化，触头发热越来越严重，如不及时检修，可能导致触头烧坏。

接线座过热。有的隔离开关接线座，采用了圆锥形滚动接触。如果密封不严，灰尘、雨水进入滚动触头处，使其表面氧化或积垢，滚动触头运动过程中，将污物及氧化层碾压在接触表面，形成一层不导电膜，造成接触不良，接触电阻提高，引起发热。如果弹簧锈蚀弹性减弱，发热将更严重。

(3) 安装调整不当，造成动、静触头的接触位置不正确，插入深度不够，动、静触头之间没有完全可靠接触，接触压力不足（特别是钳式触头）等，均可产生触头过热，甚至打火烧损。

(4) 操作次数较多。触头上的油脂黏土砂尘使接触面磨伤，或者开断电容或电感电流，触头间产生电弧烧损接触面。造成接触不良。

处理方法如下：

(1) 用红外测温仪测量过热点的温度，以判断发热程度。

(2) 如果母线过热，根据过热的程度和部位，调配负荷，减少发热点电流，必要时汇报调度协助调配负荷。

(3) 若隔离开关触头因接触不良而过热，可用相应电压等级的绝缘棒推动触头，使触头接触良好，但不得用力过猛，以免滑脱扩大事故。

(4) 若隔离开关因过负荷引起过热。应汇报调度，将负荷降至额定值或以下运行。

(5) 在双母线接线中，若某一母线隔离开关过热，可将该回路切换到另一母线上运行，然后，拉开过热的隔离开关。待母线停电时再检修该过热隔离开关。

(6) 在单母线接线中，若母线隔离开关过热，则只能降低负荷运行，并加强监视，也可加装临时通风装置，加强冷却。

(7) 在具有旁路母线的接线中，母线隔离开关或线路隔离开关过热，可以倒至旁路运行，使过热的隔离开关退出运行或停电检修。无旁路接线的线路隔离开关过热，可以减负荷运行，但应加强监视。

2. 操作不灵活，支持瓷瓶断裂

运动部分因锈蚀而卡滞、动作不灵活，造成分、会操作力矩增大。一旦需要操作时，便会出现分不开、合不上，或构件产生变形而分、合不到位，严重时折断操作连杆或使支柱瓷瓶受到附加弯曲应力而断裂。

产生上述缺陷的原因归纳如下：

（1）户外隔离开关的运动构件，国内一般采用镀锌的钢制销轴，配以黄铜轴套。这些部件大多裸露，遇雨水潮湿即生锈，严重时锈死，不能产生相对运动。

（2）滚动轴承涂油不足，当没有密封措施时，渗进雨水或潮气易生锈；或者长期不检修，润滑脂变质干固，使运动不灵活，严重者完全锈死无法转动。

（3）安装调整不当，投运时就存在蹩劲等毛病，如合闸时触头顶住触指、连锁板位置不对、轴销卡滞不灵活、连杆弯曲、平衡弹簧调整不当等。在新投运时，由于运动系统有润滑油，操作较轻便，但时间一长即会产生操作费力、卡滞及晃动现象。

（4）支柱瓷瓶断裂的原因，除了上述传动系统操作不灵活，使瓷瓶受到不应有的附加应力外，有些瓷瓶本身的制造质量不好（如胶装质量差），也是原因之一。

3. 隔离开关绝缘子损坏或闪络

运行中的隔离开关，有时发生绝缘子表面破损、龟裂、脱釉，绝缘子胶合部位因胶合剂自然老化或质量欠佳引起松动，以及绝缘子严重积污等现象。由于绝缘子的损坏和严重积污，当出现过电压时，绝缘子将发生闪络、放电、击穿接地。轻者使绝缘子表面引起烧伤痕迹，严重时产生短路、绝缘子爆炸、断路器跳闸。

运行中，若绝缘子损坏程度不严重或出现不严重的放电痕迹时，可暂时不停电，但应报告调度尽快处理。处理之前，应加强监视。如果绝缘子破损严重，或发生对地击穿，触头熔焊等现象，则应立即停电处理。

4. 电动机构中的电气元件质量不佳

电动机操动机构中元件如接触器、热继电器、行程开关、按钮开关、辅助开关等质量不好，均会影响电动机构的正常操作，产生故障。这种故障偶发性强，无规律性，给运行维护带来困难。常见的故障有：

（1）电动操作失灵，常发生拒分、拒合，合后即分或分后即合等现象。

（2）电动机因过载或缺格运行易烧毁。

（3）辅助开关失灵，造成隔离开关与接地开关间的电气联锁失灵，且影响继电保护装置正常工作。

（4）机构箱输出轴密封不好，箱门不严，漏水进水；机构箱下部电缆入口处潮气侵入，箱中又无通风窗，使电气元件受潮生锈，其至会发生由于辅助开关受潮，而造成变电所直流系统接地，以致危及变电所继电保护装置的安全运行。

5. 隔离开关拒绝分、合闸

用手动或电动操作隔离开关时，有时发生拒分、拒合，其可能原因如下：

（1）操动机构故障。手动操作的操动机构发生冰冻、锈蚀、卡死、瓷件破裂或断裂、操作杆断裂或销子脱落，以及检修后机械部分未连接，使隔离开关拒绝分、合闸。若是气动、液压的操动机构，其压力降低，也使隔离开关拒绝分、合闸。隔离开关本身的传动机构故障也会使隔离开关拒绝分、合闸。

（2）电气回路故障。电动操作的隔离开关，如动力回路动力熔断器熔断，电动机运转不正常或烧坏，电源不正常；操作回路如断路器或隔离开关的辅助触点接触不良，隔离开关的行程开关、控制开关切换不良，隔离开关箱的门控开关未接通等均会使隔离开关拒分、合闸。

（3）误操作或防误装置失灵。断路器与隔离开关之间装有防止误操作的闭锁装置。当操作顺序错误时，由于被闭锁隔离开关拒绝分、合闸；当防误装置失灵时，隔离开关也会拒动。

（4）隔离开关触头熔焊或触头变形，使刀片与刀嘴相抵触，而使隔离开关拒绝分、合闸。

隔离开关拒绝分、合闸的处理：

（1）操动机构故障时，如属冰冻或其他原因拒动，不得用强力冲击操作，应检查支持销子及操作杆各部位，找出阻力增加的原因；如系生锈、机械卡死、部件损坏、主触头受阻或熔焊应检修处理。

（2）如系电气回路故障，应查明故障原因并做相应处理。

（3）确认不是误操作而是防误闭锁回路故障，应查明原因，消除防误装置失灵。或按闭锁要求的条件，严格检查相应的断路器、隔离开关位置状态，核对无误后，解除防误装置的闭锁再行操作。

6. 隔离开关自动掉落合闸

隔离开关在分闸位置时，如果操作机构的机械装置失灵，如弹簧的锁住弹力减弱、销子行程太短等，遇到较小振动，便使机械闭锁销子滑出，造成隔离开关自动掉落合闸。这不仅会损坏设备，而且也易造成对工作人员的伤害。如某变电所 35kV 一隔离开关自动掉落，引起系统带接地线合闸事故，使一台大容量变压器烧坏，而且，接地线烧断，电弧对近旁的控制电缆放电，高电压传到控制室，烧坏了许多二次设备，险些危及人身安全。

7. 误拉、合隔离开关

在倒闸操作时，由于误操作，可能出现误拉、误合隔离开关。由于带负荷误拉、合隔离开关会产生异常弧光，甚至引起三相弧光短路，故在倒闸操作过程中，应严防隔离开关的误拉、误合。

当发生带负荷误拉、合隔离开关时，按隔离开关传动机构装置型式的不同，分别按下列方法处理：

（1）对手动传动机构的隔离开关，当带负荷误拉闸时，若动触头刚离开静触头便有异常弧光产生，此时应立即将触头合上，电弧便熄灭，避免发生事故。若动触头已全部拉开，则不允许将动触头再合上。若再合上，会造成带负荷合闸刀，产生三相弧光短路，扩大事故。

（2）对电动传动机构的隔离开关，因这种隔离开关分闸时间短（如 GW6—200 型只需 6s），比人力直接操作快；当带负荷误拉闸时，应将最初操作一直继续操作完毕，操作中严禁中断，禁止再合闸。

（3）对手动蜗轮型的传动机构，则拉开过程很慢，在主触点断开不大时（2～3mm 以下）就能发现火花。这时应迅速作反方向操作，可立即熄灭电弧，避免发生事故。

（4）当带负荷误合隔离开关时，即使错合，甚至在合闸时产生电弧，也不允许再拉开隔离开关。否则，会形成带负荷拉闸刀，造成三相弧光短路，扩大事故。只有在采取措施后，先用断路器将该隔离开关回路断开，才可再拉开误合的隔离开关。

8. 表面处理质量差，引起构件生锈

（1）涂漆件。由于除锈不彻底和涂漆质量不符合要求，使构件表面锈迹斑斑。

（2）电镀件。由于镀前处理不善或镀层太薄，经不起不良环境（潮湿、酸雨、盐雾等）的影响易锈蚀。如螺栓、螺母、开口销、垫圈、销轴等普遍锈蚀严重。

13.3　提高隔离开关运行可靠性的措施

纵观全国隔离开关运行中出现的故障，其原因是多方面的，有产品设计制造质量上的不足，有安装调整上的不当，也有运行中检修维护不及时。为了提高隔离开关运行可靠性，必须由设计制造、安装调整、运行维护几个方面共同努力才能解决。

1. 改进产品设计，提高制造质量

（1）改进触头结构，避免弹簧通流。区外隔离开关的触头结构，在触指上铆装软导电带，使活动接触点变成了固定接触，导电可靠，避免了弹簧分流。不便于铆装软导电带的，则可在弹簧两端采取绝缘措施，避免弹簧分流。

（2）固定接触处涂防水胶封闭．防止雨水渗入，保持接触面干燥清洁而不被氧化，使接触电阻稳定。特别是铝—铝、铝—铜接触表面，涂封更有必要。新安装产品投运前和大修后也应这样处理。

（3）动静触头接触面改涂固体润滑剂。在动静触头接触面涂油，是为了减少摩擦和防止氧化。

（4）对关键的运行元件（如销轴），采用不锈钢材料制造，或者采用无油复合轴套，替代镀锌轴销与黄铜套的组合。

（5）改进滚珠轴承处的密封结构，防止雨水潮气渗进，避免油脂流失，延长润滑脂老化干固的期限。

（6）钢制底座采用热镀锌处理。紧固采用不锈钢制造，或者采用热镀锌处理。

2. 提高安装调整的质量

安装部门须按照制造厂安装使用说明书的要求进行安装调整，对说明书所要求的机械特性及电气多数必须满足，防止带病投入运行。

各种型号隔离开关，由于结构及技术多数不同，其安装调整方面的要求有所不同。但总的方面，应注意以下几点。

（1）安装每组隔离开关时，都要保证：触头接触位置正确，触头插入深度合适，触头压力符合要求，连锁位置正确，回路电阻合格，分闸后断口距离符合要求，闸刀平衡处于最佳状态，机构主轴与开关主轴相对位置正确，连杆、拐臂及接头的轴销必须转动灵活。机构中的辅助开关切换正常等。

（2）按照国家标准规定，厂家规定的回路电阻值以100A直流电源用电压降法进行测量得出。其整流电源至少应采用单相全波整流装置，其电压、电流的测量应选用反映平均值的仪表（如电磁式）。安装时也应用同样的方法来测量，若用高压电桥来测量会不准确。

（3）220kV 以上隔离开关，为了运输安全。工厂出厂时通常都解体包装。现场安装时要防止错装。

（4）对折架式隔离开关以及接地开关，都设有平衡弹簧。安装时要将平衡弹簧调整到合适位置，使折架或闸刀的平衡处于最佳状态。

（5）在分闸或全闸位置时，传动连杆要达到死点位置。特别对折架式隔离开关，若驱动导电闸刀的连杆在合闸后未达到死点位置，运行中受到外力闸刀可能会分闸，而酿成事故。

（6）注意辨认支柱瓷瓶的代号。特别是 220kV 隔离开关，每柱由上下两节瓷瓶组成，有的产品上下节几何尺寸相同，但抗弯强度不同，安装时更应仔细区分，切勿将抗弯强度小的瓷瓶错装在下端。

3. 加强运行、维护和检修工作

隔离开关运行中产生的故障，虽然有产品制造和安装方面的原因，但最主要原因还是维护工作跟不上没有很好地制定和执行有关隔离开关运行管理与维护制度。因此，加强运行维护和检修工作，解决年久失修是当务之急。

全国各地电力部门都有许多隔离开关运行维护方面的经验，如能及时总结并制度化，将会有效地减少隔离开关运行中的事故率。

（1）新装隔离开关的验收项目按《电气装置安装工程和施工验收规范》及有关规定执行，大修后的验收项目按大修报告执行。

（2）接入电网或处于备用状态的隔离开关必须随断路器一起定期进行巡视检查。巡视检查的周期同断路器，即有人值班变电所和升压站，每天当班至少一次。巡视主要项目：

1）接触处接触是否良好，有无过热现象，示温蜡片是否溶化，变色漆是否变色。

2）铁制件无严重锈蚀，瓷性无裂纹和损伤。

3）接地情况。

4）带电部分在晴天夜晚有无可见电晕。

（3）隔离开关的操作应由一人完成，一般体力的操作人员应能较轻松地进行分、合操作。操作中有异常感觉时，应停止操作查明原因，严禁增加人或加长操作手柄长度强行分合闸。

（4）检修周期：大修与同回路油断路器相同，小修每年一次，临时性检修视具体情况而定。大修应彻底解体、彻底检查、重新调整和试验；小修检修项目视具体情况而定。重点检查导电回路及传动系统。即检查触头接触情况及弹簧的弹力，修平接触面，涂上薄层导电膏，更换失去弹性的弹簧；检查传动部件有无变形损坏。紧固螺栓有无松动，给传动部位加润滑油等。

（5）主要调试数据应满足产品安装使用说明书规定，并载入大修报告中。这些数据包括：

1）隔离开关和接地开关分闸后的最小绝缘距离。

2）三相合闸同期性。

3）隔离开关和接地开关合闸位置，动静触头的接触压力、动触头插入深度。

4）隔离开关主回路电阻。

13.4　隔离开关运行维护、检修方面建议

（1）加强对 220kV 母线隔离开关检修，应列入计划和规定。

（2）隔离开关触头弹簧部件更换或整个静触头的更换应视老化程度缩短周期（要有部件更换周期），部分老旧隔离开关最好列入计划予以整体更换。

（3）加强检修后隔离开关导电回路电阻的测量工作。动静触头接触面的电阻是发热的主要原因，导电回路电阻测量也是检验检修质量的手段，合格与否作为检修设备投运的条件。

（4）接点在线温度监测是发现接点发热的主要手段（占 85%），设备接点发热比较隐蔽，巡视发现较为困难，在线测温应进一步加强，考虑是否每季度普遍测温一次。目前，测温以普遍测温、重点测温、疑点测温三种方式相结合。普遍测温每年一次，夏季进行；重点测温是对普测发现温升超过一定值的部位定期进行测温；疑点测温就是负荷较大时对大负荷点及可能发热的部位进行在线测温。

（5）隔离开关接触器很多无防护罩，运行中容易发生误碰，应考虑补装完善。220kV 隔离开关端子排编号字迹模糊不清，需核对后重写。运行维护中要注意端子的紧固。箱门的密封圈易老化，要经常更换，良好的密封可减少维护工作量。

第14章 隔离开关C级检修标准化作业

C级检修是一种标准化检修，是以公司系统统一规范的检修作业流程及工艺要求为准则而开展的一种检修模式。其目的是通过对作业流程及工艺要求的严格执行，更好地开展检修工作，确保检修工艺和设备投运质量，使得检修作业专业化和标准化。C级检修项目与小修比较接近，然而C级检修更重视作业流程的规范性。在目前的检修形势下，采取定期检修与状态检修相结合的检修模式，而定期检修通常采用C级检修，具体流程及工艺要求各单位可能存在差异。

14.1 隔离开关检修的基本知识

14.1.1 检修的一般规定

1. 检修的分类

（1）大修：对设备的关键零部件进行全面解体的检查、修理或更换，使之重新恢复到技术标准要求的正常功能。

（2）小修：对设备不解体进行的检查与修理。

（3）临时性检修：针对设备在运行中突发的故障或缺陷而进行的检查与修理。

2. 检修的依据

应根据交流高压隔离开关设备的状况、运行时间等因素来决定是否应该对设备进行检修。

14.1.2 检修周期

1. 大修周期

每4～6年对隔离开关进行一次大修。根据运行和缺陷情况，大修间隔时间可适当加长或缩短。

2. 小修周期

每年进行一次小修（年度预防性试验中进行或根据运行情况）。

3. 巡视检查

每周进行一次巡视检查。

14.1.3 检修项目

1. 大修项目

（1）本体的分解检修。

（2）动静触头的分解检修。

（3）转动瓷柱及支持瓷柱的检查。

（4）底座及传动系统的检查。操动机构的分解检修。

（5）操动机构的分解检修。

（6）接地闸刀及机构的检修。

（7）本体的分解检修。

（8）按电气预防性试验标准及制造厂标准进行试验。

（9）投运后定期进行远红外热像检测。

2. 小修项目

（1）接线端子和接地线的检查。

（2）检查动静触头并清洗涂导电膏。

（3）转动瓷柱及支持瓷柱的检查和清扫。

（4）隔离开关与接地闸刀传动试验和机械电气闭锁检查。

（5）螺栓、螺钉、开口销及圆锥销等紧固、连接件的检查。

（6）机构箱密封检查、清扫机构及检查控制回路元器件。

（7）转动部分加润滑脂。

3. 巡视检查项目

（1）外绝缘的污秽情况。

（2）外绝缘表面有无明显放电痕迹、裂纹、变形。

（3）外部金属部件锈蚀情况。

（4）一次连接部分有无明显过热现象。

（5）外部无渗漏油现象。

（6）外壳接地装置有无锈蚀现象。

14.1.4　检修前的准备工作

1. 检修前的资料准备

检修前应对拟检修的隔离开关的安装情况、运行情况、故障情况、缺陷情况及隔离开关设备近期的试验检测等方面情况进行详细、全面的调查分析，以判定隔离开关的综合状况，为现场具体的检修方案的制订打好基础。

2. 检修方案的确定

通过对检修前资料的分析、评估，制订出隔离开关的具体现场检修方案。现场检修方案应包含隔离开关检修的具体内容、标准、检修工作范围以及是否包含完善化改造项目。

3. 检修工器具、备件及材料准备

应根据被隔离开关的检修方案及内容，准备必要的检修工器具、备件及材料。如检修专用支架、起重设备、试验检测仪器等，还应按制造厂说明准备相应的辅消材料。另外，还应准备专用工具，如手力操作杆、专用拆装扳手等。

4. 检修安全措施的准备

（1）所有进入施工现场工作人员必须严格执行《电业安全生产规定》，明确停电范围、工作内容、停电时间，核实站内所做安全措施是否与工作内容相符。

（2）现场如需进行电气焊工作，应有专业人员操作，严禁无证人员进行操作，同时要做好防火措施。

（3）如果工作中有需要设备制造厂人员配合参与工作，应在工作前向设备制造厂人员提供《国家电网公司电力安全工作规程》（变电部分），并让其学习有关部分；应在工作前向制造厂人员介绍变电站的接线情况、工作范围、安全措施。

（4）在隔离开关传动前，各部要进行认真检查，在隔离开关传动时，应密切注视设备的动作情况，防止瓷瓶断裂等造成人身伤害和设备损坏。

（5）当需接触润滑脂或润滑油时，需准备防护手套。

（6）隔离开关检修前必须对检修工作危险点进行分析。每次检修工作前，应针对被检修隔离开关的具体情况，对危险点进行详细分析，并做好充分的预防措施，并组织所有检修人员共同学习。

5. 检修人员要求

（1）检修人员必须了解熟悉隔离开关的结构、动作原理及操作方法，并经过专业培训合格。

（2）现场解体大修需要时，应有制造厂的专业人员指导。

（3）对各检修项目的责任人进行明确分工，使负责人明确各自的职责内容。

6. 检修环境的准备

对隔离开关进行解体检修，应对检修现场的环境条件进行必要的准备，现场环境湿度、灰尘、水分的存在都影响隔离开关的性能，故应加强对现场环境的要求，具体要求如下：

（1）大气条件：温度：5℃以上 湿度：<80%（相对）。

（2）现场应考虑进行防尘保护措施。避免在有风沙的天气条件下进行检修工作，重要部件分解检修工作尽量在检修车间进行。

（3）有充足的施工电源和照明措施。

（4）有足够宽敞的场地摆放机具、设备和已拆部件。

14.1.5　检修前的检查和试验

为了解高压隔离开关设备在检修前的状态以及为检修后试验数据进行比较，在检修前，应对被检隔离开关进行检查和试验。

隔离开关的检修前检查和试验应包括以下项目：

（1）隔离开关在停电前、带负荷状态下的红外测温。

（2）隔离开关主回路电阻测量。

（3）隔离开关的电气传动及手动操作。

14.1.6　隔离开关检修后的调整和试验

隔离开关检修后应按表14-1的项目和技术要求进行调整及试验工作。

表 14-1　　　　　　　　　　隔离开关检修后的调整及试验项目

序号	检　查　内　容	技　术　要　求	备　注
1	隔离开关主刀合入时触头插入深度	符合制造厂技术条件要求	
2	接地刀闸合入时触头插入深度	符合制造厂技术条件要求	
3	检查刀闸合入时是否在过死点位置	符合制造厂技术条件要求	
4	手动操作主刀和接地刀闸合、分各5次	动作顺畅，无卡涩	
5	电动操作主刀和接地刀闸合、分各5次	动作顺畅，无卡涩	
6	测量主刀和接地刀闸的接触电阻	符合制造厂技术条件要求	
7	检查机械联锁	联锁可靠	
8	三相同期	符合制造厂技术条件要求	

14.1.7　检修记录及总结报告

高压隔离开关检修后的总结报告应包括以下内容：

（1）设备检修前的状况。

（2）检修的工程组织。

（3）检修项目及检修方案。

（4）检修质量情况。

（5）检修过程中发现的缺陷、处理情况及遗留问题。

（6）检修前、后的试验和调整记录。

（7）应总结的经验、教训。

14.1.8　隔离开关在检修后和投运前应进行的工作

（1）对所有紧固件进行紧固。

（2）接好隔离开关引线，接线端子及导线对隔离开关不应产生附加拉伸和弯曲应力。

（3）对所有相对转动、相对移动的零件进行润滑。

（4）金属件外表面除锈、着漆。

（5）清理现场，清点工具。

（6）整体清扫工作现场。

（7）安全检查。

（8）投运。

14.2　隔离开关 C 级检修标准化作业

14.2.1　修前准备

（1）检修前的状态评估。

（2）检修前的红外测温和现场摸底。

（3）材料和工器具的准备。材料和工器具见表 14－2。

表 14－2　　　　　　　材料和工器具清单

序号	名　　称	规　格	单位	数量	备注
1	静触头触指		片	6	
2	触指弹簧		只	6	
3	开口销	φ2	只	若干	
4	开口销	φ3	只	若干	
5	开口销	φ4	只	若干	
6	机油枪	—	把	1	
7	万用表	—	只	1	合格、常规型
8	润滑脂	二硫化钼	kg	0.5	
9	松动剂	WD－40	听	1	

（4）危险点分析及预控措施。危险点分析及预控措施见表 14－3。

表 14－3　　　　　　　危险点分析及预控措施

序号	危　　险　　点	防　范　措　施
1	人身触电	确认设备处于检修状态
2	作业时与相邻带电设备距离过近，引起放电	作业时注意与带电设备保持足够的安全距离，220kV 时，≥3.0m；110kV 时，≥1.5m
3	作业时感应电引起人身伤害意外事故	采取预防感应电措施，如挂临时接地线等
4	高空作业（支持瓷瓶外观及引线接触面检查）时，易高空坠落	进行引线接触面检查、瓷瓶清扫等登高作业时，工作人员须系保险带
5	清洗剂及其他油类物质可能遇火源引起燃烧	易燃品使用及存放地点应远离明火；施工现场做好防火措施
6	长物（梯子）搬运时或举起、放倒未按规定进行，可能失控触及带电设备	两人或多人放倒搬运
7	设备操作时可能引施工人员损伤	检修时及时断开机构电源，操作时做到上、下呼应
8	机构内二次接线检查时低压触电或造成直流短路	提高工作人员的责任心；必要时先切断机构内交、直流电源

14.2.2　检修工序

1. 对隔离开关进行检查与维护

（1）一次引线接触面检查。

（2）清扫并检查隔离开关瓷套表面。

（3）触头装配检查。

（4）主导电杆检查。

（5）传动部件检查。

（6）接地刀检查。

2. 对操作机构进行检查与维护

（1）检查操动机构各连杆、转动轴承。

（2）检查辅助开关及限位开关切换情况。

（3）手动、电动操作。

（4）机构箱内端子排检查。

（5）防凝露器检查。

（6）检查机构箱密封。

3. 整体调试及刷漆

（1）触头合闸位置检查。

（2）操作同期检查。

（3）分闸、合闸位置检查、限位调整。

（4）接地闸刀分闸、合闸位置调整。

（5）机械闭锁检查。

（6）除锈刷漆。

4. 扫尾工作及自验收

（1）组织有关检修人员对检修设备进行自验收。

（2）检查现场安全措施有无变动，补充安全措施是否拆除。

（3）检查闸刀及操作电源、切换开关等设备是否已恢复至工作许可时状态。

（4）清理现场。

14.2.3 检修内容和工艺标准

1. 断路器本体检查、维护

开工前确认设备状态，将"远控/就地"切换开关打至"就地"位置。

（1）三相连接引线接触面检查。

三相引线接触面紧固，搭接处无发热迹象，引线接触面螺栓无锈蚀。

登高作业时必须系安全带。为防止感应电，必要时挂临时接地线。

（2）清扫并检查隔离开关支持瓷瓶表面。

绝缘支柱外表无污垢，无破损，联接法兰完好。

防止高空作业坠落。

（3）触头装配检查。

1）触头、触指、弹簧装配的清洗与检查。

触指无毛刺，镀层良好，弹簧触指装配返回灵活无卡涩。更换失效的触指弹簧。

2）清洗检查接线端内接触面各部件。

接线端转动灵活，镀层无剥落，内部接触良好，各部件完好。

3）检查软连接。

软连接应无损伤和断裂，接触面紧固、无异常。

（4）主导电杆检查。

主导电杆外观无变形和损伤。

（5）传动部件检查。

1）检查各传动杆及转轴。

各部件外观完好，转轴无变形，配合良好。

2）在各转动部分加润滑油。

（6）接地刀检修。

1）触头、接地软铜线、平衡弹簧检修。

触头与触指接触可靠，有良好的导电性并涂上凡士林。接地软铜线应无折伤、断股现象，接触面良好。平衡弹簧完好无锈蚀，螺丝无锈蚀。

2）检查地刀合闸后触头接触良好。

插入深度符合厂规。

3）检查地刀与主刀联锁情况。

转动灵活，防误挡板不开裂、变形，地刀与主刀间联锁可靠并符合规范。

4）检查地刀传动轴承。

配合良好，对配合面进行处理，涂润滑脂。

2. 操作机构检查与维护

检查机构前，必须先切断操作电源。

（1）检查操动机构各连杆、转动轴承。

各部件应无变形、损伤，转动灵活，并加润滑油。

（2）检查辅助开关及限位开关切换情况。

回路正确、切换正常、回路触点接触良好。

（3）手动、电动操作。

动作正常，无卡涩、抖动及异常声。

手动操作手柄操作完后应立即取下。

（4）机构箱内端子排检查。

端子无损坏，导线连接可靠。

检查前确认该回路的操作电源及防误电源已切断，防止低压触电。

（5）防凝露器检查。

加热器电阻完好，投切正常。

（6）检查机构箱密封。

密封可靠，无进水受潮现象。

3. 整体调试及刷漆

必须先手动操作完好后方可进行电动操作，电动操作前必须取下手动操作手柄。操作前必须通知相关工作人员，注意人员之间的配合与协调。

（1）触头合闸位置检查。

两主触头应对齐，触头触指接触良好。中间间隙符合要求，或以触指下方刻度线为准。

（2）操作同期检查。

三相合闸同期符合厂家要求。

（3）分、合闸位置检查、限位调整。

闸刀打开角度为 $90°+1°$，分、合闸定位螺钉在相应位置时距挡板应有适量间隙。

（4）接地闸刀分合闸位置调整。

合闸时应正确插入接地静触头，平衡弹簧定位螺栓不松动或脱焊。分闸时在水平位置。

（5）机械闭锁检查。

当闸刀合闸时接地闸刀不能合闸，接地闸刀合闸时闸刀不能合闸。

（6）除锈刷漆。

整体无锈蚀、相色正确。

4. 扫尾工作及自验收

工作结束时拆除所有临时安全措施。

（1）组织有关检修人员对检修设备进行自验收。

无漏检项目，做到修必修好。

（2）检查现场安全措施有无变动，补充安全措施是否拆除。

要求现场安全措施与工作票中所载相符。

（3）检查闸刀及操作电源、切换开关等设备是否已恢复至工作许可时状态。

要求恢复至工作许可时状态。

（4）清理现场。

闸刀上无遗留物，工器具撤离现场，做到工完场清。

第 15 章　隔离开关检修工艺要求

隔离开关在开关设备中，具有数量多、结构简单、价格低廉、运行环境差的特点。所以相对其他开关设备而言，进行 A 级（整体解体）检修或 B 级（部分解体）检修概率要大得多。高压隔离开关型号较多，结构复杂，本章仅以比较典型的 GW16A/17A 隔离开关为例介绍各种类型检修的工艺要求。

15.1　GW16A/17A‑252/550 型隔离开关结构与动作原理

1. 主闸刀运动原理

隔离开关主闸刀的结构如图 15‑1 所示，它的运动过程是由两部分复合而成，即折叠运动和夹紧运动。

（1）折叠运动：

合闸时由电动机构驱动操作绝缘子 23 逆时针转动，操作绝缘子 23 通过一对伞齿轮 21 带动连杆 20 使主闸刀向合闸方向运动，操作杆 15 与下导电管 14 作相对运动，齿条 12 推动与上导电管 6 结合成一体的齿轮 11 旋转，使上导电管 6 向合闸方向运动，直到合闸完成。

（2）夹紧运动：

当隔离开关在合闸过程中，在接近合闸位置（快要伸直）时，滚轮 10 开始与齿轮箱 13 上的斜面接触，并沿斜面继续运动，于是与滚轮 10 相连的顶杆 7 便克服复位弹簧 5 的反作用力向上推移，同时动触头座 4 内的对称式滑块增力机构把顶杆 7 的推移运动转换成动触片 2 的相对钳夹运动。当静触杆 1 被夹住后，滚轮继续沿斜面上移 3～5mm，直至完全合闸。在这过程中，由于顶杆设计成推压柔性杆，故原已被压缩的夹紧弹簧 8 被第二次压缩，并作用在顶杆上，使顶杆获得一个稳定的推力，从而使动触片 2 对静触杆保持一个稳定的夹紧力。

（3）分闸过程：

当开始分闸时，滚轮沿斜面向外运动，直至脱离斜面，此时，在复位弹簧的作用下，顶杆带动动触片张开呈 V 形。

2. 220kV 接地开关运动原理

接地刀传动部分为四连杆结构，当主动拐臂旋转时，接地刀杆（相当于连杆）先旋转运动而后近乎直线向上插入静触头，这样接地刀被牢牢扣住，不会受到水平电动力的影响，从而决定了其机械性能和电气性能都非常稳定可靠。如图 15‑2 为 JW6‑252 原理示意图。

3.550kV 接地开关运动原理

折臂式接地开关的结构如图 15-3 所示，主要由接地闸刀静触头装配 A、接地闸刀装配 B、组合底座装配 C 及操动机构 D 等组成。接地闸刀合闸的运动过程是靠电动机构（或手动机构）D 从分闸位置转动到合闸位置，通过电动机构（或手动机构）D 上传动连杆装配 12 推动接地闸刀装配 B 的转轴 11 转动，从而使下导电管 9 从水平位置转到垂直位置；由于可调连结 10 与下导电管 9 的铰接点不同，从而使与可调连结 10 上端铰接的操作

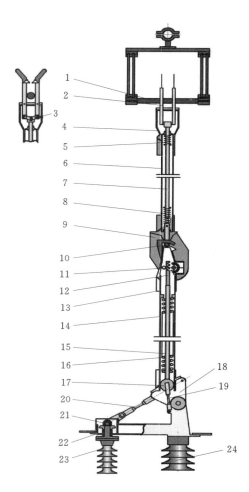

图 15-1　隔离开关主闸刀结构

1—静触杆；2—动触片；3—连片；4—动静头；5—复位弹簧；6—上导电管；7—顶杆；8—夹紧弹簧；9—连接叉；10—滚轮；11—齿轮；12—齿条；13—齿轮箱；14—下导电管；15—操作杆；16—平衡弹簧；17—导向滚轮；18—转动座；19—可调联结；20—四连杆；21—伞齿轮；22—接线底座；23—操作绝缘子；24—支持绝缘子

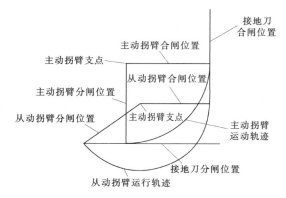

图 15-2　JW6-252 原理示意图

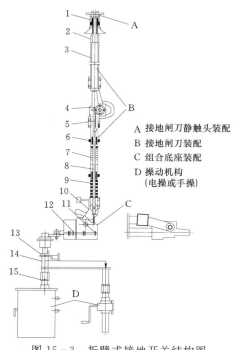

A　接地闸刀静触头装配
B　接地闸刀装配
C　组合底座装配
D　操动机构
　（电操或手操）

图 15-3　折臂式接地开关结构图

1—静触指；2—动触头；3—上导电管；4—齿轮；5—齿条；6—可调螺套；7—平衡弹簧；8—操作杆；9—下导电管；10—可调连杆；11—转轴；12—传动连杆装配；13—支座；14—垂直连杆（60×7 热镀锌钢管）；15—接头

杆 8 相对于下导电管 9 作轴向位移，而操作杆 8 的上端与齿条 5 牢固连接，这样齿条 5 的移动便推动齿轮 4 转动，从而使与齿轮 4 连接的上导电管 3 相对于下导电管 9 作伸直（合闸）运动，上导电管 3 也由水平位置相应地转到垂直位置，将动触头 2 插入接地闸刀静触头 1（见图 15-3）内，完成从分闸到合闸的全部动作；另外，在操作杆 8 轴向位移的同时，平衡弹簧 7 按预定的要求储能或释能，最大限度地平衡接地闸刀装配 B 的自重力矩，以利于接地闸刀的运动。

15.2　检修周期和项目

15.2.1　检修周期

大修周期一般为 5～6 年，小修周期一般为 2～3 年，临时性检修根据运行中出现的缺陷及故障性质进行。

15.2.2　检修项目

15.2.2.1　大修
（1）静触头装配检修。
（2）上导电杆装配检修。
（3）中间接头装配检修。
（4）下导电杆装配检修。
（5）接线底座装配检修。
（6）接地闸刀装配检修。
（7）转动瓷套、支持瓷套检查。
（8）组合底座装配检修。
（9）传动系统检修。
（10）电动操动机构检修。
（11）手力操动机构检修。
（12）整体组装和调试。
（13）检查和试验。
（14）本体清扫和刷漆。
（15）验收。

15.2.2.2　小修
（1）根据运行中发现的缺陷进行处理。
（2）检查动、静触头接触情况。
（3）检查橡皮垫和玻璃纤维防雨罩的密封情况。
（4）检查导电带与动触头片及动触头座的连接情况。
（5）测量隔离开关主闸刀和接地闸刀主回路的回路电阻。
（6）清扫及检查转动瓷套和支持瓷套。

（7）检查（或紧固）所有外部连接件和轴销和螺栓。

（8）检查接地闸刀与主闸刀的联锁情况。

（9）清扫及检查操动机构、传动机构，对齿轮等所有有相对运行的部分添加润滑油，并进行 3～5 次动作试验，以检查其灵活性及同期性，配合调整辅助开关及微动开关的动作情况，用手动检查操动机构，检查丝杆与丝杆螺母在分闸与合闸终了位置时的脱扣与入扣情况，以保证丝杆螺母能够灵活自如地在丝杆上运动。

（10）检查机构箱内端子排、操作回路连接线的连接情况及机构箱门的密封情况，测量二次回路的绝缘电阻。

（11）检查机构箱、接地装置、基础地脚螺栓等的紧固情况。

15.2.2.3　临时性检修

临时性检修项目应根据具体情况确定。

15.3　大　修　前　的　准　备

15.3.1　检修工具

（1）常用工具：套筒扳手、开口扳手、虎口钳、300N·m 以下的扭矩扳手、螺丝刀、水平仪及直尺筒式弹簧秤。

（2）专用工具。

1）冲子。

作用：拆卸弹性圆柱销。

附图及尺寸如图 15-4 和表 15-1。

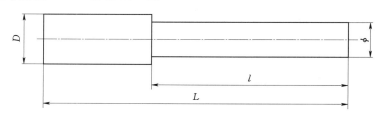

图 15-4　冲子结构图

表 15-1　　　　　　　　　　　　用于卸弹性销的冲子一览表

序号	ϕ	D	l	L
1	7.5	20	75	100
2	9.5	20	105	130
3	11.5	20	75	100

材料：45# 钢

技术要求：淬火 HPC32-36

2）异型压具。

作用：压转动触头触指，拆、装压片。

附图及尺寸如图 15 - 5 所示。

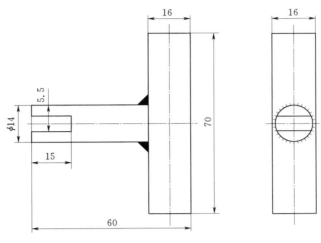

图 15 - 5　异型压具结构图

15.3.2　耗材准备

GW16A/17A - 252/550 隔离开关大修材料消耗明细表见表 15 - 2，按此表准备耗材。

表 15 - 2　　　　GW16A/17A - 252/550 隔离开关大修材料消耗明细表

序号	名称	规格	单位	台用量	备注
1	汽油		kg	3	
2	机油	30# 冷冻油	kg	0.5	
3	黄干油		kg	1	
4	二硫化钼		kg	1	
5	导电脂		g	100	
6	移络多		g	50	
7	密封胶	609	g	15	
8	厌氧胶	352	盒	1	
9	砂布	00#	张	3	
10	棉纱头		kg	1.5	
11	毛刷	40m/m	把	3	
12	锯条		片	3	
13	钢丝刷		把	1	
14	铁丝	8#	kg	10	
15	银灰漆		kg	4	
16	磁漆	红色	kg	0.2	
17	磁漆	绿色	kg	0.2	
18	磁漆	黄色	kg	0.2	
19	磁漆	黑色	kg	0.5	
20	磁漆	白色	kg	0.5	
21	麻绳	φ16	kg	0.3	

序号	名称	规格	单位	台用量	备注
22	开口销	$\phi3\times20\sim\phi3\times40$	个	60	不锈钢件
23	螺栓	各种规格	套	适量	
24	平垫圈	各种规格	个	适量	
25	弹簧垫圈	各种规格	个	适量	

15.3.3 修前准备工作

（1）根据运行、试验发现的缺陷及上次检修的情况，确定重点检修项目。

（2）组织人力，安排施工进度，制订并组织讨论学习大修的安全、技术措施。

（3）准备工具、材料、备品配件、试验仪表和仪器等，并运至检修现场。

（4）准备有关检修技术资料、记录和检修报告。

（5）按《电业安全工作规程》（GB 26860—2011）的规定，办理工作标许可手续，交代现场安全注意事项。

15.3.4 检修工作流程

1. 小修工作流程

小修工作流程图如图 15-6 所示。

图 15-6 小修工作流程图

2. 大修工作流程

大修工作流程图如图 15-7 所示。

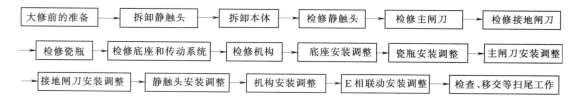

图 15-7 大修工作流程图

15.3.5 停电后外部检查、测试

（1）根据存在的问题检查有关部位。

（2）进行分、合闸操作（包括手动和电动），观察动作情况，并做好记录。

（3）进行检修、解体前的测量（根据需要确定测量项目）。

15.4 检修工艺及质量标准

15.4.1 本体部件的拆卸

GW16A 外形和 GW17A 外形如图 15-8 和图 15-9 所示。

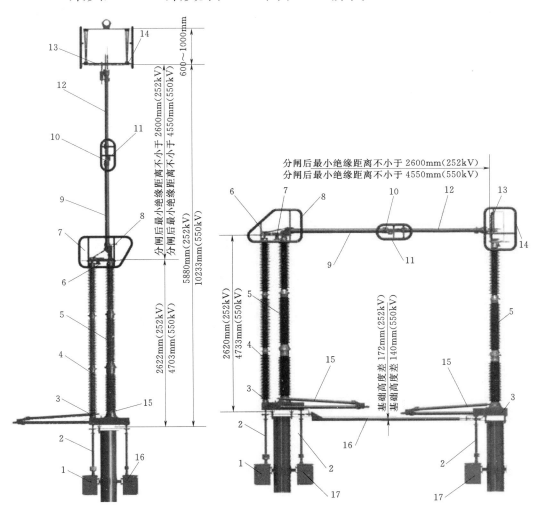

图 15-8 GW16A 外形图

1—主刀机构；2—垂直联杆装配；3—底座装配；4—旋转瓷瓶；5—支柱瓷瓶；6—导电底座装配；7—接地静触头装配；8—底座均压环；9—下导电杆装配；10—中间接头装配；11—中间均压环；12—上导电杆装配；13—静触头装配；14—静触头均压环；15—接地刀杆装配；16—地刀机构

图 15-9 GW17A 外形图

1—主刀机构；2—垂直联杆装配；3—底座装配；4—旋转瓷瓶；5—支柱瓷瓶；6—导电底座装配；7—接地静触头装配；8—底座均压环；9—下导电杆装配；10—中间接头装配；11—中间均压环；12—上导电杆装配；13—静触头装配；14—静触头均压环；15—接地刀杆装配；16—联锁杆装配；17—地刀机构

15.4.1.1　静触头装配的拆卸

1.GW16A 静触头的拆卸

（1）检修工艺。

1）利用登高作业车用直径 16mm 的麻绳绑紧静触头，将绳翻过母线，由地面人员稍微拉紧。

2）松开静触头上部母线夹与母线相连接的 4 个 M16 螺栓，将静触头装配缓慢降至地面，放置于固定地点（对 GW16A－550 产品，应先将静触头装配与均压环安装板相连的 M12 螺栓卸下，拆下静触头均压环和均压环安装板，检查均压环表面是否有裂纹、烧伤、损伤现象，严重的应及时更换）。

（2）质量标准。

1）麻绳应无散股、断股，捆绑牢固。

2）放置静触头的地面应铺草垫和塑料布，吊下后的静触头分相作标记。

静触头均压环表面无裂纹，无烧伤、变形等情况。

（3）检修类型

检修类型为大修。

2.GW17A 静触头的拆卸

（1）检修工艺：①利用登高作业车，拆除连接引线；②利用登高作业车，松开单（双）静触头装配与支持瓷瓶相连的 4 个 M16 螺栓，将静触头装配及接地静触头装配抬高至作业车内，缓慢降至地面，并放置于固定地点（对 GW17A－550 产品，应先将静触头装配与均压环安装板相连的 M12 螺栓卸下，拆下静触头均压环和均压环安装板，检查均压环表面是否有裂纹、烧伤、损伤现象，严重的应及时更换）。

（2）质量标准：①在整个检修过程中，应注意保护电气接触面；②静触头均压环表面无裂纹，无烧伤、变形等情况。

（3）检修类型。静触头的检修类型为大修。

15.4.1.2　本体的拆卸

1. 检修工艺

（1）对 GW16A 产品在合闸位置时，打开下导电杆外壁平衡弹簧调整窗盖板，将下导电杆内平衡弹簧完全放松，对 GW17A 产品在分闸位置时放松平衡弹簧。

（2）断开操作电源。

（3）使隔离开关主闸刀处于分闸位置，拆下引线。

（4）用铁丝将上导电杆和下导电杆两端头捆在一起，捆 3～4 圈。

（5）用吊装绳捆住主闸刀，使主闸刀重心基本处于平衡状态，并用起吊工具将吊装绳拉紧，使吊装绳受微力，要求捆绑牢固，防止在吊下主闸刀时损坏瓷套。

（6）分别卸下主闸刀中导电底座装配与旋转瓷瓶及支持瓷瓶的 4 个 M16 连接螺栓，将主闸刀装配吊下；（对 GW16A/17A－550 产品，应先将导电底座与均压环安装板相连的 M12 螺栓卸下，拆下底座均压环和均压环安装板，检查均压环表面是否有裂纹、烧伤、损伤现象，严重的应及时更换）。

（7）将吊下后的主闸刀固定在一个专用铁板检修平台上，平台不小于 1.5×1.5

（m²）。对 GW16-252A 必须特别注意安全，其固定的方式应该与实际安装方式相同，待固定牢固后，方能松开绑扎铁丝。

（8）松开旋转瓷瓶与接地底座装配相连的 4 个 M16 连接螺栓，将旋转瓷瓶吊至地面；松开支持瓷瓶与接地底座装配的 6 个 M16 螺栓，将支持瓷瓶吊至地面。

2. 质量标准

（1）手动缓慢分闸。

（2）捆扎牢固。

（3）吊装绳应经事先检查，无散股、断股，截面符合起吊重量要求，捆绑牢固、平衡。

（4）拆卸与吊下时应防止支持瓷瓶与旋转瓷瓶倒下及相互碰撞，可用绳子或其他专用工具将其拉紧、固定。

（5）GW16-252A 固定在检修平台上，其上下导电杆伸直后应该与地面垂直，而不能呈水平状态。

（6）捆绑牢固，吊下时防止瓷瓶损坏，瓷瓶吊至地面后倒放在草垫上。

（7）拆卸与吊下时应防止支持瓷瓶与旋转瓷瓶倒下及相互碰撞，可用绳子或其他专用工具将其拉紧、固定。

（8）GW16-252 固定在检修平台上，其上下导电杆伸直后应该与地面垂直，而不能呈水平状态。

（9）捆绑牢固，吊下时防止瓷瓶损坏，瓷瓶吊至地面后倒放在草垫上。

3. 检修类型

检修类型为大修。

15.4.2　导电系统的分解检修

15.4.2.1　静触头装配检修

1. GW16A 静触头装配检修

（1）检修工艺。GW16A 静触头装配如图 15-10 所示。

1）将静触头装配放置在铺好塑料布的地面上，观察所有接触部分是否有过热、烧伤现象，钢芯铝绞线 9 有无散股、断股，所有夹板、夹块是否开裂、变形，作好记录，确定更换部件。

2）分别松开静触杆 8 两端夹块的 4 个 M12 紧固螺栓，取下夹块 6、夹板 5 和下夹头 7，并进行检查。

3）松开母线夹装配与导电板 3 相连的 4 个 M16 螺栓，取下母线夹，分别松开导电板两端的 4 个 M12 螺栓，取下上夹头 4 及

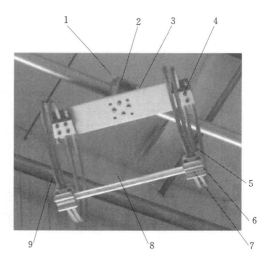

图 15-10　GW16A 静触头装配

1—上夹头；2—下夹头；3—导电板；4—上夹头；

5—夹板；6—夹块；7—下夹头；

8—静触杆；9—钢芯铝绞线

钢芯铝绞线（注意在此之前应将钢芯铝绞线环的两端头用铁丝绑扎紧，以防散股），检查各零部件完好情况。

4）用酒精清洗所有零部件，用00号砂布打磨所有非镀银导电接触面，擦净后涂导电脂，将钢芯铝绞线与夹块、夹板的接触部分用钢丝刷和酒精清洗，除去污垢，涂导电脂。

5）按拆卸时的逆顺序将静触头装配装复，如静触杆与动触头接触处的烧损超过规定值，装复时可采用将静触杆转动角度的方法变更接触位置。

6）如果要更换钢芯铝绞线，操作步骤为：①在切断铝绞线之前，必须用铁丝紧紧绑扎住靠切口的两侧，并在距离第一个绑扎线120mm处再补扎一次，然后进行切断；②导线中的钢芯线，由于切割而被露出的截面，应涂保护清漆防锈，并将与夹块、夹板相接触的表面用00号砂布擦掉氧化层后立即在其表面涂导电脂；③将铝绞线放入已处理好的夹板、夹块中，使两个圆均等后方可紧固螺栓，然后取消扎紧铁丝。

7）测量静触头装配的整体电阻值，应符合要求。

（2）质量标准。

1）静触杆平直，镀银层良好，夹头无开裂，铝绞线无散股、断股，接触面清洁、光亮。

2）导电板平直，镀银层良好，母线夹、夹块无开裂、变形，铝绞线无断股、散股。

3）所有零部件清洁、完好，导电接触面光滑、平整，无严重烧伤和过热现象。

4）各连接部分紧固牢靠，导电接触面接触可靠，导电性能良好，静触杆的烧伤深度不大于2mm。

5）绞线无散股、断股，圆环直径约为600～1000mm。钢芯线无氧化，接触表面光滑、洁净。静触杆与接线夹的端面整齐，接触可靠，导电性能的良好。

6）母线夹头至静触杆的电阻值小于40μΩ。

（3）检修类型。

检修类型为大修。

2.GW17A 静触头装配检修

GW17A 静触头装配如图15-11所示。

（1）检修工艺。

1）将单（双）静触头装配放置在铺好塑料布的地面上，检查接触部分是否有过热及烧伤痕迹。

2）松开静触杆1和支架5两端的紧固螺栓，用酒精清洗所有接触面，用00号砂纸砂光所有非镀银接触面，并用干净抹布抹干，涂导电纸，然后按拆卸逆顺序装复，并测量接触面接触电阻。

3）检查支持瓷瓶有无开裂、损坏，法兰浇合处是否开裂、松动，检查法兰螺孔，用丝锥套

图15-11 GW17A单静触头装置
1—静触杆；2—夹紧轴环；3—夹子；
4—接线板；5—支架

182

攻，清除污垢，涂入黄油，法兰处进行除锈刷漆，瓷瓶用酒精清洗，并用干净抹布抹干。

4）接地部分的检修见接地闸刀检修。

（2）质量标准。

1）接触面无过热、烧伤等痕迹。

2）所有接触面清洁、光亮，螺栓紧固，接触良好，接触电阻不大于 $15\mu\Omega$。

3）瓷瓶完好、清洁，法兰无开裂，无锈蚀，油漆完好、光亮。

（3）检修类型。

检修类型为大修。

15.4.2.2 主闸刀系统检修

1. 主闸刀系统分解

主闸刀系统分解参照图 15－8 和图 15－9。

（1）检修工艺。

1）将主闸刀系统固定在专用检修平台上，剪断绑扎铁丝。

2）使产品仍保持原分闸状态，将上导电杆装配 12 下端部的滚子和橡胶波纹管取下，把上导电管装配与中间接头装配 10 相连的 2 个 M14 紧固螺栓及定位螺钉放松（对 GW16A/17A 的产品，应同时把中间均压环拆下，检查均压环表面是否有烧伤，损伤现象，严重的应及时更换），再用斜铁把连接叉缺口楔开，抽出上导电杆装配。

3）把下导电杆装配 9 与中间接头装配相连的 2 个 M14 紧固螺栓和定位螺钉松开，用斜铁把缺口楔开，将中间接头越过合闸位置，旋转一定角度，使齿轮齿条脱离啮合，取下中间接头装配。

4）把下导电杆装配上的 4 个 M12 定位螺栓和下导电杆下端与转动座相连的 2 个 M14 螺栓及两侧的定位螺钉松开，用斜铁把缺口楔开，再用手扶住下导电杆和导电底座上的调节拉杆，慢慢地将下导电杆放倒，取下下导电杆。

5）取下下导电杆装配中可调联结与导电底座之间的开口销和轴销，将拉杆装配和平衡弹簧等从底座上卸下来。

6）留下导电底座装配 6。

（2）质量标准。

1）必须固定牢固。

2）用斜铁楔缺口时，应防止损伤导电杆。

3）防止斜铁损伤中间接头和下导电杆。

装配正确、可靠，动作灵活。

4）防止斜铁损伤下导电杆和转动座。

（3）检修类型。

检修类型为大修。

2. 上导电杆装配检修

上导电杆装配如图 15－12 所示。

（1）检修工艺。

1）检查引弧角 1 烧损情况，如有严重烧伤，则予以更换。

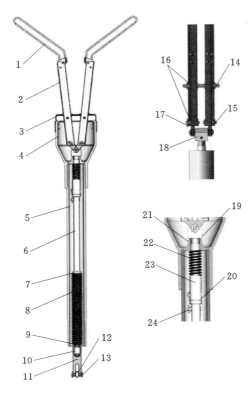

图 15-12 GW16A/17A 上导电杆装配

1—弧角装配；2—动触片；3—防雨罩；4—动触头座；
5—上导电管；6—操作杆；7—套；8—夹紧弹簧；
9—接管；10—复合轴套；11—接头；12—滚子；
13—销轴；14—销轴；15—销轴；16—绝缘垫；
17—连板；18—接头；19—端杆；20—绝缘棒；
21—复合轴套；22—复位弹簧；
23—套；24—带孔销

2）检查动触片 2 烧损情况，如有轻微损伤，可用 00 号砂纸打磨或采取改变接触位置的方法处理。

3）松开动触头座 4 与上导电管 5 相连的 2 个 M14 螺栓及定位螺钉，用斜铁把缺口楔开，将上导电杆与动触头座分离。

4）如动触片需要更换，则：

a. 拆除引弧角和导电带。

b. 拆除动触头座上部的硅橡胶防雨罩 3，并检查其防雨性能。

c. 将连接端杆 19 与操作杆 6 的绝缘棒 20 上的带孔销用冲子打出，卸下绝缘棒，下操作杆和复位弹簧 22 并进行检查。

d. 用同规格 $\phi 3$ 弹性圆柱销将动触头座上部的 $\phi 3$ 弹性圆柱销打至销轴孔下表面，拔出上面 $\phi 3$ 弹性圆柱销，卸下销轴 14，再用手把动触片、连板 17、接头 18 及端杆一同拉出。

e. 将连板与动触片间的销轴 15 打掉，使动触片与连板分离，拆卸过程中，要注意零部件之间的相互位置和方向，以及标准件的规格和长度，以免装复时发生错误。

f. 用酒精清洗所有零部件，更换弹性圆柱销、动触片和复合轴套 21（轴套内壁应涂二硫化钼润滑脂），复位弹簧 22 涂二硫化钼及操作杆刷灰漆。

g. 换上新动触片，按照拆卸时的逆顺序装复，要求同侧动触片平行，且 $\phi 3$ 弹性圆柱销打入后要将原来的圆柱销倒出。

5）检查并清洗所有零部件，将所有镀银导电金属接触面用酒精洗净，非镀银导电金属接触面用 00 号砂布砂光后洗净，用干净抹布抹干，并立即涂上一层导电脂，将运动摩擦面用酒精擦洗干净后涂二硫化钼。

6）用专用工具将操作杆下部的夹紧弹簧 8 固定，打出上部 $\phi 8 \times 40$ 的弹性圆柱销，取出夹紧弹簧并进行检查。

7）检查并测量夹紧弹簧，除锈、清洗、刷防锈漆并涂上二硫化钼润滑脂。

8）打出操作杆下部的 $\phi 8 \times 25$ 和 $\phi 8 \times 35$ 的弹性圆柱销，使操作杆、接管 9、$\phi 27 \times \phi 24/20$ 的复合轴套 10 分离。

9）更换弹性圆柱销和复合轴套（轴套内壁应涂二硫化钼润滑脂）。

10）按照拆卸时的逆顺序组装上导电杆装配，注意将动触头座和上导电管的导电接触面用00号砂布砂光后，清洗干净并立即涂上一层导电脂。

（2）质量标准。

1）无严重烧伤或断裂情况。

2）各接触点在合闸时均能可靠接触。

3）导电带完好，无折断等损伤现象。

防雨性能良好，内部零件无锈蚀。

操作杆、复位弹簧等无锈蚀、变形，复位弹簧自由长度为（105±2）mm。

卸下的部件应作好标记。

所有零部件干净、无锈蚀和严重变形，新动触片无锈蚀、变形、开裂等。

装配正确、可靠，动作灵活。

4）夹紧弹簧无锈蚀和严重变形，其自由长度为（413±4）mm。

5）装配正确，接触可靠，连接牢固，动作轻巧。

（3）检修类型。

检修类型为大修。

3．中间接头装配检修

中间接头装配如图15-13所示。

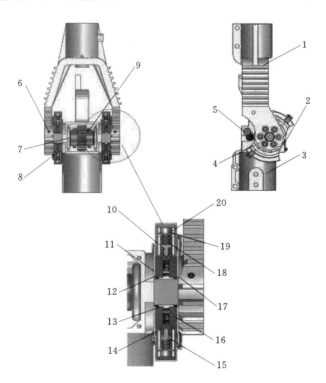

图15-13　GW16A/17A中间接头装配

1—连接叉；2—盖板；3—齿轮箱；4—轴；5—支轴；6—φ10、φ6弹性圆柱销；7—绝缘垫；8—齿轮；
9—φ12、φ8弹性圆柱销；10—防雨罩；11—内过渡板；12—内触块；13—定位套；14—触指；
15—弹簧托；16—外触块；17—外过渡板；18—触指弹簧；19—压片；20—支架

（1）检修工艺。

1）检查连接叉 1、齿轮箱 3 的损伤和开裂变形情况，如有开裂及严重变形，应予更换。

2）取下玻璃纤维防雨罩 10。

3）用专用工具逐个压下转动触指的弹簧 18，分别取出压片 19、弹簧 18、弹簧托 15 和触指 14，并用酒精逐件清洗干净，用抹布抹干。

4）取下齿轮箱上部的盖板 2。

5）把连接叉与轴 4 相连的 $\phi10\times100$、$\phi10\times80$ 弹性圆柱销打出，取下齿轮箱内部的 4 个弹性挡圈、绝缘垫圈以及轴、键和齿轮 8，（对于 GW16A/17A - 550 产品，应先把齿轮与轴相连的两个 $\phi12\times70$ 的弹性圆柱销打出，再取下轴、绝缘垫和齿轮）。

6）更换所有弹性圆柱销。

7）将连接叉与外触块 16 连接的 6 个 M8×50 不锈钢螺栓松开，取下外触块和外过渡板 17，然后将内触块 12 上的 6 个 M8×25 不锈钢螺栓松开，取下内触块及内过渡板 11。

8）检查并用酒精清洗轴、键、齿轮、弹性挡圈和绝缘垫，并用干净抹布抹干。

9）用 400～600 号金相砂布将铸件接触面砂光，用酒精清洗干净，干净抹布抹干，涂上新的导电脂，再将铜铝双金属过渡板、触块、触脂用酒精清洗干净，抹干后涂上凡士林，立即按拆卸时的逆顺序进行装复，拧紧六角螺钉，注意绝缘垫应在弹性挡圈和齿轮箱之间。

10）松开齿条支轴 5 两端的 M6×12 螺栓及大平垫，打出支轴取出 $\phi27\times\phi24/20$ 复合轴套，将检查支轴半圆面及复合轴套的磨损及变形情况，用酒精清洗所有零部件，并用干净抹布抹干，将支轴与复合轴套的接触面涂以二硫化钼。

11）更换连接叉上的 $\phi35\times\phi38/20$ 复合轴套。

12）按拆卸时的逆顺序进行装复，装复后将齿轮涂以二硫化钼，并测量中间接头装配两铸件端面的回路电阻。

（2）质量标准。

1）连接叉铸件无开裂及严重损伤。

2）防雨罩无开裂。

3）弹簧无开裂变形，触指表面镀银层良好、光亮，压片无开裂损坏。

4）轴无变形，弹性挡圈弹力适中、无损伤，齿轮无锈蚀，丝扣完整，无严重磨损。

5）螺栓齐全、规格正确，丝扣完整，触块无严重磨损，双金属过渡板无明显电腐蚀和机械磨损。

6）各零部件完好、洁净。

7）装复时，内外过渡板位置和方向正确，螺栓紧固，接触良好，绝缘垫位置正确。

8）接触面光滑、复合轴套完好。

9）装配正确，接触可靠，转动灵活，其回路电阻值小于 $12\mu\Omega$。

（3）检修类型。

检修类型为大修。

4. 下导电杆装配检修

下导电杆装配检修如图 15-14 所示。

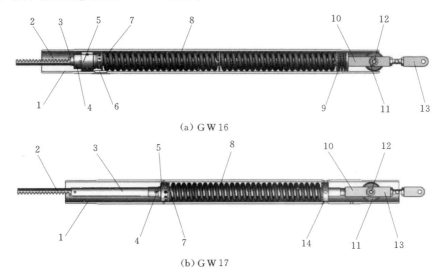

(a) GW16

(b) GW17

图 15-14 下导电杆装配图

1—下导电管；2—齿条；3—拉杆；4—螺套；5—调节螺母；6—盖板；7—铁垫圈；8—平衡弹簧；
9—碟形垫片；10—接头；11—滚轮；12—轴；13—可调联结；14—固定套

（1）检修工艺。

1）将拉杆装配上的调节螺母 5 从齿条侧旋出，取出平衡弹簧 8 等零件，并将导向滚轮 11 和可调联结 13 分解。

2）打出齿条 2 与拉杆 3 之间的弹性圆柱销，检查齿条损坏情况，如缺齿、断齿应予以更换。

3）检查平衡弹簧的疲劳、锈蚀及损坏情况，测量其自由长度，脱漆部分重新刷防锈漆，并涂二硫化钼。

4）检查碟形垫片 9 有无开裂变形情况（GW16A 型产品）用酒精清洗、干净抹布抹干；对 GW17A-550 产品，应检查弹簧衬套的锈蚀及损坏情况，用酒精清洗、干净抹布抹干。

5）检查拉杆的生锈及变形情况，除锈并刷防锈漆。

6）检查导向滚轮的磨损及变形情况，如开裂或严重损坏应予以更换。

7）按拆卸时的逆顺序装复下导电杆装配，装复前应将调节螺母等零部件用酒精洗干净，并应注意碟形垫片的装配方向，拉杆涂二硫化钼。

（2）质量标准。

1）应保证可调联结两中心孔距离：GW16A/17A-252 型产品为 197mm；GW16A/17A-550 型产品为 213mm。

2）齿条平直，无变形、断齿等。

3）平衡弹簧无锈蚀，自由长度应符合要求：GW16A-252 长度为 （480±5）mm，

GW16A-550 长度为（420±4）mm，GW17A-252 长度为（622±6）mm，GW17A-252 长度为（162±3）mm、（602±6）mm。

4）碟形垫片性能良好，无开裂、变形。

5）拉杆无生锈、变形。

6）滚轮无开裂及严重变形。

7）装配正确，零部件干净整洁。

（3）检修类型。

检修类型为大修。

5．导电底座装配检修

GW16A 和 GW17A 导电底座装配如图 15-15、图 15-16 所示。

（1）检修工艺。

1）检查调节拉杆 3 的反顺接头以及并紧螺母的螺纹是否完好，旋动是否灵活，轴孔是否光洁，可用锉刀和 0 号砂布进行修整。

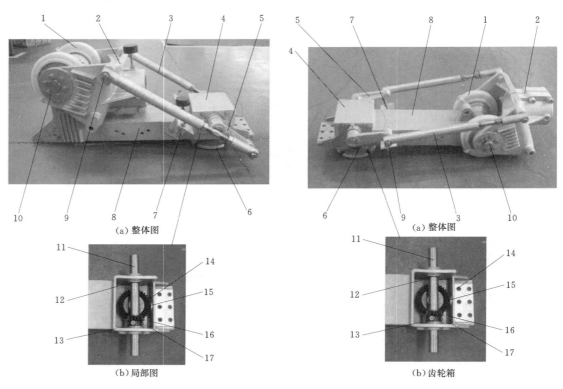

图 15-15 GW16A 导电底座装配
1—转动触指装配；2—转动座；3—调节拉杆；4—防雨罩；
5—拐臂；6—法兰焊接；7—限位螺栓；8—导电底座；
9—销轴；10—转轴；11—转轴；12—弹性挡圈；
13—垫片；14—大锥齿轮；15—防雨套；
16—小齿轮；17—弹性圆柱销

图 15-16 GW17A 导电底座装配
1—转动触指装配；2—转动座；3—调节拉杆；4—防雨罩；
5—拐臂；6—法兰焊接；7—限位螺栓；8—导电底座；
9—销轴；10—转轴；11—转轴；12—弹性挡圈；
13—垫片；14—大锥齿轮；15—防雨套；
16—小齿轮；17—弹性圆柱销

2）取下导电底座 8 与转动座 2 相连的转动触指装配 1 的防雨罩，检查其开裂变形情况，装复时应保证合闸或分闸时其排水孔朝下。

3）用专用工具逐个压下转动触指上的弹簧，分别取出压片、弹簧、弹簧托和触指，并用酒精逐件清洗干净，用干净抹布抹干，涂上导电脂。

4）将转动座和拐臂 5 上的平垫和开口销拆下，取下转动座与拐臂之间的调节拉杆 3。

5）将转轴端面的 φ10 的弹性圆柱销打出，同时松开紧固在转动座上的 6 个 M8 螺栓（螺栓不要取下），用手托住转动座，取出转轴，同时抽出转动座，卸下螺栓、支架、外触块和外过渡板，检查并将其用酒精清洗，再用干净抹布抹干，转轴与转动座接触面应涂上二硫化钼。

6）松开紧固在内触块上的 6 个 M8 内六角螺栓，取下内触块和内过渡板，将其与和底座上的各个接触面砂光并立即用酒精清洗干净，涂上导电脂，然后装复，装复时应注意零件和过渡板缺口位置及方向的正确性，并测量其导电回路电阻值。

7）取下齿轮箱上部的防雨罩 4，打掉拐臂两侧的 φ10×50 的弹性圆柱销，取下两端拐臂，用 00 号砂布砂光拐臂销。

8）打出小锥齿轮上的弹性圆柱销 17，取下轴 11 和小锥齿轮 16、弹性挡圈 12、垫片 13 及其两端的 φ34×φ30/20 复合轴套，检查轴的变形及小锥齿轮磨损情况，用酒精清洗并用干净抹布抹干，齿轮上及轴与复合轴套接触面涂二硫化钼。

9）取出齿轮箱上高压聚乙烯防雨套 15，打出打大锥齿轮 14 下部的弹性圆柱销，取下大锥齿轮、平键（GW16A/17A-550）和法兰焊接以及 φ39×φ35/20 复合轴套，检查大锥齿轮及复合轴套磨损情况，用酒精清洗各部件，并用干净抹布抹干，齿轮上及轴与复合轴套接触面涂二硫化钼。

10）松开导电底座上接线板的 6 个 M12 紧固螺栓，并用 00 号砂纸砂光导电接触面，用酒精清洗，并用干净抹布抹干，立即涂上导电脂。

11）更换所有弹性圆柱销，按拆卸时的逆顺序进行导电底座装配的装复，注意大小锥齿轮套好以后，调节拉杆在合闸位置时，下部法兰的固定螺孔的位置必须与拆卸前的位置保持一致。

（2）质量标准。

1）调节拉杆的材质应为青铜或不锈钢，拉杆平直，螺纹完好，旋动灵活。

2）防雨罩应为玻璃纤维材质，无开裂、变形。

3）弹簧无变形、生锈，触指镀银层良好、光洁，压片无开裂、折断。

4）转轴平直、光滑无变形。

5）接触面光洁，回路电阻小于 $15\mu\Omega$。

6）轴无变形，弹性挡圈弹力适中、无损伤，齿轮无锈蚀、裂纹，丝扣完整，无严重磨损。

7）齿轮无裂纹，丝扣完整，各零部件干净、清洁。

8）接触面光滑、平整。

9）装配正确，螺栓紧固。

（3）检修类型。

检修类型为大修。

6. 主闸刀系统组装

（1）检修工艺。

1）将导电底座固定在专用检修平台上。

2）将转动座的内孔用 00 号砂布砂光，用酒精清洗干净，立即涂上导电脂。

3）将下导电管的插入部分用 00 号砂布砂光，用酒精清洗后。立即涂上导电脂，用专用工具楔开转动座的开口，将下导电管插入，注意导电管上下不能颠倒，下部定位孔的位置相互对准转动座的顶丝孔，旋进定位螺钉，再拧紧紧固螺栓。

4）将下导电杆拉杆装配等，按原拆卸时的逆顺序装复在导电底座上，注意碟形垫片的装配方向以及齿条的齿面朝上导电杆分闸弯折方向。

5）调节转动座两侧拉杆，使下导电管摆在垂直位置，扶住导电管，此时两个调节拉杆应等长，旋转拉杆装配上的固定套，使其 4 个螺孔对准下导电管上部的 4 个孔，并拧紧 4 个螺栓，但管内弹簧暂不预压。

6）将中间接头与下导电管的接触面用 00 号砂布砂光，用酒精清洗并立即涂导电脂，再将中间接头的连接叉越过合闸位置一定角度，把中间接头的齿轮箱装入下导电杆上部，此时将连接叉向分闸方向转动，边转动边把齿轮箱插入下导电管上部，齿轮箱的定位螺孔应对准下导电管的上定位孔，同时观察连接叉的圆柱部分是否与下导电管基本上在一条直线上（GW16A 为铅垂方向一条直线，GW17A 为水平方向一条直线），如果差别大，则应退出齿轮箱重新挂齿或调节可调联结的长度。

7）拧紧下导电管上的上、下定位螺钉。

8）将连接叉上部与上导电管的下部的接触部分用 00 号砂布砂光，用酒精清洗并用干净抹布抹干，并立即涂上导电脂。

9）将上导电杆装配装入连接叉，使导电管的孔对准定位后，拧紧紧固螺栓和定位螺钉。

10）使导电系统处于分闸位置，装复波纹管和滚轮。

11）慢慢抬起导电系统使其处于合闸位置，检查。

a. 上下导电杆是否基本成一直线。

b. 用一 ϕ（40±0.2）mm 的铜管（或铜棒）夹在动触片之间，在合闸终了时，检查每一动触片能否夹紧该圆管（棒），如果其中某一片夹不紧铜管，则应重新把上导电管取下进行分解和处理；如果四片都夹不紧铜管，测应测量滚轮中心的直线行程，按要求，从动触片开始夹紧到最后夹紧铜管，滚轮中心的直线行程为 3～4mm（252kV）、4～5mm（550kV），所达不到的行程由增加上导电管插入连接叉的深度来增加，并重新配钻定位孔，如果滚轮行程大，则应由拔出上导电管来达到。

c. 测量从下接线端到静触杆间的回路电阻。

12）调节平衡弹簧压力、并测量分、合闸的操作力矩，同时比较两者之差值。如果达不到质量标准要求，则可能是：

a. 弹簧与导电管内壁严重摩擦，此时应重新放松、摆正和调节平衡弹簧。

b. 弹簧已经失效，应予以更换。

13）将紧定螺钉装在下导电管窗口处（GW17A），装上下导电管壁壁上窗口盖板。

14）对产品实施防水措施。

a. 对 GW16A 型产品：波纹管与接头接触处、动触片与防雨罩接触处、防雨罩与动触头座卡口处、动触头座外侧的两个出水孔（内侧两孔畅通）、上导电管与动触头座及连接叉配合位置均用硅胶密封（包括环形配合部位和锁开槽位置），再将动触片与连板铰接位置用硅油全部密封。

b. 对 GW17A 型产品：波纹管与接头接触处、连接叉处出水孔、齿轮箱出水孔、动触片与防雨罩接触处、防雨罩与动触头座卡口处、动触头座内侧的两个出水孔（外侧两孔畅通）、下导电管与齿轮箱配合位置、上导电管与动触头座及连接叉配合位置均用硅胶密封（包括环形配合部位和锁开槽位置），再将动触片与连板铰接位置用硅油全部密封。

15）检查所有螺栓是否紧固，将主闸刀分闸，并按要求把上下导电杆捆绑在一起，等待吊装。

（2）质量标准。

1）固定螺栓紧固。

2）转动座内孔光滑无杂质。

3）导电接触面光滑，导电管插入位置正确、适度。

4）齿条完好、装配方向正确碟形垫片无永久变形。

5）下导电杆垂直，两个连杆等长。

6）下导电管上部和齿轮箱内孔清洁、光滑无杂质并涂导电脂，齿轮箱定位螺孔对准下导电管定位孔，连接叉的圆柱部分与下导电管呈一直线。

7）定位螺钉紧固可靠。

8）导电接触部分清洁、光滑无毛刺，并涂上导电脂。

9）导电管插入位置正确，定位和夹紧螺栓紧固可靠。

10）上下导电杆成一直线。

动触片各触点应牢靠接触铜管，夹紧触点到动触头座端面的距离为：(70 ± 10)mm（252kV）、(100 ± 10)mm（550kV）。

夹紧力$\geq$1000N（在导电带两粒螺栓中间位置测量）。

导电底座装配上两侧的调节拉杆应等长且应在死点位置，限位螺栓应与其保持 1～2mm 的间隙。

回路电阻：小于 $95\mu\Omega$（GW16A-252）。

小于 $100\mu\Omega$（GW17A-252）。

小于 $130\mu\Omega$（GW16A/17A-550）。

11）分合闸最大操作力矩不大于 250N·m（252kV）、350N·m（550kV），其差值不大于 30Nm。

12）涂硅胶处应涂抹均匀，完全覆盖，GW16A 和 GW17A 应区分开，避免发生错误。

13）所有螺栓紧固可靠。

（3）检修类型。

检修类型为大修。

15.4.3　底座装配的分解检修

15.4.3.1　GW16A/17A－252产品

GW16A/17A－252接地底座装配如图15－17所示。

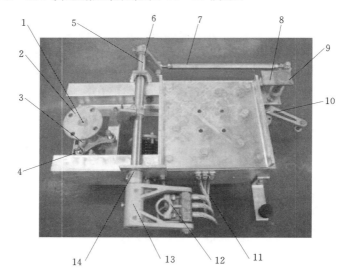

图 15－17　GW16A/17A－252接地底座装配

1—主刀机构输出轴；2—底座法兰；3—三角支座；4—调节顶杆；5—主动轴；6—支板；
7—调节拉杆；8—支撑架；9—地刀机构输出轴；10—地刀拐臂；11—导电带；
12—夹头；13—主动拐臂；14—扭簧

1．检修工艺

（1）拆除主动拐臂与三相水平连杆相连的连接螺栓或销轴，将三相水平连杆装配与底座装配分离，再拆除主刀机构输出轴下端的六孔法兰与垂直连杆装配相连的 6 个 M12 螺栓，将垂直连杆装配与底座装配分离，然后将底座装配与基础立柱相连的 4 个 M16 螺栓拆下，再将底座装配吊下，固定在专用检修平台上。

（2）打出六孔法兰与主刀机构输出轴 1 相连的 2 个 $\phi10\times70$ 的圆锥销，卸下六孔法兰，松开主动拐臂上的 2 个 M10 定位螺栓，拆下主动拐臂，取下 10×40 的平键。

（3）打下主刀机构输出轴 1 上 $\phi10$ 弹性圆柱销，松开三角支座 3 与调节顶杆相连的 3 个 M12 螺栓，取下三角支座、复合轴套、调节顶杆和垫片，检查零部件磨损情况，更换复合轴套，复合轴套内壁涂二硫化钼。

（4）打下主刀机构输出轴上法兰与轴相连的 $\phi12$ 及 $\phi8$ 弹性圆柱销，取下法兰、轴和垫片，检查各部件的磨损、锈蚀情况，垫片与垫片之间涂二硫化钼。

（5）将主刀机构输出轴与地刀机构输出轴相连的拉杆 7 拆下，检查拉杆是否变形，打掉主动拐臂 13 与主动轴 5 之间的 $\phi10$ 弹性圆柱销，松开支板与槽钢相连的 4 个 M12 的螺栓，将夹头 12 从主动拐臂和从动拐臂焊装中分离，同时拆下主动拐臂、主动轴、翻边轴

套 $\phi 39 \times \phi 35/10$、联锁套、联锁板和支板,用 0 号砂布砂光夹头与导电带 11 接触面,用酒精清洗干净,立即涂上导电脂,检查联锁板是否变形,如变形严重应及时更换,支板中的铜套内臂应涂二硫化钼。

(6) 松开支撑架 8 与槽钢相连的 4 个 M12 螺栓,用同样的方法将地刀机构输出轴 9、地刀拐臂 10 等拆下。

(7) 将左槽钢装配中(GW17A 为右槽钢装配),依次拆下 11 孔法兰、扭簧 14、衬套和从动拐臂焊装等,检查并测量扭簧、除锈、清洗、刷防锈漆。

(8) 检查动静联锁杆及所有轴类零部件,是否有变形、锈蚀情况,应将其表面除锈、清洗,与其他部件相配合的转动部位应涂二硫化钼,更换所有弹性圆柱销。

(9) 按拆卸时的逆顺序装复底座装配(GW17A 静侧底座装配拆卸和检修方法同上)。

2. 质量标准

(1) 联锁杆无变形、弯曲,接头与联锁杆扣入丝扣深度大于 25mm。

(2) 调节顶杆丝扣完整,三角支座和轴无变形和锈蚀。

(3) 拉杆无变形,两端关节轴承中心距为(625±1)mm(动侧)、(605±1)mm(静侧),夹头与导电带接触面应砂光。

(4) 地刀机构输出轴无变形和锈蚀。

(5) 扭簧无变形、生锈,应清洗并刷刷防锈漆。

(6) 各部件转动灵活,无卡滞现象,保证左右槽钢安装孔中心距为(330±1)mm,地刀抱夹中心到旋转法兰中心为(338±1)mm。

3. 检修类型。

检修类型为大修。

15.4.3.2 GW16A/17A-550 产品

GW16A/17A-550 接地底座装配如图 15-18 所示。

1. 检修工艺

(1) 将底座装配与基础立柱相连的 4 个可调螺栓拆下(如 GW17A 静侧带接地时,应先将动静联锁杆卸下),再拆除主刀机构输出轴下端的六孔法兰 15 与垂直连杆装配相连的 6 个 M12 螺栓,将垂直连杆装配与底座装配分离,再将底座装配吊下,固定在专用检修平台上。

(2) 打出六孔法兰与主刀机构输出轴 14、地刀机构输出轴 12 相连的 2 个 12×65 的圆柱销,卸下六孔法兰。

(3) 松开锁板焊接 18 上的 M10 定位螺栓,拆下锁板焊接、锁板 16 和限位销 17 等(GW17A 产品还应拆下支撑板、接头焊接和减摩轴套),检查锁板焊接缺口处和限位销是否变形,如变形严重应及时更换,用酒精清洗减摩轴套并用干净抹布擦干净,在其内壁涂以二硫化钼。

(4) 松开三角支座 5 与调节顶杆 6 相连的 3 个 M12 螺栓,打下 $\phi 10$ 弹性圆柱销,取下三角支座、转轴法兰焊接 4、复合轴套和垫片,检查零部件磨损情况,更换复合轴套,轴套内壁应涂二硫化钼。

(5) 拆下连接主动拐臂与从动拐臂的调节拉杆 1,检查拉杆变形、锈蚀情况。

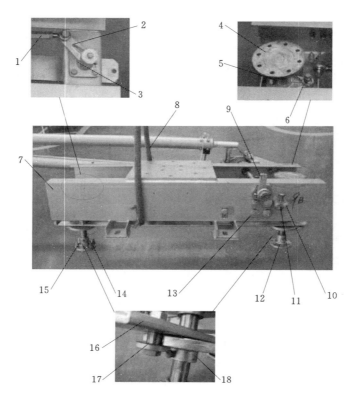

图 15 - 18　GW16A/17A - 550 接地底座装配

1—调节拉杆；2—主动拐臂；3—轴承座；4—转轴法兰焊接；5—三角支座；6—调节顶杆；
7—接地底架焊接；8—接地刀闸装配；9—限位板；10—限位螺栓；11—限位块；
12—地刀机构输出轴；13—支板；14—主刀机构输出轴；15—六孔法兰；
16—锁板；17—限位销；18—锁板焊接

（6）松开地刀输出轴 12 上端和固定轴承座 3 的 4 个 M12 螺栓，拆下主动拐臂、轴和轴承座并检查。

（7）检查动静联锁杆及所有轴类零部件，是否有变形、锈蚀情况，应将其表面除锈、清洗，与其他部件相配合的转动部位应涂二硫化钼，更换所有弹性圆柱销。

（8）按拆卸时的逆顺序装复底座装配（GW17A 静侧底座装配拆卸和检修方法同上）。

（9）接地刀闸的检修见接地系统的分解检修。

2. 质量标准

（1）联锁杆无变形、弯曲。

（2）调节顶杆丝扣完整，三角支座、联锁板、限位销和轴无变形和锈蚀，联锁板缺口如变形严重，应及时更换。

（3）拉杆无变形，两端关节轴承中心距为（680±1）mm。

（4）各部件转动灵活，无卡滞现象，支持绝缘子底板中心距主刀机构出轴中心为 500mm，距地刀机构出轴中心为 425mm。

3. 检修类型。

检修类型为大修。

15.4.4 绝缘子的检修

1. 检修工艺

(1) 检查瓷瓶瓷裙的损坏情况,对不良瓷瓶予以更换。

(2) 检查瓷件与上、下法兰的胶合情况。

(3) 检查上、下法兰螺孔丝扣情况,并用丝锥套攻,清除灰尘和铁锈,孔内涂黄油,上、下法兰刷漆。

(4) 用水冲洗瓷瓶后抹干净。

2. 质量标准

(1) 瓷瓶无破损、开裂。

(2) 胶合处无开裂和松动。

(3) 螺孔丝扣无锈蚀,孔内无杂物。

(4) 瓷瓶内壁洁净、干燥,外部清洁、光亮。

3. 检修类型

绝缘子检修类型为大修。

15.4.5 传动系统的分解检修

GW16A/17A-252 三相联动装配如图 15-19 所示。

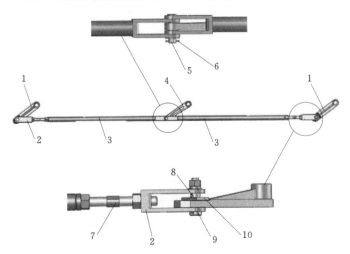

图 15-19 GW16A/17A-252 三相联动装配

1—边相联动臂;2—接头;3—水平连杆焊装;4—中相联动臂;5—销;
6—开口销;7—调节螺栓;8—轴套;9—螺栓;10—齿板

1. 检修工艺

(1) 将拆下的三相水平连杆装配进行检查,查看各配合部位磨损情况,螺纹配合部位涂二硫化钼（GW16A/17A-252）。

（2）松开垂直联杆装配与机构抱夹相连的4个M16螺栓，取下垂直联杆并进行检查。

（3）取下机构抱夹和M16螺栓并进行检查。

2. 质量标准

（1）水平连杆3无变形、弯曲，反顺牙套与水平连杆扣入丝扣深度大于25mm。

（2）垂直联杆平直，无变形。

（3）机构抱夹无裂纹，M16螺栓丝扣无损坏。

3. 检修类型。

检修类型为大修。

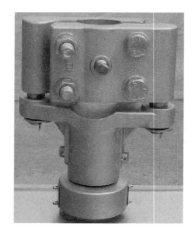

图15-20　CJ12电操机构
输出法兰、抱箍

15.4.6　CJ12电动操动机构的检修

15.4.6.1　CJ12电操机构输出法兰、抱箍的检修

1. 检修工艺

（1）先检查机构输出法兰、抱夹铸件有无损伤现象，如裂缝、带孔圆柱弯曲等现象。

（2）如有损伤现象，将机构抱夹上4个螺栓拧下，将损坏的零部件进行更换（如有必要，可将垂直连杆拆下）。再将其进行装复，CJ12电操机构输出法兰、抱箍如图15-20所示。

2. 质量标准

抱夹铸件无损伤、裂缝、带孔圆柱弯曲等现象。

3. 检修类型

法兰、抱箍的检修类型为大修。

15.4.6.2　辅助开关的检修

1. 检修工艺

（1）先用摇手柄手动进行分、合闸操作，观察辅助开关切换是否正确，有无卡滞现象。如不能满足质量标准中要求正确动作，可松开辅助开关上端接头上的2个M8的螺栓，将该接头转动一个角度，再将螺栓拧紧。

（2）如辅助开关能正确动作，则用万用表测量其每对接点通断情况是否正常。如不正常，需对辅助开关进行更换。可先将辅助开关安装板上4个螺栓拧下，再将端子排上的安装螺钉拧下，把辅助开关和端子排一起拿出机构箱体。将辅助开关更换后，将其装复，注意两个接头之间留1mm左右的间隙。

2. 质量标准

接触良好，通断相应位置正确。

转动灵活，无卡滞。

辅助开关如图15-21所示。

3. 检修类型

辅助开关检修类型为大修。

15.4.6.3 二次元件的检修

1. 检修工艺

（1）检查电动机综合保护器外观有无破损，如破损应更换，检查整定电流值与实际值是否相符，不符时应校正。并用清洗剂清洗其表面。

（2）检查交流接触器、小型断路器、分、合闸限位开关，如破损应更换，用手轻压检查触点动作情况。

（3）温湿度凝露控制器外观有无破损，如破损应更换，手动启动温湿度凝露控制器，检查加热器是否在进行加热。

2. 质量标准

电动机综合保护器完整，实际值与刻度相符。

无破损，触点切换动作正确。

无破损，温湿度凝露控制器、加热器能能正常工作。电动机综合保护器如图 15-22 所示。

图 15-21 辅助开关　　　　　　图 15-22 电动机综合保护器

3. 检修类型

检修类型为大修。

15.4.6.4 减速器的检修

1. 检修工艺

松开机构抱箍与垂直连杆的连接，用摇手柄手动操作机构，减速器应能轻松操作，无卡滞现象和异常响声。如有无卡滞现象需对减速器进行开箱检修或更换。

2. 质量标准

减速器无卡滞现象和异常响声。减速器如图 15-23 所示。

3. 检修类型

检修类型为大修。

15.4.6.5 检查机构箱密封情况

1. 检修工艺

检查机构箱上密封条的情况应完好，密封条无松动、损伤和老化情况，否则需对密封条进行更换。

2. 质量标准

密封条无松动、损伤和老化情况。机构箱上密封条如图 15-24 所示。

图 15-23　减速器

图 15-24　机构箱上密封条

3. 检修类型

机构箱密封检修类型为大修。

15.4.7　CSB 手动操动机构的检修

15.4.7.1　CSB 机构输出法兰、抱箍的检修

1. 检修工艺

（1）先检查机构输出法兰、抱夹铸件有无损伤现象，如裂缝、带孔圆柱弯曲等现象。

（2）如有损伤现象，将机构抱夹上 4 个螺栓拧下，将损坏的零部件进行更换（如有必要，可将垂直连杆拆下）。再将其进行装复。

2. 质量标准

抱夹铸件无损伤、裂缝、带孔圆柱弯曲等现象。

3. 检修类型

检修类型为大修。

15.4.7.2 辅助开关的检修

1. 检修工艺

（1）先拆下机构箱外壳，用摇手柄手动进行分、合闸操作，观察辅助开关切换是否正确，有无卡滞现象。如不能满足质量标准中要求正确动作，可松开辅助开关上端接头上的 2 个 M8 的螺栓，将该接头转动一个角度，再将螺栓拧。

（2）如辅助开关能正确动作，则用万用表测量其每对接点通断情况是否正常。如不正常，需对辅助开关进行更换。可先将辅助开关安装板上 4 个螺栓拧下，再将端子排上的安装螺钉拧下，把辅助开关和端子排一起拿出机构箱体。将辅助开关更换后，将其装复，注意两个接头之间留 1mm 左右的间隙。

2. 质量标准

接触良好，通断相应位置正确。

转动灵活，无卡滞。

3. 检修类型

检修类型为大修。

15.4.7.3 减速器的检修

1. 检修工艺

松开机构抱箍与垂直连杆的连接，用摇手柄手动操作机构，减速器应能轻松操作，无卡滞现象和异常响声。如有无卡滞现象需对减速器进行开箱检修或更换。

2. 质量标准

减速器无卡滞现象和异常响声。

3. 检修类型

检修类型为大修。

15.4.8 接地系统的分解检修

15.4.8.1 接地静触头装配检修

1. GW16A/17A - 252 产品

GW16A/17A - 252 产品如图 15 - 25 所示。

（1）检修工艺。

1）松开导电底座与接地静头装配相连的 4 个 M10 固定螺栓，取下该装配（对 GW17A 产品，包括从主静触头上拆下的接地静触头装配）。

2）松开接地支板 8 与支架 4 相连的 4 个 M10 螺栓，使接地支板与支架脱离。

3）松开触指罩 7 与支架相连的 5 个 M6 十字槽盘头螺钉，卸下触指罩。

4）松开左右导向板 5 与支架相连的 2

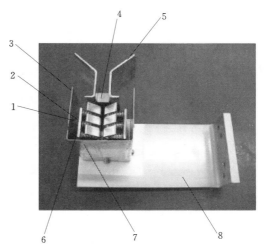

图 15 - 25　GW16A/17A - 252 接地静触头装配
1—触指弹簧；2—导柱；3—触指；4—支架；5—导向板；
6—触指压板；7—触指罩；8—接地支板

个 M10 螺栓，卸下导向板。

5）松开触指压板 6、触指 3 与支架相连的 2 个 M10 螺栓，依次拆下触指压板、触指弹簧 1、导柱 2 和触指 3，将所有零部件用酒精清洗干净，用干净抹布抹干．检查触指弹簧的变形及锈蚀情况，如变形或锈蚀严重，应予以更换。将支架与触指及与接地支板接触面用 00 号砂纸砂光，并用酒精清洗干净，立即涂上导电脂，触指接触面涂工业凡士林。

6）按拆卸时的逆顺序装复接地静触头装配。

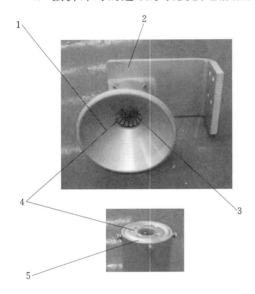

图 15 - 26　GW16A/17A - 550 接地静触头装配
1—小导向罩；2—接地支板；3—夹紧弹簧；
4—触指；5—挡圈

（2）质量标准。

1）触指无毛刺，镀银层良好，光洁，弹簧无变形、锈蚀，触指压板无变形。

2）装配正确，导电接触可靠。

（3）检修类型。

检修类型为大修。

2. GW16A/17A - 550 产品

GW16A/17A - 550 产品如图 15 - 26 所示。

（1）检修工艺。

1）松开导电底座与接地静头装配相连的 4 个 M10 固定螺栓，取下该装配（对 GW17A 产品，包括从主静触头上拆下的接地静触头装配）。

2）松开接地支板 2 与接地静触头相连的 4 个 M10 螺栓，使接地支板与接地静触头脱离。

3）松开小导向罩 1 与接地静触头相连的 4 个 M6 螺栓，依次卸下小导向罩、挡圈 5、触指 4 和夹紧弹簧 3，将所有零部件用酒精清洗干净，用干净抹布抹干。检查夹紧弹簧的变形及锈蚀情况，如变形或锈蚀严重，应予以更换。将接地支板与接地静触头接触面用 00 号砂纸砂光，并用酒精清洗干净，立即涂上导电脂，触指接触面涂工业凡士林。

4）按拆卸时的逆顺序装复接地静触头装配，装配螺栓时，应先紧固 4 个 M10 螺栓，再紧固 4 个 M6 螺栓。

（2）质量标准。

1）触指无毛刺，无变形，镀银层良好，光洁，弹簧无变形、锈蚀。

2）装配正确，导电接触可靠。

（3）检修类型。

检修类型为大修。

15.4.8.2　接地闸刀装配检修

1. GW16A/17A - 252 产品

GW16A/17A - 252 接地刀闸装配如图 15 - 27 所示。

（1）检修工艺。

松开紧固在接地刀杆 3 下端的两个 U 形螺杆，拆下接地刀杆，检查接地动触头 2 烧伤情况，并用酒精将零部件清洗干净，再用干净抹布抹干。

（2）质量标准。

无严重烧伤或断裂情况。

（3）检修类型

接地闸刀装配检修类型为大修。

2．GW16A/17A－550 产品

GW16A/17A－550 接地刀闸装配如图 15－28 所示。

（1）检修工艺。

1）用铁丝将接地闸刀上导电杆 4 和

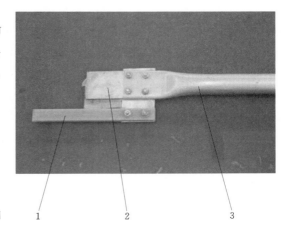

图 15－27　GW16A/17A－252 接地闸刀装置
1—导向块；2—接地动触头；3—接地刀杆

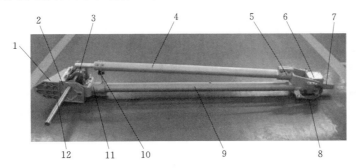

图 15－28　GW16A/17A－550 接地刀闸装配
1—安装架；2—固定座；3—接地动触头；4—上导电杆；5—连接叉；6—盖板；7—齿轮箱；
8—导电带；9—下导电杆；10—缓冲垫；11—转动座；12—地刀转轴

下导电杆 9 两端头捆在一起，捆 3～4 圈。将底座装配中地刀转轴 12 上固定从动拐臂的紧定螺栓松开，拆下从动拐臂，再拆下地刀限位板 9，松开支板 13（见图 15－18）、安装架 1 与接地槽钢螺栓，拆下接地闸刀将其固定在专用检修平台上。

2）对刀闸在合闸位置时，打开下导电杆外壁平衡弹簧调整窗盖板，将下导电杆内平衡弹簧完全放松，再使刀闸处于分闸位置。

3）按分解 GW16A 主闸刀的方法将接地闸刀分解留下固定座装配。

（2）质量标准。

1）必须固定，捆扎牢固。

2）用斜铁楔缺口时，防止损伤各部件。

（3）检修类型。

检修类型为大修。

3．上导电杆装配检修

（1）检修工艺。

1）检查接地动触头 3 烧损情况，如有轻微损伤，可用 00 号砂纸打磨，并用酒精清洗干净，用干净抹布抹干，并涂上凡士林。

2）按拆卸时的逆顺序进行装复。

（2）质量标准。

1）无严重烧伤或断裂情况。

2）装配正确，接触可靠，连接牢固，动作轻巧。

（3）检修类型。

检修类型为大修。

4. 中间接头装配检修

（1）检修工艺。

1）检查连接叉 5、齿轮箱 7 的损伤和开裂变形情况，如有开裂及严重变形，应予更换。

2）拆下连接连接叉与齿轮箱的导电带 8，查看导电带及外层不锈钢片的烧伤及损伤情况。

3）取下齿轮箱上部的盖板 6，将连接叉与轴相连的两个弹性圆柱销打出，取下齿轮箱内部的弹性挡圈以及轴、键和齿轮。

4）松开齿条支轴两端的螺栓及挡板，打出支轴取出 Φ27×Φ24/20 复合轴套，检查支轴半圆面及复合轴套的磨损及变形情况。

5）用酒精清洗所有零部件，并用干净抹布抹干，更换连接叉上的 Φ35×Φ38/20 复合轴套，将支轴与复合轴套的接触面涂以二硫化钼，更换所有弹性圆柱销。

6）按拆卸时的逆顺序进行装复，装复后将齿轮涂以二硫化钼，并测量中间接头装配两铸件端面的回路电阻。

（2）质量标准。

1）连接叉铸件无开裂及严重损伤。

2）导电带完好，无折断等损伤现象。

3）轴无变形，弹性挡圈弹力适中、无损伤，齿轮无锈蚀，丝扣完整，无严重磨损。

4）接触面光滑、复合轴套完好。

（3）检修类型。

检修类型为大修。

5. 下导电杆装配检修

（1）检修工艺。

1）将拉杆装配上的调节螺母从齿条侧旋出，取出平衡等零件，并将导向滚轮和可调联结分解。

2）打出齿条与拉杆之间的弹性圆柱销，检查齿条损坏情况，如缺齿、断齿应予以更换。

3）检查平衡弹簧的疲劳、锈蚀及损坏情况，测量其自由长度，脱漆部分重新刷防锈漆，并涂二硫化钼。

4）检查拉杆的生锈及变形情况，除锈并刷防锈漆。

5）检查导向滚轮的磨损及变形情况，如开裂或严重损坏应予以更换。

6）按拆卸时的逆顺序装复下导电杆装配，装复前应将调节螺母等零部件用酒精洗干净。

（2）质量标准。

1）应保证可调联结两中心孔距离为 210mm。

2）齿条平直，无变形、断齿等。

3）平衡弹簧无锈蚀，自由长度应符合要求：长度为 636mm。

4）拉杆无生锈、变形。

5）装配正确，零部件干净整洁。

（3）检修类型。

检修类型为大修。

6. 固定座装配检修

（1）检修工艺。

1）将转动座 11 与地刀转轴 12 相连的两个弹性圆柱销打出，检查转动座、地刀转轴、导电带及固定座 2，并用酒精清洗各部件，再用干净抹布抹干。

2）更换所有弹性圆柱销，按拆卸时的逆顺序进行装复。

（2）质量标准。

1）转轴平直、光滑无变形，铸件无开裂及严重损伤。

2）导电带完好，无折断等损伤现象。

（3）检修类型。

检修类型为大修。

7. 接地闸刀系统组装

（1）检修工艺。

1）将固定座装配固定在专用检修平台上。

2）按组装 GW16A 主闸刀的方法将接地闸刀组装，然后将其分闸，并按要求把上下导电杆捆绑在一起，再将其与安装架按拆卸时的逆顺序装复在底座装配中。

（2）质量标准。

1）固定螺栓紧固。

2）导电接触面光滑、无毛刺，并涂上导电脂，导电管插入位置正确、适度。

上下导电杆成一直线，且合闸时垂直于地面。

合闸位置时，将限位调节螺栓与限位块贴紧，保证合闸可靠。

（3）检修类型。

检修类型为大修。

15.5 安 装 与 调 试

闸刀在安装时，对有接触要求的接触面（有镀层的除外），用砂纸或钢刷去掉表面的氧化层后，用布擦拭干净，再迅速涂抹导电膏（静止接触面）、凡士林（动接触面）并马上安装。闸刀调试完毕，所有传动部位均需涂抹润滑油脂。

15.5.1　GW16A 静触头的安装调试

1. 安装与调试

（1）安装时，应考虑安装地点的大气条件，确定静触头的位置。

（2）将组装好的静触头装配抬到母线下面。

（3）在母线上测量安装点的位置，使之对准安装基础的中心线。

（4）将母线与母线夹头之间的接触面均用 120 号砂布砂光，清除氧化层后用工业汽油清洗干净，用卫生纸擦拭后立即涂上导电脂。

（5）将静触头装配装在母线上，紧固安装螺栓。

（6）对于 550kV 隔离开关装好静触头两端均压环。

（7）观察安装好的静触头杆，应与母线呈 90°方向。

2. 质量标准

在产品规定的各种环境下，应满足接触区范围规定的要求。

母线安装处清洁、无损伤。静触头安装位置正确，15～20℃时，静触头杆距基础上平面 5881mm（252kV）、10333mm（550kV）。

15.5.2　GW17A 静触头的安装调试

1. 安装与调试

（1）在支柱绝缘子安装调试好后，将组装好的单（双）静触头连同接地静触头装配一并吊起，装复在支柱绝缘子法兰上，紧固固定螺栓。

（2）对于 550kV 隔离开关装好均压环。

2. 质量标准

静触头装配安装水平，静触杆垂直。

15.5.3　底座装配的安装调试

1. 安装与调试

（1）将 4 个安装螺栓大端固定在基础立柱上（基础立柱两侧各两个螺母），将隔离开关底座固定在安装螺栓的小端。

（2）找正水平及相间距离并使三相隔离开关的主刀三相联动输出轴中心处在同一条线上，同一相的两个或三个（双静系列）底座的上安装平面中心拉一通线，保证底座在同一中心线上；用水平尺检查其绝缘子安装平面，如不水平，则调整安装螺栓的高度。

（3）安装完后将法兰下的可调三脚支承螺丝调至最低位置。

2. 质量标准

底座装配的上平面水平，紧固牢靠。

15.5.4　绝缘子安装调试

1. 安装与调试

（1）252kV 隔离开关：在地面上将绝缘子擦拭干净，将下支柱绝缘子和下操作绝缘子用 M16 螺栓分别固定在底座装配的安装平面上和旋转轴承座上（可调支承调至最低位置），用铅锤线检查其是否垂直，用水平尺检查上安装面是否水平，如有偏差用 U 形垫片调整，将上支柱绝缘子和上操作绝缘子用 M16 螺栓分别固定在下支柱绝缘子和下操作绝缘子上，用同样的方法将瓷瓶校直垫平。需要注意的是，当下支柱绝缘子下附件安装孔为六孔，上支柱绝缘子上附件安装孔为四孔时，需注意上支柱绝缘子唯一的安装方位。

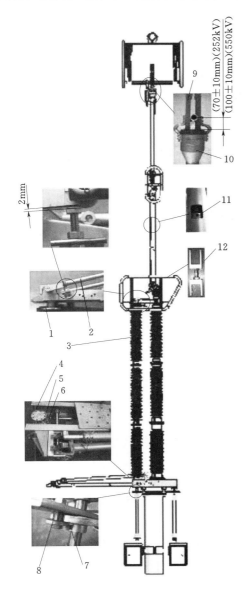

图 15 - 29　主闸刀安装示图

1—法兰；2—双连杆；3—操作绝缘子；4—底座转动
法兰；5—三脚支承；6—可调螺杆；7—主刀锁盘；
8—锁销；9—静触杆；10—动触头；
11—可调螺套；12—可调连接

（2）550kV 隔离开关：在地面上将绝缘子擦拭干净，将下节支柱绝缘子用 M16 螺栓固定在底座装配的安装平面上，下节操作绝缘子用 M10 螺栓固定在旋转轴承座上（可调支承调至最低位置），用铅锤线检查其是否垂直，用水平尺检查上安装面是否水平，如有偏差用 U 形垫片调整，依次将中节支柱绝缘子、中节操作绝缘子、上节支柱绝缘子、上节操作绝缘子用 M16 螺栓安装，用同样的方法将绝缘子校直垫平。

2. 质量标准

起吊绝缘子时，应事先检查吊具安全可靠，捆绑牢固。

支柱绝缘子的上平面水平，紧固牢靠。

15.5.5　主闸刀的安装调试

主闸刀安装示图如图 15 - 29 所示。

1. 安装与调试

（1）将主闸刀吊装在支柱绝缘子上，用 U 形垫片调整其水平，再 M16 螺栓紧固。

（2）在上操作绝缘子 3 的上端面与主闸刀旋转法兰 1 间放置一个橡皮垫，升高下操作绝缘子下的可调三脚支承 5，使操作绝缘子上端橡皮垫距主闸刀旋转法兰约 2mm 间隙，然后用 M16 螺栓（550kV 用 M10）将操作绝缘子与主刀闸旋转法兰连接但不拧紧，连接时，瓷瓶下底座部位的主刀锁盘 7 缺口要基本对正锁销 8；完全松开操作绝缘子下部与底座间的 M16（550kV 为 M10）螺栓，然后将操作绝缘子上部与主闸刀旋转法兰间的螺栓拧紧。

（3）调整底座的三个可调螺杆 6，使底座转动法兰 4 与下操作绝缘子下端面均匀贴紧，然后将其螺栓紧固。

（4）将主闸刀导电底座上的双连杆取下 2（不要松开主刀闸上的捆绑铁丝），用手转动操作绝缘子 3 应感轻松灵活。否则再调整三个可调螺杆 6，使操作绝缘子转动灵活，然后将可调螺杆的锁紧螺母紧固，再把取下的双连杆 2 装复在导电底座上。

（5）对于接地型产品，还需将接地静触头装配安装在主刀闸的导电底座上。

（6）站在主闸刀的侧面，松开捆绑主闸刀的固定件，将主闸刀处于铅垂（GW16A 型）或水平（GW17A 型）位置，调整主闸刀上双连杆 2 的长度，使之等长，且主动拐臂在"死点位置"，并距限位螺钉 2mm。

（7）将主闸刀进行几次慢分慢合，不要让动触头 10 静触杆 9 夹紧，对 GW16A 开关：微调静触头与主闸刀的相对位置，使之满足图 15 - 30 要求，且动触片上的 8 条接触线均应与静触杆可靠接触；对 GW17A 开关：利用主闸刀与支柱瓷瓶间的四个孔或底座装配与支架之间的四个孔进行调整，使静触头与主闸刀的相对位置满足图 15 - 30 要求，且动触片上的 8 条接触线均应与静触杆可靠接触。

（8）将下导电管处于铅垂（GW16A 型）或水平（GW17A）位置，调整下导电管下部的可调连接 12 的长度，使上导电管与下导电管成一直线。（注意在保证上、下导电管成一直线的前提下，尽可能缩紧可调连接，消除齿条、齿轮间的间隙）。

（9）对 550kV 隔离开关，将导电底座和中间接头处的均压环安装好。

（10）调整下导电管中调节螺套 11 的位置，可调节平衡弹簧的力，使主闸刀分、合闸力矩差值不大于 30N·m。

2. 质量标准

吊具安全可靠，紧固牢固。

切记不可站在正对主闸刀的位置，以免主闸刀伤人。

15.5.6 252kV 接地刀闸的安装调试

1. 安装与调试

底座装配如图 15 - 30 所示。

（1）将清洗、检修、组装后的接地刀底座装配 3 在槽钢底座 1 上。

（2）将接地刀杆装配插入到底座装配的夹头 4 内，用手推动接地刀杆使其插入接地静触头内（50±10)mm，此时主动拐臂 5 基本水平，然后将夹头上的螺母拧紧。注意动静触头的接触面涂中性凡士林。接地刀片插入深度示图如图 15 - 31 所示。

（3）地刀合闸时动触片偏离静触头的左右偏差（即垂直于底座槽钢长度方向）调整方法有三种：

1）在铝抱夹对侧槽钢上，把固定地刀不锈钢横轴的支板 6 与槽钢相连的 4 个 M12X45 热镀螺栓松开，支板向下压，可使地刀相对向内偏移，支板向上抬，可使地刀朝外偏离。

2）将接地静触头与接地安装铝板 12 连结的 4 个 M10X35 热镀螺栓松开，静触头向左、右移动。

3）松开大支板 2 与槽钢相连的 4 个 M12X45 螺栓，用随机配备的 U 形垫调整。

（4）地刀合闸时动触片偏离静触头的前后偏差（即平行于底座槽钢长度方向）调整：

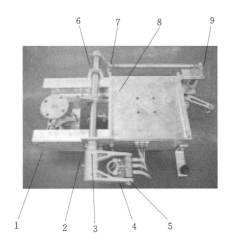

图 15-30　底座装配

1—底座；2—大支板；3—接地刀底座；4—夹头；5—主动
拐臂；6—支板；7—法兰；8—弹簧挂销；9—主动拐臂

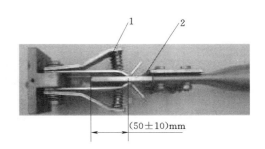

图 15-31　接地刀片插入深度示图

1—静触指；2—接地动刀片

1）地刀合闸时动触片 11 与静触头内导向立柱 13 发生碰撞，使地刀拒合，称为地刀合闸后偏差，地刀合闸后偏差如图 15-32 所示，调整方法如下：

a. 松开大支板 2 与槽钢相连的 4 个 M12×45 螺栓，将大支板朝外转。

b. 检查动触片 11 与黄色塑料导向杆 15 的距离是否过小。

2）地刀合闸时动触片与静触头防雨罩外侧发生碰撞，使地刀拒合，称为地刀合闸前偏差，如图 15-33 所示，调整方法如下：

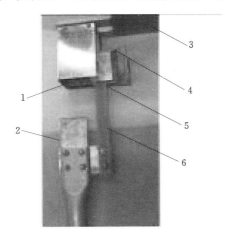

图 15-32　地刀合闸后偏差

1—静触指；2—接地动刀片；3—接地安装铝板；
4—导间立柱；5—防雨罩；6—导向杆

图 15-33　地刀合闸前偏差

1—静触指；2—接地动刀片；3—接地安装铝板；
4—导向立柱；5—防雨罩；6—导向杆

a. 松开大支板（2）与槽钢相连的 4 个 M12×45 螺栓，将大支板朝内转。

b. 检查动触片 11 与黄色塑料导向杆 15 的距离是否过大。

（5）地刀分、合闸操作力矩平衡的调整：调整底座上平衡扭簧端部挂销 8 在法兰 7 上的位置可调整地刀分、合闸操作力矩平衡。

2. 质量标准

15.5.7　550kV 接地闸刀的安装调试

1. 安装与调试

（1）将清洗、检修、组装后的接地刀底座装配在槽钢底座上。

（2）将接地刀杆用手推动合闸，合闸时应保证动触头插入接地静触头内（40±10)mm（见图 15−36），否则可调节上、下导电管插入各铝铸件的深度。

（3）地刀合闸时动触片偏离静触头的左右偏差（即垂直于底座槽钢长度方向）调整方法有两种：

1）在接地刀底座对侧槽钢上，把固定地刀不锈钢横轴的支板 1 与槽钢相连的 4 个 M12X45 热镀螺栓松开，支板向下压，可使地刀相对向内偏移，支板向上抬，可使地刀朝外偏离。

2）将接地刀杆固联的支架 4 与支座 3 连结的 4 个 M16 热镀螺栓松开，转动支架即可。

（4）接地刀合闸时动触片偏离静触头的前后偏差（即平行于底座槽钢长度方向）调整：上导电管与下导电管不成一直线时，调节下导电管内的可调连结 6 即可（调整时需注意，可调连结并紧螺母并紧后变化极大，调节时要并紧螺母再操作）。

（5）地刀分、合闸操作力矩平衡的调整：拆开下导电管上的盖板，用调整杆旋动内部可调螺母 7 以改变弹簧平衡力。

2. 质量标准

接地底座装配如图 15−34 所示。接地静触头插入深度如图 15−35 所示。

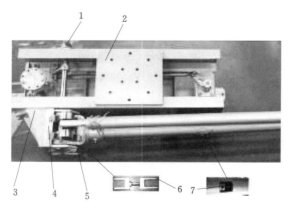

图 15−34　接地底座装配

1—支板；2—底座；3—支座；4—支架；5—接地
刀底座；6—可调连接；7—可调螺母

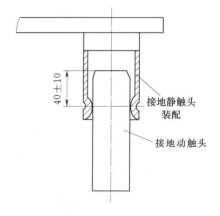

图 15−35　接地静触头插入深度

15.5.8　操动机构的安装（主、地刀相同）

1. 安装与调试

（1）将操动机构按附图 1～4 位置尺寸安装在基础立柱侧面安装板上（对于三相机械

联动的开关，将操作机构安装在 B 相），用铅垂法检查隔离开关出轴与机构出轴是否对齐，然后量取隔离开关出轴下端接头 1 到机构抱夹块 3 下边沿的距离，再按量取的距离截取垂直连杆 2，并对切口作防腐处理。

（2）将闸刀放置合闸位置，同时将机构手摇至合闸位置（电动机构以合闸行程开关切换为准），再逆时针倒转 3～5 圈，将垂直连杆 2 上端与接头 1 用 6 个 M12 螺栓连接，下端插入机构抱夹 3 内并紧固 M16X110 抱夹螺栓（紧固抱夹螺栓时，要紧对角且分多次拧紧到位，紧固后螺栓外露螺纹基本一致，紧固扭力不大于 160N）。

图 15-36　机构与垂直连杆连接
1—接头；2—垂直连杆；
3—抱夹；4—机构

（3）对于电动操动机构，则按照电动操动机构安装使用说明书的要求连接二次回路导线，检查无误后接上电机电源和控制电源（驱潮回路须接入零线 N），按用户要求接入电气防止误操作联锁和遥控（或远方控制）回路。进行单相电动试操作，在电动操作前应将机构手摇到分、合闸中间位置，再按分、合按钮检查隔离开关运动方向是否与指令相符，若发现与指令不符，说明三相电源相序接反，应立即停止，然后将电动机三相交流电源任意二相互调换即可。

2．质量标准

质量标准为图 15-36 机构与垂直连杆连接所示。

15.5.9　电动机构与闸刀连机调试、主／地刀闭锁调试

1．安装与调试

（1）手动分闸，如果机构分闸限位开关 1 发生切换而锁盘缺口未对准锁销

1）相差角度很小时（5°以内）可调节机构中分闸行程开关的调节螺钉 2 长短，单边扩大或减小机构行程，使分闸限位开关发生切换时闸刀锁盘缺口正好对准锁销。

2）相差很多则说明机构输出行程与开关所需行程相差很大，不应单独调节分闸行程开关 1 的限位螺钉 2，这样会造成机构分合行程很不对称，对辅助开关切换不利，这时为达到闸刀锁盘分到位与机构分闸行程开关切换同步、闸刀合闸与机构合闸行程开关切换同步的要求，主、地刀调节方法不尽相同：

a．主刀机构：将抱夹松开，将机构行程往合、分两方对称调大或调小。

b．地刀机构：将抱夹松开，将机构行程往合、分两方对称调大或调小；另外对于 252kV 接地闸刀，还可以调整机构上方拐臂的齿板位置，配合调整传动连杆的长度；对于 550kV 接地闸刀，还可以松开机构抱夹，调整传动连杆的长度。

（2）电动分、合闸操作，微调分、合闸行程开关的调节螺杆，直到闸刀锁盘分到位与机构分闸行程开关切换同步、闸刀合闸与机构合闸行程开关切换同步为止。

（3）如果机构辅助开关切换信号与闸刀分、合闸不同步，松开辅助开关与机构出轴连接的接头 3 上 2 个 M8（4）螺钉，稍微转动即可（配真空辅助开关时，转动方向反转会损坏辅助开关）。

（4）完成以上步骤后，用电动合、分操作 5 次确认动作连贯正常。

需要注意的是，以上调整方法可能要同时运用，多次调整才能达到要求。

2. 质量标准

机构内部调整图如图 15-37 所示，220 中相底座如图 15-38 所示。

图 15-37　机构内部调整图

1—行程开关；2—行程开关调整螺钉；3—辅助
开关连接接头；4—辅助开关调整螺钉

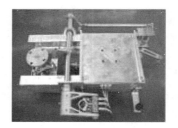

图 15-38　220 中相底座

15.5.10　手动机构与 252kV 接地闸刀连机调试

1. 安装与调试

（1）手动分闸，如果机构分闸限位与闸刀锁盘缺口对准锁销不同步，但相差角度很小时（5°以内）可调节机构上方分闸限位螺杆长短，单边扩大或减小机构行程，使机构分闸到位时刀闸锁盘缺口正好对准锁销；但是，如果相差很多则说明机构输出行程与开关所需行程相差很大，这时可调整地刀机构上方拐臂的齿板位置（配合调整传动连杆的长度），或者将机构抱夹松开，将机构行程往合、分两方对称调大或调小，直到闸刀锁盘分到位与机构分闸到位同步、闸刀合闸与机构合闸到位同步为止。

（2）如果机构辅助开关切换信号与闸刀分、合闸不同步，松开辅助开关与机构出轴连接的接头上两个 M8 螺丝，稍微转动即可（配真空辅助开关时，转动方向反转会损坏辅助开关）。

需要注意的是，以上调整方法可能要同时运用，多次调整才能达到要求。

2. 质量标准

CSB 手动机构具体调整位置如图 15-39 所示。

图 15-39　CSB 手动机构

15.6 三相联动安装调试

三相同期的要求仅针对于有机械三相联动的闸刀，且非主要技术参数。如片面地追求三相同期数值最小化，必然会牺牲闸刀的其他主要性能，所以三相同期只要达到标准要求即可。

15.6.1 550kV开关三相连动（通过电气联动）

将每个单相机构与闸刀连机调整好以后，将机构汇控箱操作方式置于"三相近控联动"位置，按下汇控箱内的分、合闸按钮，确认三相闸刀电气联动动作正常，三相基本同步。

15.6.2 252kV开关三相连动（通过机械联动）

1. 安装与调试

（1）主闸刀：将各相主闸刀置于合闸位置，将三相联动杆4一端连在边相的可调拉杆3上（可调拉杆两侧螺母先不锁紧），另一端连在中相的联动拐臂5上，用手柄摇动机构，观察三相主闸刀的运动情况，如两边相的初始角度不对，可通过调整可调拉杆3适当调整三相联动杆的长度；如两边相所需的角度不够或过大，即两边相相对于中相较快或较慢，可调整边相三相联动拐臂2上齿板1的位置（三相联动杆的长度亦要配合调整）。调试的方法是：松开拐臂上紧固螺栓，将动作较快的一相产品拐臂适当放长，将动作较慢的一相产品的拐臂适当缩短，然后拧紧螺栓。通过调整，使三相主闸刀动作速度基本一致，再将可调拉杆两侧螺母锁紧。

图 15-40 220 边相底座
1—主动拐臂；2—齿板

（2）接地闸刀：将各相接地闸刀置于合闸位置，将三相联动杆一端连在边相的可调拉杆7上（可调拉杆两侧螺母先不锁紧），另一端连在中相的联动拐臂9上，用手柄摇动机构，观察三相接地闸刀的运动情况，如两边相的初始角度不对，可通过调整可调拉杆7适当调整三相联动杆的长度；如两边相所需的角度不够或过大，即两边相相对于中相较快或较慢，可调整边相底座上主动拐臂10的齿板11位置，调试的方法是：松开拐臂上紧固螺栓，将动作较快的一相产品拐臂适当缩短，将动作较慢的一相产品的拐臂放长，然后拧紧螺栓。通过调整，使三相接地刀闸动作速度

基本一致，再将可调拉杆两侧螺母锁紧。

2. 质量标准

220 边相底座如图 15-40 所示。

15.6.3 GW17A 系列开关动、静侧联锁的安装调试

1. 安装与调试

将联锁杆 1 装复在动、静侧底座上，调节联锁杆一侧可调螺杆长度，手动操作机构，应达到主刀合闸时，地刀不能合闸（即接地闸刀满足断口距离要求），地刀合闸时，主刀不能合闸（即主闸刀满足断口距离要求）的目的。

最后，将每台机构抱夹与垂直连杆配钻，拧入定位螺塞。

2. 质量标准

GW17A 动静联锁如图 15-41 所示。

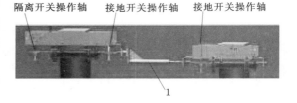

隔离开关操作轴　接地开关操作轴　接地开关操作轴

图 15-41　GW17A 动静联锁
1—动静联锁杆

15.7　结　尾　工　作

恢复接线、检查所有导电部位表面情况；检查所有传动部位联接情况；检查所有绝缘子表面情况。对支架、基座、联杆等铁质部件进行除锈防腐处理；对导电部分的适当部位涂相应的相序漆，并在操动机构上标出分合位置指示；拆除工作架，整理清扫工作现场。

15.8　竣　工　验　收

1. 验收项目

（1）目测主闸刀在合闸位置时应竖直成一直线（GW16A 型）或水平成一直线（GW17A 型）。

（2）主闸刀在合闸后，动触片的八个接触点均应与静触杆接触良好，并在规定的接触区域内（见主闸刀系统组装 K 项）。

动触片对静触杆的夹紧力不小于 1000N。合闸示意图如图 15-42 所示，在导电带两粒螺栓中间位置用专用夹紧力测试仪测量）。

$F_{夹紧力} \geqslant 1000N$

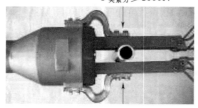

图 15-42　合闸示意图

（3）主闸刀断口距离不小于 2600（252kV）、4550（550kV），接地闸刀断口距离不小于 1800（252kV）、3900（550kV）。

（4）检查主闸刀的三相合闸同期性不大于 20mm，测量方法见图 15-43 三相合闸同期性检查：当任一相的两侧动触片与静触杆接触时，测量另外两相动、静触头间距 L_1、L_2，$1/2 (L_1 + L_2) \leqslant 20mm$。

（5）检查接地闸刀的三相合闸同期性不大于 15mm，测量方法：当任一相的动、静触头刚接触时，测量另外两相动、静触头间距不大于 15mm。

（6）接地刀合闸后，动触头插入静触头深度为（50±10）mm（252kV）、（40±10）mm（550kV）。

（7）接通电源，对电动机构分别施加 100% U_n、85% U_n、110% U_n，并分别进行分、合闸操作三次，机构操作三次，机构工作正常，分、合闸位置正确。

（8）手摇操作，作用在手柄上的力不应大于 60N，在 10% 总转数内允许 120N。

（9）用电压降法测量隔离开关主闸刀回路电阻是否符合要求。

（10）检查隔离开关与接地开关的机械闭锁能否达到主刀合闸、地刀不能合闸，地刀合闸、主刀不能合闸的防误要求。

（11）检查所有转动、传动等具有相对运动部件是否有润滑油并动作灵活，所有螺栓、轴销是否紧固可靠，所有螺母是否拧紧。

2．质量标准

质量标准如图 15-42 和图 15-43 所示。

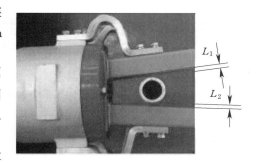

图 15-43　三相合闸同期性检查

15.9　常见故障处理

常见故障及其产生原因和处理方法见表 15-3。

表 15-3　　　　　　　　　常见故障及其产生原因和处理方法

常 见 故 障	产 生 原 因	处 理 方 法
动触片与静触杆接触不良	动触片的四个触点与静触杆不平行	1．松开上导电管与动触头之间的紧固螺栓及定位螺塞，视具体情况稍微转动一下动触头座装配，然后拧紧各螺栓； 2．调整静触杆来实现动、静触头的可靠接触； 3．调整动触片，使每侧的两个动触片的四个接触面在同一平面内
	动触片变形	更换动触片
隔离开关当主闸刀合闸终了时，动、静触头之间的接触压力不够或无夹紧力	上导电管装配中的操作杆长度过短	松开中间接头装配与上导电管装配相连的定位螺塞及紧固螺栓，将上导电管向连接叉里插进一些，再进行装配
	上导电管长度过长	
	中间的滚子直径较小	更换成 $\phi 30$ 滚子
	静触头导电杆直径较小	更换静触杆（2500～3150A 为 $\phi 40$；4000A 为 $\phi 50$）

常 见 故 障	产 生 原 因	处 理 方 法
隔离开关在合闸位置时,下导电杆处于垂直(GW16A型)或水平(GW17A型)位置,而上导电杆不垂直或不水平	主导电系统内的齿条与齿轮啮合不正确	1. 当下导电杆垂直或水平而上导电杆向分闸方向倾斜时,可缩短下导电管与导电底座连接处的可调连接长度,倾斜严重的可松开中间接头与下导电杆相连的紧固螺栓及定位螺塞,将齿轮箱取下,重新挂齿并加以调整,使上、下导电杆成一直线,并将紧固螺栓及定位螺塞拧紧; 2. 当下导电杆垂直或水平而上导电杆向合闸方向倾斜时,可伸长下导电管与导电底座连接处的可调连接长度,倾斜严重的可松开中间接头与下导电杆相连的紧固螺栓及定位螺塞,将齿轮箱取下,重新挂齿并加以调整,使上、下导电杆成一直线,并将紧固螺栓及定位螺塞拧紧; 注意:当主闸刀处于合闸正常状态时,尽可能收紧可调连接,消除齿轮、齿条的间隙
隔离开关处在合闸位置时,上、下导电杆成一直线,但整体不在铅垂(GW16A型)或水平(GW17A型)位置	接线底座装配调节拉杆长度调整不当	松开调节拉杆上的锁紧螺母,适当放长或缩短调节拉杆长度。注意:一定要使两调节拉杆长度相等,并将锁紧螺母拧紧
隔离开关在调试时,单相分、合闸力矩之差大于30N·m	下导电管内平衡弹簧压缩量调整不当	1. GW16A型开关:当合闸力矩大,分闸力矩小时,顺时针旋转调节螺套(从齿轮箱往下看),反之,若合闸力矩小而分闸力矩大时,调整方法与以上相反; 2. GW17A型开关:当合闸力矩大,分闸力矩小时,逆时针旋转调节螺套(从齿轮箱往下看),反之,若合闸力矩小而分闸力矩大时,调整方法与以上相反; 注意:均应在主闸刀处于竖直状态调整
隔离开关在三相联动时,中相的分、合闸正常而一边相合闸不到位,另一边相分闸不到位	三相联动杆长度调整不当	适当调整三相联动杆长度
隔离开关在三相联动时,中相的分、合闸正常而边相分、合闸均不到位,或边相分、合闸均过位	两边相的三相联动臂长度调节不当	1. 边相分、合闸均不到位:松开固定三相联动臂与齿板的螺栓,将齿板沿拐臂向里作适当调整,并配合调整三相联动杆,以达到和主相同期的目的; 2. 边相分、合闸均过位:通过增加三相联动臂的长度来调整,具体方法与以上相反

常 见 故 障	产 生 原 因	处 理 方 法
接地开关操作时分、合闸力矩较大	操动机构的输出轴线与接地开关传动轴的轴线不在一条直线上，即相连接时对中误差较大	调节操动机构的安装位置，保证机构的输出轴中心与接地开关的传动轴的轴线对中
	接地开关本身装配不良，没有按规定涂润滑油，装配关系有误等	重新进行拆装
	操动机构自身装配不良，例如转动部位卡涩，没有按规定涂润滑油，甚至装配关系错误等	
	接地开关调节不到位，如平衡弹簧调节不当等	重新进行调试
	静触头装配调节不当	调整静触头装配的安装位置，使地刀能顺利插入静触头
接地开关在三相联动操作时，分、合闸均不到位或过位	操动机构的输出角度不够	用 CSB 手操机构操作时，可调整机构上限位螺栓长度，改变机构的输出角度；若用 CJ12 电动机构操作时，可调整行程开关限位螺栓长度，以改变机构的输出角度，实现地刀分、合闸到位
	拐臂或水平连杆长度调节不当	可将接地刀主相拐臂长度适当调整，来改变接地刀杆的转动角度，具体方法是：松开接地刀拉杆关节轴套上螺母，将齿板沿拐臂移动，并配合调整拉杆的长度，同时适当调节边相三相联动拐臂、三相联动杆，使接地刀分、合闸到位，并保证三相同期
接地刀在三相联动时，中相的分、合闸能够满足要求，而一边相合闸过位，分闸不到位，而另一相则相反	主动拐臂或水平连杆长度调节不当	方法同上
	三相连动杆长度调节不当	方法同主刀调整方式一样
隔离开关在合闸过程中，有时会出现动触头运动轨迹成蛇形，即动触头向合闸方向运动的同时，伴有左右摆动	主闸刀齿轮与齿条啮合不稳	在竖直状态，松开中间接头装配与下导电管装配相连的紧固螺栓及定位螺塞，然后将中间接头装配顺时针和逆时针方向适当转动，使齿轮与齿条啮合可靠，再把紧固螺栓及定位螺塞紧固

常 见 故 障	产 生 原 因	处 理 方 法
隔离开关合闸时中相和一边相（假设为 A 相）合闸正常，但另一边相 C 相合闸明显落后，分闸时，C 相明显超前 A、B 相，当 C 相分闸到位时，A、B 相仍在向分闸方向运动，当 A、B 相分闸到位时，C 相已超过分闸正常位置，处在半分半合位置（C 相运动到分闸位置时突然反弹），同时 C 相导电底座上的拐臂已过"死点"	C 相拐臂的初始角度不对，也就是该拐臂和双连杆的夹角与 A、B 两相不同，且相差较大	将 C 相双连杆与拐臂相连的螺栓松开，注意松螺栓之前用绳子系住连杆将要松开的一端，以免损伤连杆。然后慢慢的逆时针转动旋转瓷瓶（向合闸方向旋转），使过"死点"的拐臂恢复到正常位置；将 C 相拐臂的初始角度调整到 A、B 两相相同，即 A、B、C 三相拐臂与连杆的夹角相同，再将连杆与拐臂重新装好
在北方寒冷的天气，GW16/17A 产品若长时间处于分闸状态，当进行合闸时，可能会出现合不上的现象	产品保养不善或检修不彻底，致使部分工件密封不好，长时间处于分闸状态，上导电管内部积水成冰，夹紧弹簧及复位弹簧等工作不能正常工作，导致隔离开关不能合闸	将上导电管装配解体，用开水除去结冰，再将各工件烘干（注：烘干时不能破坏产品工作）然后再将上导电管装配检修并装复
导电系统运行中发生过热现象	触头材质和制造工艺不良：如静触杆没有镀锡或镀银，或是虽镀银但镀层太薄，磨损露铜，以及由于锈蚀造成接触不良而发热严重甚至导致动触片烧损；再如调整不到位而引起的触点接触不到位	检查静触杆上镀银情况，如磨损露铜，则可更换钳夹位置来避开磨损位置；检查动触片接触位置，如有轻微烧伤可用砂纸打磨修复，如损伤严重，应更换；如接触位置不良，可按前文提到的方法调整
机构及传动系统问题	机构箱进水，各部轴销、连杆、拐臂、底架甚至底座轴承锈蚀造成拒分拒合或是分合不到位；连杆、传动连接部位等强度不够断裂而造成分合闸不到位；二次元件老化损伤使电气回路异常而拒动	对机构及锈蚀部件进行解体检修，更换不合格元件；加强防锈措施，例如采用二硫化钼润滑脂，加装防雨罩。机构问题严重或有设计缺陷的应更换新型机构

常 见 故 障	产 生 原 因	处 理 方 法
电气二次回路问题	电动机构分合闸时，电动机不启动，隔离开关拒动	电气二次回路串联的控制保护元件较多，包括微型断路器、熔断器、转换开关（远方、就地、停止）、交流接触器、限位开关及联锁开关、热继电器以及辅助开关等。任一元件故障，就会导致隔离开关拒动。当按动分合闸按钮而电动机不启动时，要首先检查操作电源是否完好，熔断器是否熔断，然后停电对各元件进行检查，以现元件损坏时，须查明原因，并予以更换
旋转瓷瓶、支持瓷瓶问题	分合闸操作时，发生旋动瓷瓶或支持瓷瓶断裂	旋转瓷瓶或支持瓷瓶发生断裂，可能是由于机械强度不够，或是其机械性能分散性大，瓷瓶质量不稳定；也可能是由于机械及传动系统锈蚀、卡涩使操作力增大。选型时应注意选用制造工艺良好机械强度合格的瓷瓶
	原有隔离开关支持瓷瓶的外绝缘爬距偏小，不符合污区图的规定	如爬电距离偏小，应参考污区图调换成爬距合格的瓷瓶
GW16A/17A 系列开关钳夹位置的的问题	一般是由于现场装配不合理引起	观察动触片对静触杆的钳夹位置（即静触杆一般在动刀片导电带安装螺丝中间位置），如钳夹插入太少或太多，检查动、静侧安装基础的位置和瓷瓶的垂直度，如安装基础的位置正确钳夹插入太少将动、静侧下瓷瓶连结的螺栓松开，用随机配备的 U 形调整垫片垫动，静侧的外侧；如插入过深则垫动，静侧的内侧
220kV 接地闸刀问题	接地刀杆插入深度不正确	松开铝抱夹上 U 形螺杆的 M12 螺母，插入接地刀杆，用手将地刀合闸到位，插入深度 50mm，将 U 形螺杆的 M12 螺母拧紧
	地刀合闸时，接地闸刀片偏离静触头的外侧或瓷瓶侧的情况	在铝抱夹对侧槽钢上，将地刀不锈钢横轴固定的支板，把支板与槽钢相连的 4 个 M12X45 热镀螺栓松开，支板向下压地刀相对向内偏移；支板向上抬，地刀朝外偏离
		将接地静触头与接地安装铝板连结的 4 个 M10X35 热镀螺栓松开，静触头向左、右移动
		松开大支板（固定铝抱夹的支板）与槽钢相连的 M12X45 螺栓，用随机配备的 U 形垫调整
	地刀合闸时接地闸刀片与接地静触头内导向立柱发生碰撞，使地刀拒合的情况	松开大支板（固定铝抱夹的支板）与槽钢相连的 M12X45 螺栓，将大支板朝外转
		检查动触片与黄色塑料导向杆的距离是否过小
	地刀合闸时接地闸刀片与接地静触头防雨罩外侧发生碰撞，使地刀拒合的情况	松开大支板（固定铝抱夹的支板）与槽钢相连的 M12X45 螺栓，将大支板朝内转
		检查动触片与黄色塑料导向杆的距离是否过大

常 见 故 障	产 生 原 因	处 理 方 法
550kV 接地闸刀问题	接地刀杆插入深度不正确	调节上、下导电管插入各铝铸件的深度，将接地刀杆用手推动合闸，保证动触头插入接地静触头内（40±10）mm
	地刀合闸时动触片偏离静触头的左右偏差（即垂直于底座槽钢长度方向）	1. 在接地刀底座对侧槽钢上，把固定地刀不锈钢横轴的支板与槽钢相连的 4 个 M12X45 热镀螺栓松开，支板向下压，可使地刀相对向内偏移，支板向上抬，可使地刀朝外偏离； 2. 将接地刀杆固联的支架与支座连结的 4 个 M16 热镀螺栓松开，转动支架即可
	接地刀合闸时动触片偏离静触头的前后偏差（即平行于底座槽钢长度方向）	上导电管与下导电管不成一直线时，调节下导电管内的可调连结即可（调整时需注意，可调连结并紧螺母并紧后变化极大，调节时要并紧螺母再操作）
电操机构问题	地刀分、合闸操作力矩不平衡	拆开下导电管上的盖板，用调整杆旋动内部可调螺母以改变弹簧平衡力
	手动操作闸刀分、合到位，电动操作时不能到位或过位	手动操作时，留意电动机构箱内分、合限位微动开关，当机构轴限位套接触到微动开关，稍后微动开关发出很轻微的响声，应马上停止操作，此时即为电动操作时的状态。检查底座内分、合闸限位螺钉的位置，如受力过大，则电动操作会不到位；如有间隙，则电动操作会过位
	电动操作时不能完成分（合）闸动作	电动操作时能动作，但未分（合）到位机构自行停止。请检查电器接点有无松动、接触不良；电机启动电流预设值偏低，将电动机综合保护器上可调电流增大；五防闭锁装置有无影响

第16章　隔离开关常见故障原因分析、判断及处理

高压隔离开关在电力系统中的运行数量很多，其质量优劣、运行维护好坏将直接影响到电力系统的安全运行。近年来，由隔离开关故障引起的事故频频发生，有些甚至引起了大面积停电。这些事故，有些是因为隔离开关本身的质量问题引起的，有些是由于缺乏合理、正确的检修维护引起的。因此，为了确保变电安全，保证隔离开关良好的运行状态，避免由设备缺陷而导致的异常事故，除了加强设备检修工艺外，还应掌握常见缺陷和故障的分析与处理，及时消除设备缺陷，始终保证电网安全稳定运行。

16.1　隔离开关常见故障

隔离开关故障从整体结构分类可分为四种：导电回路故障、支柱绝缘子故障、传动部分故障、操作机构故障。

16.1.1　导电回路故障

1. 触头过热
(1) 触指与触头接触不良，引起触头过热。
(2) 触指、触头烧损严重，接触不良引起过热。
(3) 触指弹簧失效，压力不够引起过热。
(4) 各连接部分松动引起过热。

2. 接线座过热
(1) 导电杆与接线座接触不良引起过热。
(2) 接线座内导电带两端接触面接触不良引起过热。
(3) 出线端子与接线板接触不良引起过热。

16.1.2　支柱绝缘子故障

(1) 支柱绝缘子外绝缘闪络。
(2) 支柱绝缘子断裂。

16.1.3　传动部分故障

(1) 传动连杆轴销生锈卡死。
(2) 转动轴承生锈损坏卡死。
(3) 主刀与地刀闭锁板卡死。

（4）伞形齿轮脱齿。

（5）垂直连杆进水，冬天冰冻，严重时使操动机构变形，无法操作。

16.1.4　操作机构故障

1. 电动机主回路故障

（1）电动机缺相。

（2）电动机匝间或相间短路。

（3）分、合闸交流接触器主触点断线或松动，可动部分卡住。

（4）热继电器主触点断线或松动。

（5）电动机用小型断路器触点断线、松动或接触不良。

2. 控制回路公用部分故障

（1）控制用小型断路器触点断线、松动或接触不良。

（2）急停按钮常闭触点断线、松动或接触不良。

（3）热继电器辅助常闭触点断线、松动或接触不良。

（4）手动机构辅助开关常闭触点断线、松动或接触不良。

（5）转换开关就地操动触点接线断线、松动或接触不良。

（6）热继电器控制用触点卡滞。

3. 控制回路分闸部分故障

（1）分闸回路不通。

1）分闸行程开关接线断线、松动或接触不良。

2）合闸交流接触器常闭触点接线断线、松动或接触不良。

3）分闸交流接触器启动线圈触点接线断线、松动或接触不良。

4）分闸按钮触点接线断线、松动或接触不良。

（2）分闸回路通，但无法保持。

1）分闸交流接触器常开触点接线断线、松动或接触不良。

2）热继电器电流动作值调整得太小，通电后马上就切断控制回路。

3）就地、远方切换开关连接线断线、松动或接触不良。

4. 控制回路合闸部分故障

（1）合闸回路不通。

1）合闸行程开关接线断线、松动或接触不良。

2）分闸交流接触器常闭触点接线断线、松动或接触不良。

3）合闸交流接触器启动线圈触点接线断线、松动或接触不良。

4）合闸按钮触点接线断线、松动或接触不良。

（2）合闸回路通，但无法保持。

1）合闸交流接触器常开触点接线断线、松动或接触不良。

2）热继电器电流动作值调整得太小，通电后马上就切断控制回路。

3）就地、远方切换开关连接线断线、松动或接触不良。

5. 分闸终了时电动机不停止或分闸不到位

（1）分闸定位行程开关常闭触点短路。

（2）分闸定位形成开关弹片过于灵敏，导致没有完全分闸时就把分闸控制回路切断。

6. 合闸终了时电动机不停止或合闸不到位

（1）合闸定位行程开关常闭触点短路。

（2）合闸定位形成开关弹片过于灵敏，导致没有合闸到位时就把合闸控制回路切断。

16.2 常见故障原因分析

隔离开关运行中，主要存在的缺陷和故障有锈蚀严重、操作卡涩以及分合闸不到位、导电回路过热、绝缘子断裂等。在各种缺陷和故障中，比较普遍发生的是机构问题，包括锈蚀、进水受潮、润滑干涸、机构卡涩、辅助开关失灵等，这些缺陷不同程度上导致隔离开关分合闸不正常。因此，拒动和分合闸不到位发生最多。其次是导电回路接触不良，正常运行时发热，严重时可使隔离开关退出运行。其主要原因是隔离开关触头弹簧失效，使接触面接触不良。对安全运行威胁最大的是绝缘子断裂故障。此外，合闸后自动分闸的故障也有发生，其后果十分严重。

16.2.1 绝缘子断裂故障

近年来，随着电力行业的迅猛发展，电瓷具有绝缘性能好、耐冷热性能强等优点，是电力行业必不可少的绝缘材料。但由于瓷绝缘子本身也有一些质量问题或受到外力影响等原因经常会出现绝缘子断裂现象，通常绝缘子断裂故障，所造成的事故重大，影响极大，这对电网的安全生产以及人身安全构成很大威胁，成为电网安全运行的一大隐患。

绝缘子断裂事故至今仍不能有效的予以防止。目前电网内普遍采用超声波探伤技术对支柱绝缘子进行定期检测，但该手段只局限于静态试验，而隔离开关本身是动态设备，所以对于绝缘子断裂故障，超声波探伤只能做初步的筛查，并不能在运行时起到理想的预防效果。

16.2.1.1 原因分析

1. 瓷绝缘子质量问题

支柱瓷绝缘子是高温烧结成的电瓷产品，属于脆性材料。根据现场瓷绝缘子断裂情况，绝缘支柱断裂的部位发生在法兰端面，表明该处受力较大且较为薄弱。部分绝缘支柱为纵向开裂，而且材质粗糙，存在杂质，为瓷瓶烧制过程中的质量问题造成。从加工工艺上分析，绝缘支柱和法兰的水泥胶装不良，有细微的间隙和空洞，或胶装深度过浅，都会使隔离开关在操作时，使该处受力不均匀。另外由于法兰、水泥和瓷的膨胀系数不同，在不同温度运行状态下收缩量也不相同，由此产生的累积应力也可使绝缘支柱在法兰处断裂。

2. 附加扭矩影响

GW4 型隔离开关每相有两个绝缘支柱，可以水平旋转，转角为 $90°$，左、右触头通过导电管在两个支柱中间接触，隔离开关的绝缘支柱，承担着支持和传动的作用。在运行过程中，导线拉力和合闸时的阻力共同作用于绝缘支柱，产生附加扭矩，作用时间越长越会加重绝缘子的疲劳和老化程度。

如果隔离开关安装调试不当，会在操作时受到不应有的附加应力，例如左、右触头调整高、低位置不一致，或调整好的隔离开关在运行一段时间后受外力影响，左、右触头位置发生变化，在操作时就会发生左、右触头相抗使开关不能合闸到位，而机构在电机的作用下继续运动，绝缘支柱受到附加扭矩影响，造成瓷瓶断裂。

由于隔离开关露天运行，GW4 型隔离开关所有的金属件都暴露在大气中，加上近年来大气污染严重，受酸雨的严重腐蚀，如果金属件表面防腐措施不足，则会造成金属部分氧化生锈，导致传动部分与旋转瓷绝缘子底部法兰开焊，从而使得支柱瓷绝缘子受附加扭矩作用时固定支撑力降低，绝缘子发生倾斜而发生断裂。

3. 运维工作不力

支柱瓷瓶在检修维护中的不合理受力和运行人员操作不当也是造成断裂的重要原因。

检修时隔离开关受外力过大。为防止瓷绝缘子表面因受灰尘及冰雪等因素影响造成污闪事故的发生，在到达一定年限后都要对瓷绝缘子设备进行清洗、擦拭、涂刷 RTV 工作，而大多数情况下，在进行此项工作时都是由工作人员身系安全带，侧吊在设备上进行，导致这些支柱瓷绝缘子不可避免地受到弯曲力的作用，而且随着工作人员用力及侧吊角度的变化，致使支柱受力不均，易产生伤痕、形成裂纹，久而久之则会导致绝缘子断裂。

运行人员操作不当。当遇到机构卡涩时，操作人员有时未采取相应措施，强行操作，由于传动、转动各环节的间隙内缺少润滑油或干枯、锈蚀，使静摩擦力很大，操作时会产生很大的冲击力，势必造成瓷绝缘子的断裂。

16.2.1.2　预防及反事故措施

（1）加强支柱瓷绝缘子的选型及验收工作。瓷质支柱绝缘子优先选用等静压干法成型工艺制造的铝质高强瓷产品，新设备验收时，应重点检查法兰和瓷件的胶装外部是否进行可靠密封处理，是否涂防水硅橡胶，瓷绝缘子表面是否光滑且完好无损。

（2）避免支柱绝缘子受外力因素的影响。检查一次引线对隔离开关支柱绝缘子的拉力情况，在基建投运前或大修技改后应考虑一次引下线的尺寸长短对隔离开关的影响，一次引下线过长或过短都会增加绝缘支柱的拉力，设备大修后应打开线夹检查引线对隔离接线板的拉力情况。另外，开关调试时应重点进行触头高度一致、行程及插入深度合适、三相同步等调试工作，这些问题处理不好将使隔离开关在操作时瓷绝缘子附加扭矩增加，增大绝缘子断裂的概率。

（3）规范设备运维工作。在平时运行维护过程中要及时清除隔离开关绝缘表面尘垢，仔细检查绝缘子表面有无破损、裂纹、绝缘支柱和法兰的水泥胶装连接处有无松动。设备检修时，严禁检修人员把绝缘支柱作为攀登工具和安全带支撑受力点，禁止将绝缘体直接搭在绝缘支柱上，检修开关应有专用的检修平台或高空作业车，检修时应对金属部分进行除锈防腐处理，并检查传动部分能否灵活动作，作为定期检修项目进行润滑油添加。

（4）开展绝缘子带电探伤工作。超声波探伤技术作为一种预防性试验，能有效检测出瓷绝缘表面的裂纹、夹层等缺陷，但是进行超声波探伤时需要停电和登高作业，对检测人员经验要求较高，存在误判现象，效率低、成本高，难以满足现场工作的要求。基于振动声学检测原理的支柱瓷绝缘子带电检测技术已日臻成熟，能有效检测出绝缘子内部缺陷，具有可带电检测、操作简单、安全可靠等优点。利用振动法开展绝缘子带电探伤工作，在提高检测效率的同时，可以避免检测人员高空作业，从根本上杜绝了高空坠落事故的发生，是目前支柱瓷绝缘子带电检测工作的发展趋势。

16.2.2　传动机构问题

传动机构问题多为操作失灵，如拒动或分、合闸不到位，往往在倒闸操作时易发生。很多情况下故障不会扩大，现场可以进行临时检修和处理，当然会耽误停送电时间。

隔离开关在出厂时或安装后刚投运时，分、合闸操作还比较正常。但运行几年后，就会出现各种各样的问题。有的因机构进水，操作时转不动，有的会发生操作时连杆扭弯，还有的在连杆焊接处断裂而操作不动。由于机构卡涩问题会引起各种故障，操作失灵首先是机械传动问题，早期使用的机构箱容易进水、凝露和受潮，转动轴承防水性能差，又无法添加润滑油。隔离开关长期不操作，机构卡涩，轴承锈死时强行操作往往导致部件损坏变形。

16.2.3　导电回路发热

GW4 型隔离开关为转动水平开启式，动触头插入静触头后，靠静触指压紧弹簧保持合闸接触状态。运行中常常发生导电回路异常发热，可能是静触指压紧弹簧压力（拉力）达不到要求，也可能是静触指接触不良造成的，还有可能是长期运行后，接触面氧化、锈蚀使接触电阻增加而造成。运行中弹簧长期受压缩（拉伸），并由于工作电流引起发热，使弹性变差，恶性循环，最终造成烧损。有些触头镀银层工艺差，厚度得不到保证，易磨损露铜，导电杆被腐蚀等。导电回路接触不良发热的主要原因是弹簧锈蚀、变细、变形，以致弹力下降。机构操作困难引起分、合位置错位及插入不够。接线板螺栓年久锈死，接触压力下降。接触面藏积污垢，清理不及时等。

涂抹导电物质不当会造成隔离开关接触电阻增大从而发热。据有关资料，早起检修安装中经常使用的中性凡士林滴点太低，只有 54℃，在夏天正常的运行温度 70℃ 时就已经液化，使隔离开关接触部位间产生间隙，灰尘和水分随之进入间隙中，增加了接触电阻，引起接头发热。而近年来使用的电力复合脂，当涂抹过厚时，经过运行操作，将在触指表面产生堆积，由此引起对触头放电，导致触头烧损露铜发热。

GW4 型隔离开关触头接触处是过热发生频率较高的部位，而左触头发热一般不被注意，因为左触头紧靠接头接触处，其发热现象容易被接头接触处发热所掩盖。在现场测量时经常发现左触头温度明显高于触头接触处，这两处发热的主要原因有：合闸不到位或合闸过度，造成接触面接触压力不够，导致发热。因过热或锈蚀等原因引起左触头弹簧弹性下降，造成左触指与触指座、右触头之间的接触压力不够，导致发热。左右触头烧伤，表面不平整，造成有效接触面减小，导致发热等。

16.2.4 进水锈蚀问题

隔离开关机构箱进水以及轴承部位进水现象很普遍，金属零部件的锈蚀问题也十分严重。老产品，凡是金属部件，大多会发生不同程度的锈蚀，锈蚀包括外壳、连杆、轴销等。加之连杆、轴销润滑措施不当，导致机械传动失灵。

隔离开关运行中，雨水顺着连接头的键槽流入垂直连杆内。因连杆下部与连接头焊死不通，进入垂直连杆内的雨水，日积月累后造成管内壁生锈严重，致使钢管强度大幅度降低，操作中造成多起垂直连杆扭裂的故障。冬季来临时管内结冰，体积的膨胀可能造成钢管破裂，致使本体与机构脱离。此时隔离开关失去闭锁能力，有可能在运行中自动分闸，造成严重的误分事故。

16.3 常见故障处理

16.3.1 接触部分过热处理

（1）应停电处理，处理时应认真执行导电回路检修工艺及质量标准。

（2）解体检修时，严禁使用有缺陷的劣质线夹、螺栓等零部件，用压接式设备线夹替换螺栓式设备线夹，接头接触面要清洗干净并及时涂抹导电脂，螺栓使用正确、紧固力度适中。

（3）对过热频率较高的母线侧隔离开关，要保证检修到位、保证检修质量。对接线座部位要重点检查导电带两端的连接情况，保证两端面清洁、平整、涂抹导电脂、压接紧密。对触头部位，要保证触头的光洁度，并涂抹中性凡士林，检查触头的烧伤情况，必要时要更换触头、触指，左触头的触指座要打磨干净，有过热、锈蚀现象的弹簧应更换。要保证三相分合闸同期，右触头的插入深度符合要求和两侧触指压力均匀。为检验检修质量，还应测量回路接触电阻，保证各接触面接触良好。

（4）对老型号的 GW4 型隔离开关左触头处过热，应采取加装分流带的处理方法，即在每个触指和触指座相应的地方，各钻一个 6mm 螺孔，然后用螺钉将叠起的铜质软连接片固定在触指与触指座之间。

（5）对老型号的 GW4 型隔离开关左触头更换新式触头，新式触头弹簧中间有绝缘块，消除了弹簧分流的可能性，使弹簧不易退火变形，弹性减弱。

（6）涂在隔离开关动触头及静触杆上导电膏的量不易掌握，致使发热。处理方法是针对这种活动导电接触面，应严格控制导电膏的涂抹量。首先将活动接触面使用无水酒精清洗干净，在导电面上抹一层均匀少量的导电膏，马上用布擦干净，使导电面上只留下微量的薄层导电膏。

16.3.2 支柱式绝缘子断裂和闪络放电处理

（1）应停电处理，处理时应认真执行支柱绝缘子检修工艺及质量标准。

（2）新支柱绝缘子应采用高强度瓷柱，使用超声波无损探伤仪对瓷柱进行检测，测试合格后方可使用。

（3）对运行中的支柱绝缘子加强维护工作，在探伤诊断良好的基础上，在瓷柱所在水泥结合面处涂敷绝缘子专用防护胶。

（4）更换新的瓷柱，增加爬电距离和瓷柱高度，提高整体绝缘水平。采取带电清扫，加强清扫力度，给隔离开关绝缘子增加硅橡胶伞裙以增大爬距和喷涂 RTV 以利用其憎水性。

16.3.3　拒分拒合处理

（1）传动机构及传动系统造成的拒分拒合。

1）原因：机构箱进水，各部位轴销、连杆、拐臂、底架甚至底座轴承锈蚀卡死，造成拒分拒合。

2）处理方法：对传动机构及锈蚀部件进行解体检修，更换不合格元件。加强防锈措施，涂润滑脂，加装防雨罩。传动机构问题严重或有先天性缺陷时应更换。

（2）电气问题造成的拒分拒合。

1）原因：三相电源开关未合上、控制电源断线、电源熔丝熔断、热继电器误动切断电源、二次元件老化损坏使电气回路异常而拒动、电动机故障等原因都会造成电动机分、合闸时，电动机不启动，隔离开关拒动。

2）处理方法：电气二次回路串联的控制保护元器件较多，包括小型断路器、转换开关、交流接触器、限位开关及连锁开关、热继电器等。任一元件故障，就会导致隔离开关拒动。当按分合闸按钮不启动时，要首先检查操作电源是否完好，然后检查各相关元件。发现元件损坏时应更换，并查明原因。二次回路的关键是各个元件的可靠性，必须选择质量可靠的二次元件。

16.3.4　分、合闸不到位处理

（1）机构及传动系统造成的分、合闸不到位。

1）原因：机构箱进水，各部位轴销、连杆、拐臂、底架甚至底座轴承锈蚀卡死，造成分合不到位。连杆、传动连接部位、闸刀触头架支撑件等强度不足断裂，造成分合闸不到位。

2）处理方法：对机构及锈蚀部件进行解体检修，更换不合格元件。加强防锈措施，采用二硫化钼锂。更换带注油孔的传动底座。

（2）隔离开关分、合闸不到位或三相不同期。

1）原因：分、合闸定位螺钉调整不当。辅助开关及限位开关行程调整不当。连杆弯曲变形使其长度改变，造成传动不到位等。

2）处理方法：检查定位螺钉和辅助开关等元件，发现异常进行调整，对有变形的连杆，应查明原因及时消除。此外，在操作现场，当出现隔离开关合不到位或三相不同期时，应拉开重合，反复合几次，操作时应符合要求，用力适当。如果还未完全到位，不能达到三相完全同期，应安排计划停电检修。

16.4 典 型 案 例

16.4.1 导电回路故障（通常指过热现象）

1. 某变电站 110kV 线路闸刀过热缺陷

【缺陷现象】 2011 年 4 月 9 日，修试人员对该变电站进行红外测温工作，发现一110kV 线路闸刀存在 3 处过热缺陷，测温图如图 16-1～图 16-5 所示。

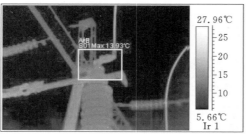

图 16-1 C 相接线座（靠 CT 侧）测温图

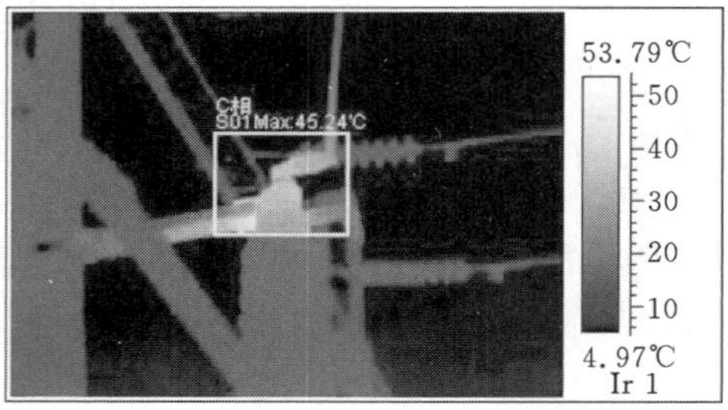

图 16-2 接线座正常相测温图

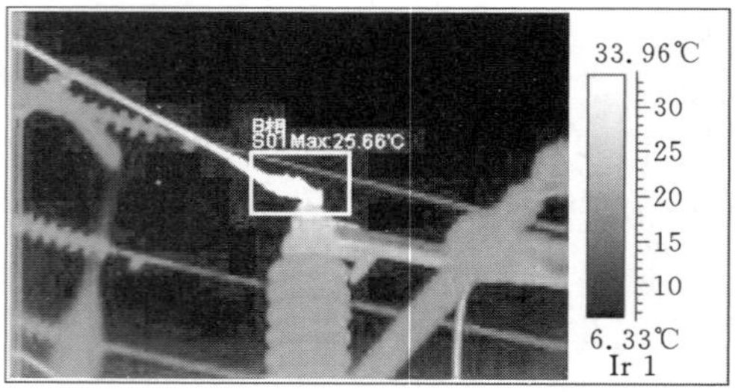

图 16-3 A 相接头（靠线路侧）测温图

图 16-4 B 相接头（靠线路侧）测温图

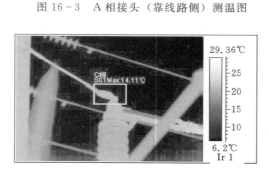

图 16-5 接头（靠线路侧）正常相测温图

从图 16-1～图 16-5 中可清楚看到闸刀过热部位：

（1）线路闸刀 C 相靠 TA 侧导电杆与接线座处过热。

（2）线路闸刀 A 相靠线路侧接线座过热。

（3）线路闸刀 B 相靠线路侧接线座过热。

根据上级主管部门的要求，4 月 24 日，修试工区组织安排对该闸刀过热部位进行全面细致地检查处理。

在处理过程中，发现以下两点问题：

（1）闸刀在安装过程中，未对接触面按照相关规定进行处理（在闸刀接线板处看到有泥迹），导致导电接触面接触不良，接头接触面存在泥迹图如图 16 - 6 所示。

（2）闸刀接线座中的软连接紧固螺栓存在未紧固情况，如图 16 - 7 所示。最终导致软连接接触部位存在过热烧伤痕迹，软连接正常接触面及烧伤接触面对比图如图 16 - 8 所示。

图 16 - 6　接头接触面存在泥迹

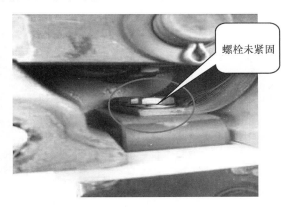

图 16 - 7　软连接紧固螺栓未紧固

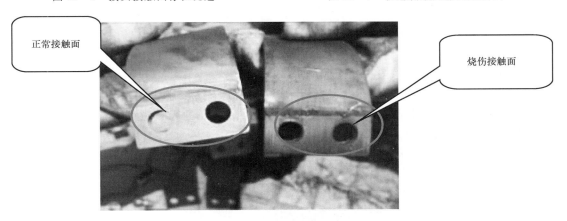

图 16 - 8　软连接正常接触面及烧伤接触面对比图

【原因分析】

（1）直接原因。

1）出厂安装过程中，未严格紧固导电部位紧固螺栓，导致接触压力不足，接触电阻偏大，接触面过热。

2）现场安装过程中，未按照规定对闸刀导电接触面进行处理，接触面积污导致接触不良，接触电阻偏大，接触面过热。

（2）根本原因。

1）安装人员质量把关不严，未对厂家装配的部位进行仔细检查（软连接的安装由设备厂家负责），同时在安装过程中，未按照相关规定对导电接触面进行处理。

2）验收人员把关不严，未在验收中及时发现这两个安全隐患。

处理方式：

按相关规定对接触面进行处理并紧固松动螺栓。

227

建议：

（1）严把现场安装质量，避免由于安装质量问题，导致设备带缺陷投产。

（2）加强验收质量，把好最后一关，确保设备零缺陷投网运行。

2. 某变电站 GW4 型母线隔离开关普遍存在接触不良甚至过热现象

【缺陷现象】 根据运行经验，闸刀的工作电流只能用到其额定工作电流的 50% 到 60%，如果超过 70% 一般会发生过热。过热缺陷大多集中在老旧设备，一是因为老旧设备所处变电所大多负荷较高，工作电流较大；二是因为闸刀部件老化较严重，接触性能下降。值得注意的是，由于母线闸刀本身所处电流较大，而且长年失修导致接触性能下降更甚，所以母线闸刀过热情况最为严重，并且受运行方式制约，遗留缺陷大多为母线闸刀过热。腐蚀严重的母线闸刀触头和长年失修情况下的母线闸刀触头拆解图如图 16 - 9 和图

图 16 - 9　腐蚀严重的母线闸刀触头

16 - 10 所示。

打开防雨罩，发现内部触指弹簧锈蚀严重，导致触指接触压力严重不足，导致接触不充分引起过热。并且触指和触头都有不同程度的腐蚀。从历年检修情况来看，这种处于半高层结构的闸刀腐蚀情况特别严重。

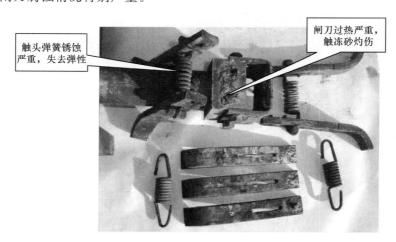

触头弹簧锈蚀严重，失去弹性

闸刀过热严重，触冻砂灼伤

图 16 - 10　长年失修情况下的母线闸刀触头拆解图

【原因分析】

（1）直接原因：

1）变电所负荷较高，工作电流较大。

2）触头部件老化严重，接触性能下降，接触电阻增加。

228

（2）根本原因：

1）触头弹簧与触头之间未采取绝缘措施，或虽采取了措施但已损坏，从而导致电流流过弹簧使弹簧退火失去弹性，造成触头与导电杆接触不良而发热。

2）触指或导电杆的镀银层的厚度、硬度及附着力不足是造成镀银层过早剥落、露铜而发热的原因之一。

3）触头系统设计不合理，触头材料选型不合理，防污秽能力差、锈蚀等都会影响闸刀的导电性能。

4）触头弹簧长期处于压紧或接紧的工作状态会发生疲劳，随着运行时间的加长慢慢失去弹性，甚至会产生永久变形，造成触头接触不良。

【处理方式】

更换整组触头（左触头和右触头）。

建议：

（1）针对根本原因1）～3），主要取决于厂家设计和加工，应在设备招投标时提出相应的技术要求，在安装时对触头表面镀银层厚度等进行金属技术监督。目前，新设计的闸刀结构比较成熟，金属技术监督也已在省公司范围内广泛开展。

（2）针对根本原因4），主要取决于运行条件。目前，闸刀长年不动，长年失修，极易造成闸刀过热缺陷的发生，应加快带电维护技术的研究，并在运行方式切换上进行考虑。

16.4.2 传动部分故障

1. 某变电站 220kV 线路正母闸刀合不上

缺陷说明：2013 年 10 月 17 日，该变电站运行人员在 220kV 副母停役操作时遇到某 220kV 线路正母闸刀合不上。

设备型号：GW7-252；

厂家：西安西电高压开关有限责任公司；

出厂日期：2004 年 11 月。

隔离开关外形整体图如图 16-11 所示。

图 16-11　GW7-252 型隔离开关外形整体图

现场检查发现闸刀主连杆（与机构传动轴相连）已发生断裂。如图 16 - 12、图 16 - 13所示。

 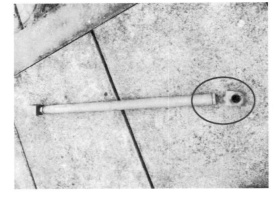

图 16 - 12　隔离开关连杆断裂处　　　　图 16 - 13　隔离开关断裂的连杆

为了保证操作继续进行，强行合闸仍然无法合上。用绝缘杆顶闸刀静触头帽壳（可旋转），发现旋转卡涩，无法顶到位。推测正是由于静触头旋转卡涩，导致动触头在合闸过程中受到极大阻力，将连杆崩断。

之后更换新连杆再次进行合闸操作，仍然合不上。需停 220kV 正母对该闸刀静触头旋转部位进行松动润滑处理。由于倒闸操作遇到问题，故 220kV 副母无法停役。

11 月 1 日，将该线路及 220kV 正母改检修，检修人员对正母闸刀水平传动轴断裂无法合闸缺陷进行处理。

通过对该线正母闸刀动、静触头近距离观察及拆开防雨罩后发现，闸刀动静触头及内部传动辅件积灰非常严重，且触指弹簧存在不同程度锈蚀（其中以正母闸刀 A 相开关侧触头最为严重）。触指弹簧锈蚀会使其弹性形变能力变弱，加上静触头传动辅件积灰造成的摩擦阻力，当动触头合闸进入静触头过程中需要更大的转动力矩克服转动阻力。转动卡涩的静触头和水平传动轴实物如图 16 - 14、图 16 - 15 所示。

由图 16 - 16 水平传动轴受力分析图可知，假设闸刀静触头帽因机械卡涩使动触头在合闸过程中多增加 9.8N，则正母闸刀水平传动轴需增加 117.6N 克服阻力才能正常分合闸。

（a）积灰严重　　　　　　　　　　　　（b）转动卡涩

图 16 - 14　转动卡涩的静触头

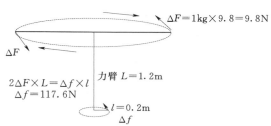

$\Delta F = 1\text{kg} \times 9.8 = 9.8\text{N}$

ΔF

$2\Delta F \times L = \Delta f \times l$
$\Delta f = 117.6\text{N}$

力臂 $L = 1.2\text{m}$

$l = 0.2\text{m}$

Δf

图 16 - 15　水平传动轴实物图　　　　　图 16 - 16　水平传动轴受力分析图

综上所述，造成水平传动轴断裂有两个方面的原因：

（1）主传动输出轴与水平传动轴的安装工艺不到位（主传动输出轴安装位置过高导致水平传动轴被顶起，一方面会引起水平传动轴转动半径减小，导致分合闸不到位；另一方面闸刀机构卡涩所增加的力不能均匀作用于水平传动轴，而是作用于最薄弱处）如图 16 - 17 所示。

（2）传动轴最窄处直径只有 1.5cm，在较大横向力作用下容易引起断裂，水平传动轴最薄弱环节如图 16 - 18 所示。

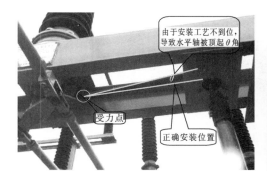

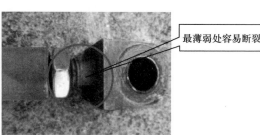

图 16 - 17　水平传动轴安装工艺不到位　　　图 16 - 18　水平传动轴最薄弱环节

2. 某公司 GW7 - 252 型闸刀翻转机构不可靠导致合闸不到位

造成闸刀合闸不到位的原因：闸刀导电杆翻转机构（拔叉装置）翻转力矩偏小，这是

图 16 - 19　整体图

主要原因。随着运行时间的延长，拔叉装置弹簧受力疲劳，加之启动力矩偏小，闸刀主触头与静触头在合闸过程中，闸刀主触头与静触头的引弧触头摩擦力增大，一减一增导致闸刀主触头与静触头的引弧触头碰撞时拔叉装置提前动作开始翻转，导致合闸不到位。此外，其他单位有的该类型闸刀也存在相似情况。整体图如图 16 - 19 所示。正常位置与异

常位置对比图如图 16-20 所示，整改前后比较图如图 16-21 所示。

（a）正常位置　　　　　　　　　　　　　　（b）导常位置

图 16-20　正常位置与异常位置对比图

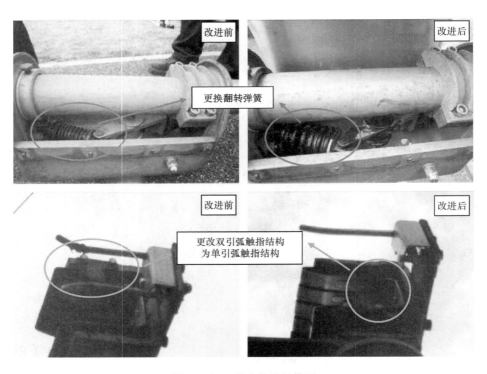

图 16-21　整改前后比较图

3. 温州昌泰 GW4-126 型闸刀，接线柱选型不当极易卡涩引起分合闸不可靠

造成闸刀分合闸不可靠的原因：该闸刀接线柱选型不当，闸刀操作普遍卡涩，导线也被带动从而受力，因此闸刀分合闸不到位现象较多。整体图如图 16-22 所示，接线柱卡涩严重如图 16-23 所示。通过更换新型接线柱可以消除此类缺陷。

4. 某变电站 3 号主变 220kV 副母闸刀合不到位

缺陷说明：3 号主变 220kV 副母闸刀合不到位。

图 16 - 22　整体图　　　　　　　　　　　图 16 - 23　接线柱卡涩严重

　　现场检查此副母闸刀为单臂折叠式，存在合不到位缺陷。检修人员判断为上导电杆内部小连杆锈蚀，导致触头合不到位，现场对三相上导电杆进行了更换。

　　更换后操作仍不到位。在对其传动连杆进行检查调整是发现其万向节轴销已呈弯曲状态，导致传动连杆行程少于机构行程（机构到位后传动轴带动的闸刀并未到位）。万向节轴销装配位置图如图 16 - 24 所示。

　　由于现场并无相应备品，检修人员利用手头材料对万向节部分进行处理（利用粗细合适的钢管连接现有的万向节，电焊后对闸刀进行调整）。最终将缺陷排除。

　　另外，该变 110kV 接地闸刀锈蚀比较严重，而且 110kV 副母 2 号接地闸刀 A 相传动轴与拐臂断裂，目前用铁丝将其固定在槽钢基础上。110kV 正母 2 号接地闸刀弹簧存在变形现象，合闸不可靠，正、副母的 1 号接地闸刀在检修时并未进行操作（当时另一单位在母线上有工作，不能两把接地闸刀同时拉开，2 号接地闸刀不能可靠合闸），应考虑进行更换。弯曲的轴销如图 16 - 25 所示。拐臂与连杆断裂如图 16 - 26 所示。断裂处位置图如图 16 - 27 所示。

图 16 - 24　万向节轴销装配位置图　　　　图 16 - 25　弯曲的轴销

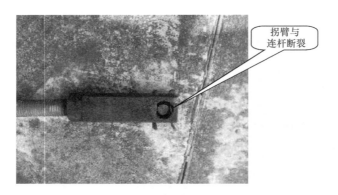

图 16 - 26　拐臂与连杆断裂

图 16 - 27　断裂处位置图

5. 某变电站 2 号主变 220kV 副母闸刀无法操作

该闸刀型号为西门子 PR21 - MH31。

经过现场检查，机构存在以下问题：

（1）闸刀操作机构主刀与地刀之间闭锁连杆抱箍过紧，导致固定闭锁连杆的管子变形，中间的闭锁连杆不能正常活动，存在卡死现象。抱箍过紧如图 16 - 28 所示。闭锁连杆的管子变形如图 16 - 29 所示。闭锁连杆不能正常活动所造成的划痕如图 16 - 30 所示。

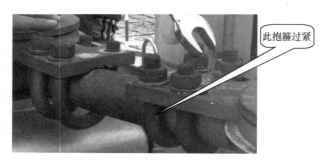

图 16 - 28　抱箍过紧

图 16-29　闭锁连杆的管子变形

处理：更换新的管子，使闭锁连杆活动自如。更换闭锁连杆如图 16-31 所示。

图 16-30　闭锁连杆不能正常活动所造成的划痕

图 16-31　更换闭锁连杆

（2）由于问题（1）的存在，强行操作后导致闭锁板机械变形，闭锁板垂直连杆与闭锁板之间间隙配合不良，卡死，使闭锁板不能活动。垂直连杆变形修正和闭锁板变形修正如图 16-32、图 16-33 所示。

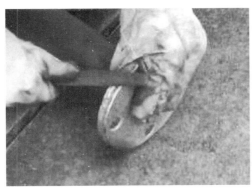

图 16-32　垂直连杆变形修正

图 16-33　闭锁板变形修正

处理：将垂直连杆最下端、闭锁板圆环内部用锉刀进行加工，修整变形，使其间隙配合满足要求，再涂以润滑脂，使其活动自如。

（3）由于问题（2）的存在，机构电气行程未终结时机械卡死，此时电机控制回路未断开，电机持续转动，然而垂直连杆卡死导致机械不能转动，导致机构箱内齿轮存在磨损情况。机构箱内齿轮磨损如图16-36所示。

处理：将机构行程进行相应调整，使被磨损的齿轮在正常活动时不承受大的应力。调整相间连杆如图16-37所示。

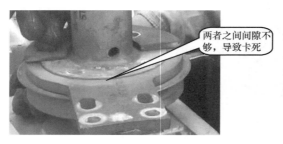

图16-34 闭锁板处理前情况

图16-35 闭锁板处理后效果

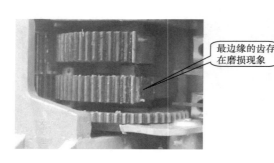

图16-36 机构箱内齿轮磨损

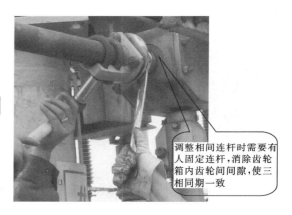

图16-37 调整相间连杆

注意点：

（1）调整机构行程时，在接近终点位置时必须用手动操作。由于电气操作力量较大，如果机械与电气配合不良，将导致机构发生机械损伤。

（2）在分、合闸操作时，如果发生中断，则必须接着相应的动作趋势操作。如果忘记操作内容，则应手动将闸刀摇至分闸位置，再进行操作。

（3）是否操作到位要通过观察分、合闸止钉确定。合闸止钉、分闸止钉如图16-38、图16-39所示。

（4）相间连杆抱箍的紧固需使用力矩扳手，不是越紧越好。

（5）闭锁板抱箍带紧即可，不需要很大的力。

16.4.3 操作机构故障

1. 某变电站110kV线路正母闸刀辅助开关转换不到位

2014年4月11日，班组处理紧急缺陷：某变电站110kV线路正母闸刀辅助开关转换不到位缺陷。

经过检查，该正母闸刀实际位置已在合位，而后台机显示正母闸刀位置不定，判断为该正母闸刀辅助开关转换不到位。

图 16-38　合闸止钉　　　　　　　　图 16-39　分闸止钉

　　检修人员对该正母闸刀辅助开关驱动机构进行调整，将闸刀辅助开关驱动连接片往左边顶一点，辅助开关就切换到位。所以检修人员调整辅助开关驱动机构的垂直连接杆，由于其底部是弧形连接，留有一定调整的余度；经调整后，闸刀位置指示正确，经调整辅助开关驱动机构后正常，后台机位置正常。

　　将闸刀辅助开关驱动连接片向左边顶一点，辅助开关就切换到位，该正母闸刀辅助开关驱动机构调整如图 16-40 所示。

将闸刀辅助开关驱动连接片往左边顶一点，辅助开关就切换到位

图 16-40　该正母闸刀辅助开关驱动机构调整

　　调整闸刀辅助开关驱动机构垂直连接轴后，辅助开关切换到位。该正母闸刀辅助开关驱动机构如图 16-41 所示。

　　2. 某变电站 110kV 线路副母闸刀异常分闸

　　2014 年 9 月 11 日该变电站一条 110kV 线路开关改热备用后其副母闸刀出现异常分闸，现场检查发现该闸刀机构箱内有明显凝露现象，分闸按钮处有明显水珠，如图 16-42 所示。当日白天处理时现场干燥，回路绝缘试验合格，分合闸操作正常，11 日晚上有较大降水，12 日该副母闸刀又出现异常分闸情况，现场检查该闸刀机构箱，发现分闸按钮处又有明显的水珠,而且按钮接线处有明显的烧坏,其他元气件也有不同程度的受潮,厂家人员到现场更换了合闸接触器 K1、分闸接触器 K2、过流保护继电器 F1,以及远方就地转换开关触点 3 片,合闸按钮触点 1 片,分闸按钮触点 1 片及机构箱密封条,更换受潮严重的分合闸按钮及近远控转换开关触点和机构箱门内部图如图 16-43 和图 16-44 所示,经分合闸操作,动作正常。

图 16-41 该正母闸刀辅助开关驱动机构

图 16-42 分闸按钮处有明显凝露图

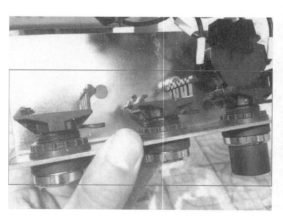

图 16-43 更换受潮严重的分合闸按钮及
近远控转换开关触点

图 16-44 机构箱门内部图

建议:

(1) 加强对机构箱密封性进行检查,关闭机构箱门时要旋紧门扣,确保机构箱密封良好,防止箱内元器件进水受潮。

(2) 保持闸刀机构箱的加热器常开。

3. 某变电站两条 220kV 线路副母闸刀操作故障

2014 年 3 月 18 日 22 时，某变电站复役操作过程中分别发生 220kV 线路 1 副母闸刀不能电动操作、220kV 线路 2 副母闸刀合闸后电机持续转动缺陷。

检修人员到达现场后对设备进行检查，两把副母闸刀均为西门子 PR 系列剪刀式闸刀，闸刀本体确认正常，缺陷原因为电动操作机构故障。

缺陷处理过程及原因分析记录如下：

闸刀型号：

西门子 PR21 - MH31。

220kV 线路 1 副母闸刀控制回路图如图 16 - 45 所示。

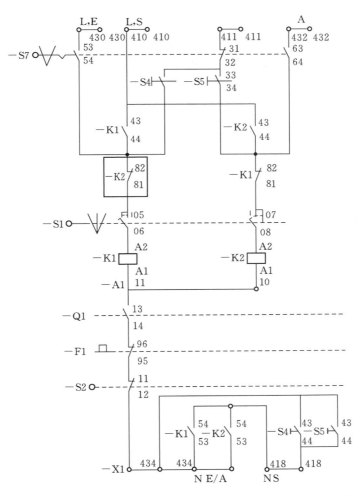

图 16 - 45　220kV 线路 1 副母闸刀控制回路图

220kV 线路 1 副母闸刀合闸按钮按下无反应，经检查控制回路，发现 K2 接触器 81 - 82 常闭节点处于断开位置，导致闸刀合闸回路断开。

检查 K2 接触器 81-82 节点后发现接触器内部触片脱落，重新装回后控制回路恢复正常，机构动作正常，图 16-46 为接触器实物图。

图 16-46　K2 接触器实物图

220kV 线路 2 副母闸刀。控制回路图如图 16-47 所示。

220kV 线路 2 副母闸刀合闸后电机不能停止转动，经检查为机构辅助开关 S1 不能正常切换，断开 K1 接触器，从而断开电机回路，同时机构内热耦继电器接触不良。

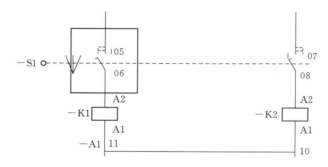

图 16-47　220kV 线路 2 副母闸刀控制回路图

经检查，机构内部存在机械零件缺失，电机输出齿轮上原先带有 2 个止钉，分别在机构分闸与合闸时用于拨动辅助开关 S1，从而达到控制电机转动与停止的目的，而线路 2 副母闸刀机构内的齿轮盘上仅剩一个止钉，在机构分闸时能够带动 S1，合闸时带动 S1 的止钉缺失。同时，由于止钉缺失，导致合闸后 S1 未转动，辅助开关未处于合闸后位置，处于自由状态，可随意拨动，在分闸时可能会导致带动辅助开关的拨块机械损伤。

检修人员安装新止钉到闸刀机构箱内，同时更换拨块、热耦继电器，机构工作正常，闸刀分合正常。220kV 线路 2 副母闸刀机构箱内部正常情况如图 16-48 所示，220kV 线路 2 副母闸刀机构箱内部一枚止钉脱落如图 16-49 所示，220kV 线路 2 副母闸刀机构箱内部拨块断裂如图 16-50 所示。

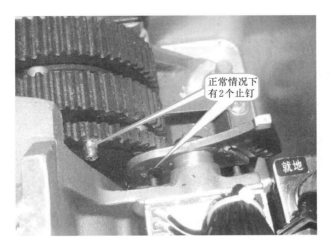

正常情况下有2个止钉

就地

图 16-48　220kV 线路 2 副母闸刀机构箱内部正常情况

止钉脱落

S1

图 16-49　220kV 线路 2 副母闸刀机构箱内部一枚止钉脱落

拨块断裂

止钉卡入槽内，带动拨块转动，从而带动辅助开关转动

就地

图 16-50　220kV 线路 2 副母闸刀机构箱内部拔块断裂

第17章 中置式开关柜结构

开关柜广泛应用于 10～35kV 配电设备中，主要有 GG－1A、GBC、XGN、KYN 等类型。其中 KYN 型开关柜又称中置式开关柜，其结构紧凑，占地面积小，手车可以互换，便于快速处理故障，封闭性好，"五防"功能齐全，所有设备操作都可以在柜门关闭状态下进行，运行安全可靠。

中置式开关柜，全称为金属铠装中置移开式开关设备。属于高压配电装置，最高工作电压 3.6kV/7.2kV/12kV，系三相交流 50Hz 单母线分段系统或双母线分段系统的户内成套配电装置。用于接受和配 3.6～12kV 的网络电能，并对电力电路实行控制保护、监视和测量。中置式开关柜主要用于发电厂，中小型发电机的送电，电力系统二次变电所的受电、送电，工矿企事业单位的配电，以及大型高压电动机的起动等。

中置式开关柜分三层结构，上层为母线和仪表室（相互隔离），中间层为断路器室，下层为电缆室。由于断路器在中间层，所以称为铠装型移开中置式金属封闭开关设备，简称中置式开关柜。中置式开关柜由固定的柜体和可移开部件两大部分组成。

17.1 柜 体

中置式开关柜柜体分四个单独的隔室，外壳防护等级为 IP4X，各小室内间和断路器室门打开时防护等级 IP2X。具有架空进出线、电缆进出线及其他功能方案，经排列、组合后能成为各种方案形式的配电装置。开关柜外壳一般选用敷铝锌薄钢板，并采取多重折边工艺，使整个柜体不仅具有精度高、极强的抗腐蚀性与抗氧化作用，而且采取多重折边工艺，使柜体整体重量轻、机械强度高、外形美观。柜体采用组装式结构，用拉铆螺母和高强度的螺栓联接而成。这样使得加工生产周期缩短、零部件通用性强、减少了占地面积，便于组织生产

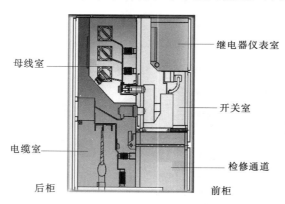

图 17－1　中置式开关柜基本框架

柜体由金属隔板分成母线室、断路器室、电缆室和仪表室四个不同的功能单元。中置式开关柜基本框架如图 17－1 所示。

17.2 可移开部件

17.2.1 高压手车断路器

高压手车断路器正常供电时通过负荷电流，当供电系统发生短路故障或严重过负荷时，与其相应的继电保护或自动装置配合，快速切断故障电流或过负荷。

高压手车断路器总体结构采用操动机构和灭弧室前后布置的形式，主导电回路部分为三相落地式结构，真空灭弧室纵向安装在一个管状的绝缘筒内，绝缘筒由环氧树脂浇注而成，因而它特别抗爬电。这种结构设计大大地减小粉尘在灭弧室表面的聚积，不仅可以防止真空灭弧室受到外部因素的损坏，而且可以确保即使在湿热及严重污秽环境下也可对电压效应呈现出高阻态。上出线座经固定在灭弧室上的上支架到真空灭弧室内部静触头，经动触头及其连接的导电夹、软连接、至下支架、下出线座。由绝缘拉杆与内部弹簧经过断路器连杆系统来完成断路器的操作运动及保持触头接触。断路器出厂时各电流等级均装有防尘绝缘筒盖。

操动机构是弹簧储能式操动机构，具有手动储能和电动储能功能，操动机构置于灭弧室前的机构箱内，断路器的机构箱同时用作操动机构的构架。机构箱分别装有操动机的储能部分、传动部分、脱扣部分和缓冲部分，前部设有合、分按钮，手动储能操作孔，弹簧储能状态指示牌，合分指示牌。这样，灭弧室和机构前后布置组成一个整体，使两者更加吻合，减少不必要的中间传动环节降低了能耗和噪声，使断路器的功能更加可靠。

断路器合闸所需能量由合闸弹簧储能提供。储能既可由外部电源驱动电机完成，也可使用储能手柄手动完成。

储能操作：固定在框架上的储能电机通电输出扭矩，通过电机输出轴的单向轴承带动链轮转动，或者将储能手柄插入手动储能孔中顺时针摇动，通过蜗轮蜗杆带动链轮转动。然后通过链条带动链轮转动，链轮转动时，档销推动轮上的滑块使储能轴跟随转动，并通过两边拐臂拉伸合闸弹簧进行储能。到达储能位置时，框架上的限位杆压下滑块，使储能轴与链轮传动系统脱开，储能保持掣子顶住滚轮保持储能位置，同时储能轴上拨板带动储能指示牌翻转，显示已储能标记，并切换行程开关，切断储能电机供电电源，此时断路器处于合闸准备状态。

合闸操作：机构储能后，若接到合闸信号，合闸电磁铁动作或按下合闸按钮，使储能保持轴转动，带动掣子松开滚轮，解除储能保持，合闸弹簧释放能量，使储能轴和轴上的凸轮作转动，通过转动拐臂，传动连板带动绝缘拉杆带动动触头向上运动进入合闸位置，并压缩触头弹簧，保持触头所需接触压力。合闸动作完成后，由合闸掣子与半轴保持合闸位置，同时储能指示牌，储能行程开关复位，电机供电回路接通，合分指示牌显示"合"标记，若外接电源也接通则再次进入储能状态。当断路器已处于合闸状态或选用闭锁装置而未接通外接电源及手车式断路器在推进过程中，均不能进行合闸操作。

分闸操作：合闸动作完成后，一旦接到分闸信号或按分闸按钮，分闸脱扣电磁铁动作，使分闸半轴对合闸保持掣子的约束被解除。由分闸弹簧储存的能量使灭弧室动静触头分离而实现分闸操作。在分闸过程后段，由液压缓冲器吸收分闸过程剩余能量并限定分闸位置。合分指示牌显示出"分"标记，同时拉动计数器，实现计数器计数，由传动连杆拉动主辅助开关切换。

防误联锁：断路器合闸操作完成后，合闸联锁弯板向下运动扣住合闸保持轴上的合闸弯板，在断路器未分闸时将不能再次合闸。断路器在合闸结束后，如合闸电信号未及时去除，断路器内部防跳控制回路将切断合闸回路防止多次重合闸。手车式断路器在未到试验位置或工作位置时，由联锁弯板扣住合闸脱扣，断路器将不能合闸，防止断路器处于合闸状态进入负荷区。手车式断路器在工作位置或试验位置合闸后，由滚轮压推进机构锁板，手车将无法移动，防止在合闸状态拉出或推进负荷区。如果选用电气合闸闭锁，在二次控制电源未接通情况下阻止手动进行合闸操作。手车断路器绘图符号及实物照片如图 17-2 所示。手车断路器结构如图 17-3 所示。手车断路器操作机构如图 17-4 所示。

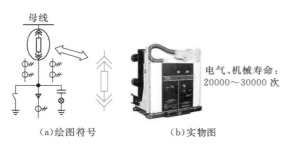

（a）绘图符号　　　（b）实物图

图 17-2　手车断路器绘图符号及实物图

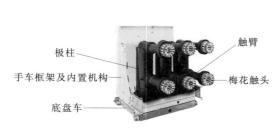

图 17-3　手车断路器结构

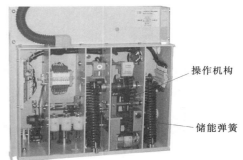

图 17-4　手车断路器操作机构

17.2.2　高压熔断器手车

正常供电时熔断器通过负荷电流，当负载回路发生过载或短路时，在电流超过规定值一定时间后，熔断器自身产生的热量使熔体熔化而快速切断电路。熔断器安装于手车上便于熔断器的更换、检修。熔断器手车绘图符号及实物图如图 17-5 所示。

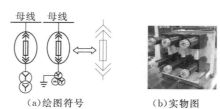

（a）绘图符号　　（b）实物图

图 17-5　熔断器手车绘图符号及实物图

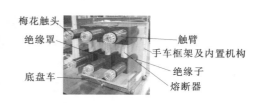

图 17-6　熔断器手车结构

高压熔断器手车由底盘车、高压熔断器、触臂、动触头、绝缘罩、绝缘子、框架及内部机构组成。熔断器手车结构如图 17 - 6 所示。

17.2.3　高压隔离手车

隔离手车总体结构为前后布置形式，采用复合绝缘结构，具有优良绝缘性能。一次主导电部分安装于环氧树脂采用 APG（压力凝胶）工艺浇注而成的绝缘筒内，以绝缘筒为绝缘骨架，对地的绝缘由绝缘筒的内外沿面承受，相间则由筒壁与空气复合绝缘承受。二次部分设置于机构箱体和专用推进机构内，结构简单紧凑。

隔离手车和隔离开关的作用相同，检修时进线有明显断口，且起到防误作用，隔离手车本身有电气和机械闭锁，主回路带电时闭锁电磁铁带电，手车无法摇动，起到防止误操作作用；其上、下触头间是一根导电棒，通过梅花触头实现与主回路的可见端口，达到隔离的作用。隔离手车绘图符号及实物图如图 17 - 7 所示。

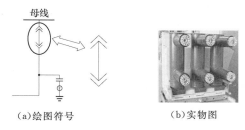

(a)绘图符号　　　　(b)实物图

图 17 - 7　隔离手车绘图符号及实物图

17.2.4　其他主要电气元件

17.2.4.1　电流互感器

电流互感器依据电磁感应原理。电流互感器是由闭合的铁心和绕组组成。它的一次绕组匝数很少，串在需要测量的电流线路中，因此它经常有线路的全部电流流过，二次绕组匝数比较多，串接在测量仪表和保护回路中，电流互感器在工作时，它的二次回路始终是闭合的，因此测量仪表和保护回路串联线圈的阻抗很小，电流互感器的工作状态接近短路。

按照用途不同，电流互感器大致可分为两类：

1. 测量用电流互感器（或电流互感器的测量绕组）

在正常工作电流范围内，向测量、计量等装置提供电网的电流信息。

2. 保护用电流互感器（或电流互感器的保护绕组）

在电网故障状态下，向继电保护等装置提供电网故障电流信息。

3. 测量用电流互感器

在测量交变电流的大电流时，为便于二次仪表测量需要转换为比较统一的电流（我国规定电流互感器的二次额定为 5A 或 1A），另外线路上的电压都比较高，如直接测量是非常危险的。电流互感器就起到变流和电气隔离作用。它是电力系统中测量仪表、继电保护等二次设备获取电气一次回路电流信息的传感器，电流互感器将高电流按比例转换成低电流，电流互感器一次侧接在一次系统，二次侧接测量仪表、继电保护等。

正常工作时互感器二次侧处于近似短路状态，输出电压很低。在运行中如果二次绕组开路或一次绕组流过异常电流（如雷电流、谐振过电流、电容充电电流、电感启动电流等），都会在二次侧产生数千伏甚至上万伏的过电压。这不仅给二次系统绝缘造成危害，还会使互感器过激而烧损，甚至危及运行人员的生命安全。

一次侧只有一到几匝，导线截面积大，串入被测电路。二次侧匝数多，导线细，与阻抗较小的仪表（电流表/功率表的电流线圈）构成闭路。

电流互感器的运行情况相当于二次侧短路的变压器，忽略励磁电流，安匝数相等 $I_1N_1=I_2N_2$

电流互感器一次绕组电流 I_1 与二次绕组 I_2 的电流比，称为实际电流比 $I_1/I_2=N_2/N_1=k$。

励磁电流是误差的主要根源。

测量用电流互感器的精度等级分为 0.1、0.2、0.5、1、3、5 等，每个精确级规定了相应的最大允许误差限值，另外还有 0.2S 和 0.5S 级。

4. 保护用电流互感器

保护用电流互感器分为：①过负荷保护电流互感器；②差动保护电流互感器；③接地保护电流互感器（零序电流互感器）

保护用电流互感器主要与继电装置配合，在线路发生短路过载等故障时，向继电装置提供信号切断故障电路，以保护供电系统的安全。保护用电流互感器的工作条件与测量用电流。

与互感器完全不同，保护用互感器只是在比正常电流大几倍几十倍的电流时才开始有效的工作。保护用互感器主要要求：①绝缘可靠；②足够大的准确限值系数；③足够的热稳定性和动稳定性。

保护用互感器在额定负荷下能够满足准确级的要求最大一次电流叫作额定准确限值一次电流。准确限值系数就是额定准确限值一次电流与额定一次电流比。当一次电流足够大时铁芯就会饱和起不到反映一次电流的作用，准确限值系数就是表示这种特性。保护用互感器准确等级 5P、10P，表示在额定准确限值一次电流时的允许电流误差为 1%、3%，其复合误差分别为 5%、10%。

线路发生故障时的冲击电流产生热和电磁力，保护用电流互感器必须承受。二次绕组短路情况下，电流互感器在一秒内能承受而无损伤的一次电流有效值，称额定短时热电流。二次绕组短路情况下，电流互感器能承受而无损伤的一次电流峰值，称额定动稳定电流。

保护用电流互感器的精度等级 5P/10P，10P 标示复合误差不超过 10%。

5. 电压互感器

电压互感器是一个带铁心的变压器。它主要由一、二次线圈、铁心和绝缘组成。当在一次绕组上施加一个电压 U_1 时，在铁心中就产生一个磁通 φ，根据电磁感应定律，则在二次绕组中就产生一个二次电压 U_2。改变一次或二次绕组的匝数，可以产生不同的一次电压与二次电压比，这就可组成不同比的电压互感器。电压互感器将高电压按比例转换成低电压，即 100V，电压互感器一次侧接在一次系统，二次侧接测量仪表、继电保护等，主要是电磁式的（电容式电压互感器应用广泛），另有非电磁式的，如电子式、光电式。

电压互感器的作用是把高电压按比例关系变换成 100V 或更低等级的标准二次电压，供保护、计量、仪表装置使用。测量用电压互感器或电压互感器的测量绕组：在正常电压范围内，向测量、计量装置提供电网电压信息；保护用电压互感器或电压互感器的保护绕组：在电网故障状态下，向继电保护等装置提供电网故障电压信息。同时，使用电压互感器可以将高电压与电气工作人员隔离。电压互感器虽然也是按照电磁感应原理工作的设备，但它的电磁结构关系与电流互感器相比正好相反。电压互感器二次回路是高阻抗回路，二次电流的大小由回路的阻抗决定。当二次负载阻抗减小时，二次电流增大，使得一次电流自动增大一

（a）电流互感器　　　　　（b）电压互感器

图 17-8　电流互感器和电压互感器实物图

个分量来满足一、二次侧之间的电磁平衡关系。可以说，电压互感器是一个被限定结构和使用形式的特殊变压器。简单地说就是"检测元件"。电流互感器和电压互感器实物图如图 17-8 所示。

　　6. 熔断器

　　熔断器是根据电流超过规定值一段时间后，以其自身产生的热量使熔体熔化，从而使电路断开，运用这种原理制成的一种电流保护器。熔断器广泛应用于高低压配电系统和控制系统以及用电设备中，作为短路和过电流的保护器，是应用最普遍的保护器件之一。

　　熔断器主要由熔体、外壳和支座 3 部分组成，其中熔体是控制熔断特性的关键元件。熔体的材料、尺寸和形状决定了熔断特性。熔体材料分为低熔点和高熔点两类。低熔点材料如铅和铅合金，其熔点低容易熔断，由于其电阻率较大，故制成熔体的截面尺寸较大，熔断时产生的金属蒸气较多，只适用于低分断能力的熔断器。高熔点材料如铜、银，其熔点高，不容易熔断，但由于其电阻率较低，可制成比低熔点熔体较小的截面尺寸，熔断时产生的金属蒸气少，适用于高分断能力的熔断器。熔体的形状分为丝状和带状两种。改变变截面的形状可显著改变熔断器的熔断特性。熔断器有各种不同的熔断特性曲线，可以适用于不同类型保护对象的需要。

　　熔断器的动作是靠熔体的熔断来实现的，熔断器有个非常明显的特性，就是安秒特性。

　　对熔体来说，其动作电流和动作时间特性即熔断器的安秒特性，也叫反时延特性，即过载电流小时，熔断时间长；过载电流大时，熔断时间短。

　　对安秒特性的理解，我们从焦耳定律上可以看到 $Q = I^2 RT$，串联回路里，熔断器的 R 值基本不变，发热量与电流 I 的平方成正比，与发热时间 T 成正比，也就是说当电流较大时，熔体熔断所需的时间就较短。而电流较小时，熔体熔断所需用的时间就较长，甚至如果热量积累的速度小于热扩散的速度，熔断器温度就不会上升到熔点，熔断器甚至不会熔断。所以，在一定过载电流范围内，当电流恢复正常时，熔断器不会熔断，可继续使用。

　　因此，每一熔体都有一最小熔化电流。相应于不同的温度，最小熔化电流也不同。虽然该电流受外界环境的影响，但在实际应用中可以不加考虑。一般定义熔体的最小熔断电流与熔体的额定电流之比为最小熔化系数，常用熔体的熔化系数大于 1.25，也就是说额

定电流为 10A 的熔体在电流 12.5A 以下时不会熔断。

从这里可以看出，熔断器的短路保护性能优秀，过载保护性能一般。如确需在过载保护中使用，需要仔细匹配线路过载电流与熔断器的额定电流。例如，8A 的熔体用于 10A 的电路中，作短路保护兼作过载保护用，但此时的过载保护特性并不理想。

根据保护对象可分为保护变压器用和一般电气设备用的熔断器、保护电压互感器的熔断器、保护电力电容器的熔断器、保护半导体元件的熔断器、保护电动机的熔断器和保护家用电器的熔断器等。根据结构可分为敞开式、半封闭式、管式和喷射式熔断器。

敞开式熔断器结构简单，熔体完全暴露于空气中，由瓷柱作支撑，没有支座，适于低压户外使用。分断电流时在大气中产生较大的声光。

半封闭式熔断器的熔体装在瓷架上，插入两端带有金属插座的瓷盒中，适于低压户内使用。分断电流时，所产生的声光被瓷盒挡住。

管式熔断器的熔体装在熔断体内。然后插在支座或直接连在电路上使用。熔断体是两端套有金属帽或带有触刀的完全密封的绝缘管。这种熔断器的绝缘管内若充以石英砂，则分断电流时具有限流作用，可大大提高分断能力，故又称作高分断能力熔断器。若管内抽真空，则称作真空熔断器。若管内充以 SF_6 气体，则称作 SF_6 熔断器，其目的是改善灭弧性能。由于石英砂，真空和 SF_6 气体均具有较好的绝缘性能，故这种熔断器不但适用于低压也适用于高压。

喷射式熔断器是将熔体装在由固体产气材料制成的绝缘管内。固体产气材料可采用电工反白纸板或有机玻璃材料等。当短路电流通过熔体时，熔体随即熔断产生电弧，高温电弧使固体产气材料迅速分解产生大量高压气体，从而将电离的气体带电弧在管子两端喷出，发出极大的声光，并在交流电流过零时熄灭电弧而分断电流。绝缘管通常是装在一个绝缘支架上，组成熔断器整体。有时绝缘管上端做成可活动式，在分断电流后随即脱开而跌落，此种喷射式熔断器俗称跌落熔断器。一般适用于电压高于 6kV 的户外场合。

此外，熔断器根据分断电流范围还可分为一般用途熔断器、后备熔断器和全范围熔断器。一般用途熔断器的分断电流范围指从过载电流大于额定电流 1.6～2 倍起，到最大分断电流的范围。这种熔断器主要用于保护电力变压器和一般电气设备。后备熔断器的分断电流范围指从过载电流大于额定电流 4～7 倍起至最大分断电流的范围。这种熔断器常与接触器串联使用，在过载电流小于额定电流 4～7 倍的范围时，由接触器来实现分断保护。主要用于保护电动机。为防止发生越级熔断、扩大事故范围，上、下级（即供电干、支线）线路的熔断器间应有良好配合。选用时，应使上级（供电干线）熔断器的熔体额定电流比下级（供电支线）的大 1～2 个级差。

7. 避雷器

避雷器是用于保护电气设备免受雷击时高瞬态过电压危害，并限制续流时间，也常限制续流赋值的一种电器。避雷器有时也称为过电压保护器，过电压限制器。避雷器连接在线缆和大地之间，通常与被保护设备并联。避雷器可以有效地保护通信设备，一旦出现不正常电压，避雷器将发生动作，起到保护作用。当通信线缆或设备在正常工作电压下运行时，避雷器不会产生作用，对地面来说视为断路。一旦出现高电压，且危及被保护设备绝缘时，避雷器立即动作，将高电压冲击电流导向大地，从而限制电压幅值，保护通信线缆和设备绝缘。当过电压消失后，避雷器迅速恢复原状，使通信线路正常工作。

因此，避雷器的主要作用是通过并联放电间隙或非线性电阻的作用，对入侵流动波进行削幅，降低被保护设备所受过电压值，从而起到保护通信线路和设备的作用。避雷器是用来保护电力系统中各种电器设备免受雷电过电压、操作过电压、工频暂态过电压冲击而损坏的一个电器。

交流无间隙金属氧化物避雷器用于保护交流输变电设备的绝缘，免受雷电过电压和操作过电压损害。适用于变压器、输电线路、配电屏、开关柜、电力计量箱、真空开关、并联补偿电容器、旋转电机及半导体器件等过电压保护。交流无间隙金属氧化物避雷器具有优异的非线性伏安特性，响应特性好、无续流、通流容量大、残压低、抑制过电压能力强、耐污秽、抗老化、不受海拔约束、结构简单、无间隙、密封严、寿命长等特点。避雷器在正常系统工作电压下，呈现高电阻状态，仅有微安级电流通过。在过电压大电流作用下它便呈现低电阻，从而限制了避雷器两端的残压。目前主要使用氧化锌避雷器，氧化锌避雷器是一种保护性能优越、质量轻、耐污秽、性能稳定的避雷设备。它主要利用氧化锌良好的非线性伏安特性，使在正常工作电压时流过避雷器的电流极小（微安或毫安级）；当过电压作用时，电阻急剧下降，泄放过电压的能量，达到保护的效果。这种避雷器和传统避雷器的差异是它没有放电间隙，利用氧化锌的非线性特性起到泄流和开断的作用。

氧化锌避雷器具有7大特性：

（1）氧化锌避雷器的通流能力大。这主要体现在避雷器具有吸收各种雷电过电压、工频暂态过电压、操作过电压的能力。

（2）氧化锌避雷器的保护特性优异。氧化锌避雷器是用来保护电力系统中各种电器设备免受过电压损坏的电器产品，具有良好保护性能。因为氧化锌阀片的非线性伏安特性十分优良，使得在正常工作电压下仅有几百微安的电流通过，便于设计成无间隙结构，使其具备保护性能好、重量轻、尺寸小的特征。当过电压侵入时，流过阀片的电流迅速增大，同时限制了过电压的幅值，释放了过电压的能量，此后氧化锌阀片又恢复高阻状态，使电力系统正常工作。

（3）氧化锌避雷器的密封性能良好。避雷器元件采用老化性能好、气密性好的优质复合外套，采用控制密封圈压缩量和增涂密封胶等措施，陶瓷外套作为密封材料，确保密封可靠，使避雷器的性能稳定。

（4）氧化锌避雷器的机械性能主要考虑以下三方面因素：

1）承受的地震力。

2）作用于避雷器上的最大风压力。

3）避雷器的顶端承受导线的最大允许拉力。

（5）氧化锌避雷器的良好的解污秽性能。无间隙氧化锌避雷器具有较高的耐污秽性能。

目前国家标准规定的爬电比距等级为：

1）Ⅱ级 中等污秽地区：爬电比距 20mm/kV。

2）Ⅲ级 重污秽地区：爬电比距 25mm/kV。

3）Ⅳ级 特重污秽地区：爬电比距 31mm/kV。

（6）氧化锌避雷器的高运行可靠性。长期运行的可靠性取决于产品的质量，及对产品的选型是否合理。影响它的产品质量主要有以下三方面：

1）避雷器整体结构的合理性。

2）氧化锌阀片的伏安特性及耐老化特性。

3）避雷器的密封性能。

（7）工频耐受能力。由于电力系统中如单相接地、长线电容效应以及甩负荷等各种原因，会引起工频电压的升高或产生幅值较高的暂态过电压，避雷器具有在一定时间内承受一定工频电压升高能力。熔断器和避雷器实物如图17-9所示。

8. 绝缘子

绝缘子是用来支持和固定母线与带电导体、并使带电导体间或导体与大地之间有足够的距离和绝缘。绝缘子应具有足够的电气绝缘强度和耐潮湿性能。

9. 接地开关

用于电路接地部分的机械式开关，属于隔离开关类别。它能在一定时间内承载非正常条件下的电流（例如短路电流），但不要求它承载正常电路条件下的电流。绝缘子和接地开关实物如图17-10所示。

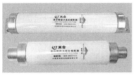   

（a）熔断器　　　（b）避雷器　　　　　（a）绝缘子　　　　（b）接地开关

图17-9　熔断器和避雷器实物图　　　　　图17-10　绝缘子和接地开关实物图

17.3　开关柜常见电气元件

17.3.1　带电显示装置

带电显示器装置通过电压传感器，从高压回路中抽取一定的电压作为显示和闭锁的电源，用于反映装置设置处的带电状态。开关柜上的带电显示器简单来说类似于我们常用的电笔，用于提示某个设备是否带电，防止误入带电间隔。

带电显示器基本分为两类：

（1）提示性（T型）：主要是进行提示或确认设备是否带电，在送电前、运行中、检修中都会起到带电提示作用。常见的 T 型带电显示装置如图17-11所示，

图17-11　常见的 T 型带电显示装置

T 型带电显示装置接线原理如图 17 - 12 所示。

（2）强制型（Q 型）：通常与五防锁配套使用，除了起到 T 型的作用外，还能起到在不断电时不能开门操作的强制闭锁功能。常见的 Q 型带电显示装置如图 17 - 13 所示。

Q 型带电显示装置接线原理如图 17 - 14 所示。

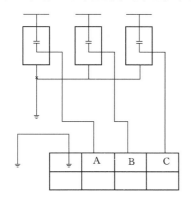

图 17 - 12　T 型带电显示
装置接线原理图

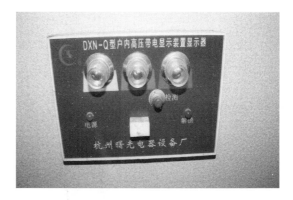

图 17 - 13　常见的 Q 型带电显示装置

17.3.2　温湿度控制器

开关柜内部空间小，带电设备与接地部件之间的电气距离相对较短。由于开关柜有严格的防爆等级要求，各功能室相对封闭，与外界空气对流较小。如果内部进入水汽，在适当的条件下会在设备上形成凝露，造成设备绝缘强度下降，对设备产生腐蚀，最终形成事故。如果温度过低，可能导致元器件不能正常工作或者会损坏。

温湿度控制器通过检测柜内的温湿度变化，启动各个加热器，阻止凝露的形成，并将水汽通过加热排出柜体，从而达到保护电气设备的目的。

以 KS - 3X（TH）为例，最多可接两路温度传感器和两路凝露传感器，能检测多个小环境的温度变化和湿度变化。该控制器的温控范围为 5~15℃，凝露启控点为 93%RH 或者 80%RH。

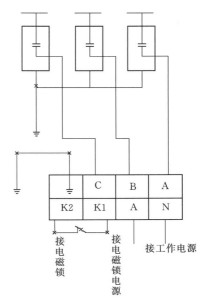

图 17 - 14　Q 型带电显示装置
接线原理图

当Ⅰ路温度低于 5℃ 或者湿度大于启控点时，控制器启动Ⅰ路加热器工作，当温度升高到 15℃ 且湿度下降到设定值时，Ⅰ路加热器停止工作。在加热器工作状态，当加热器断线或者线路出现故障时，Ⅰ路故障指示灯亮，同时故障报警触点闭合。

Ⅱ路工作原理同Ⅰ路，按手动开关可进行强制加热。常见的温湿度控制器如图 17 - 15 所示，温湿度控制器安装位置如图 17 - 16 所示，加热器安装位置如图 17 - 17 所示，传感器安装位置如图 17-18 所示。

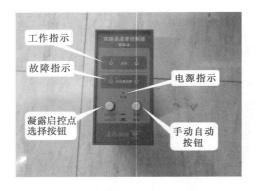

图 17-15　常见的温湿度控制器

图 17-16　温湿度控制器安装位置
（一般在上柜门处）

图 17-17　加热器安装位置
（一般电缆室与开关室各装一只）

图 17-18　传感器安装位置
（一般电缆室与开关室各装一只）

17.3.3　电磁锁

电磁锁主要适用于户内高压开关设备前后柜门需要闭锁的部位实现联锁，防止误操作的发生，是发电和供电部门不可缺少的闭锁装置。另外，为适应综合自动化变电站的需要，有些电磁锁亦增加了锁内辅助接点，能在锁具的合分位置给用户提供一对相应的开关接点，便于用户锁具相互联锁及综合自动化采样，避免了走空程，是现代化变电站设备理想的闭锁装置。

柜门锁的操作：

方法一：电源接通，开锁指示灯亮，表示允许开锁。这时掀下红色电源按钮（手掀住按钮勿超过 1min）线圈吸合后，向外拉出锁栓，转动位置卡在顶杆上，可以进行机构拉合操作，操作完后转动锁栓，锁栓会自动回到锁定位置从而实现自动复位功能。

方法二：电源接通，指示灯亮，表示允许开锁，这时掀下红色按钮，线圈吸合后，向开锁方向转动手柄（或拨钮）（左开顺时针方向，右开逆时针方向），锁栓被拉动，当手柄（或拨钮）转动中阻力突然增大说明已"开锁"位置，这时可打开柜门，如果此时松手，锁枪会自动复位，回到锁定位置。如果继续用力转动，则锁栓会停止在开锁位置上，即可延时复位。闭锁时，向闭锁方向拨一下手柄（或拨钮），则锁栓即能自动回复到锁定位置。

指示灯不亮，表明不允许开锁，特殊情况必须开锁时，取来解锁钥匙，插入解锁孔内，按面板指示方向转动90°即可，将动铁芯推离锁栓挡块，这时可按方法一和方法二步骤操作，以满足"手动解锁"功能。常用电磁锁外观如图17-19所示，常用电磁锁外观如图17-20所示。

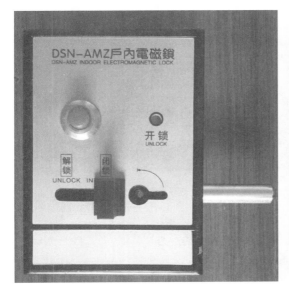

图17-19　常用电磁锁外观
（适用方法一开锁）

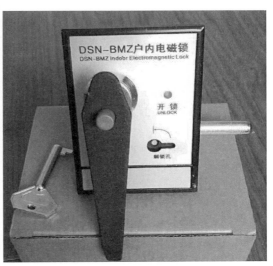

图17-20　常用电磁锁外观
（适用方法二开锁）

17.3.4　指示灯

指示灯一般装设在继电器仪表室柜门上，用于指示开关分、合闸位置，试验、工作位置，开关已储能，主要颜色有黄、绿、红三种，按电压等级一般分为110V和220V，不能混用，否则会造成指示灯烧毁或者不亮。常用指示灯外观如图17-21所示。

17.3.5　开关柜状态指示器

目前许多厂家的开关柜选用开关柜状态指示器代替某些指示灯的知识功能。开关柜状态指示器具有一次回路模拟图及开关状态指示、高压带电显示、自动温湿度控制等众多功能，动态模拟图可以显示断路器分合闸指示、手车位置指示、接地开关位置指示和弹簧储能指示。具有高压带电显示及闭锁功能，与相应电压等级的传感器配合使用，显示主回路带电情况，母线各项电压均偏离额定电压较大时采取闭锁功能。自动温湿度控制有温湿度模拟控制和温湿度数字控制可显示现场的温度和湿度，可根据需要自行设置加热、除湿、鼓风的上下限。某型号开关柜状态指示器如图17-22所示。

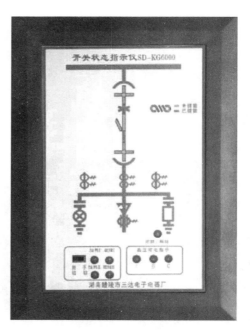

图 17-21　常用指示灯外观　　　　　图 17-22　某型号开关柜状态指示器

17.4　压力释放装置

中置柜中手车室、母线室和电缆室的上方均设有泄压装置，为一长方形金属顶板，一侧用铁螺钉固定，另一侧用尼龙螺钉固定。当柜内发生故障时，顶板变形打开，释放压力和排泄气体，泄压后顶板报废。改进措施是将顶板一侧装上铰链，另一侧用尼龙螺钉固定。泄压时，顶板像门一样完全打开，泄压通道大，泄压速度快，但不会破坏顶板。

开关柜的泄压方向必须优先考虑顶部泄压，一次回路隔室如母线室、断路器室、电缆室必须考虑泄压通道，且各室泄压通道独立。泄压装置既要保证可靠，同时也能满足机械强度的要求

第18章　中置式开关柜二次回路

本章以中置式开关柜配 VD4M 手车开关为例，介绍其二次回路的结构及工作原理。

18.1　分　合　闸　回　路

分合闸回路如图 18-1 所示。

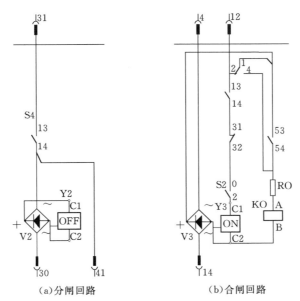

（a）分闸回路　　　　　　　（b）合闸回路

图 18-1　分合闸回路

31-30 为航空插头分闸回路两端，4-14 为航空插头合闸回路两端。

开关在分闸位置，开关辅助接点 31-32 闭合，储能完毕的情况下，储能接点 13-14 闭合。手车位置在工作位置或者试验位置，合闸闭锁线圈动作，S2 接点 0-2 闭合。状态对应后，遥控合闸命令发出（或者 KK 把手合闸，再或者保护重合闸动作并且重合闸压板投入状态下），正电源导通到 4，合闸线圈 Y3 励磁，机构合闸。

开关合闸后，开关辅助接点 31-32 断开，合闸回路断开，开关辅助接点 13-14 闭合，当有遥控分闸命令发出（或者是 KK 把手分闸，再或者保护装置分闸命令发出且分闸压板投入状态下），正电源导通到 31（分闸回路开出到机构箱接点），分闸线圈 Y2 励磁，开关分闸，分闸之后开关辅助接点 13-14 断开，分闸回路断开，开关辅助接点 31-32 又闭合，储能完毕后准备后下次合闸。

18.2 机构防跳回路

防跳回路如图 18-2 所示。

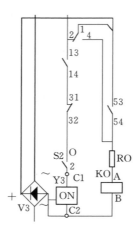

图 18-2 防跳回路

开关在分闸位置时,合闸命令过来后,假如开关辅助接点 31-32 接点粘连,开关合闸后,合闸回路仍导通,此时开关辅助接点 53-54 闭合,K0 动作,控制合闸回路接点 1-2 导通变为 1-4 导通,同时实现 K0 自保持,断开合闸回路,即使合闸接点一直粘连,开关也不能合闸,这是防跳回路的基本原理。注意,机构自身防跳与微机保护防跳仅投一套,不能两套同时投入。

18.3 储能回路

储能回路如图 18-3 所示。

图 18-3 储能回路

当开关未储能时，储能辅助接点 31－32、41－42 闭合，储能空开合上，电机通电并开始储能，储能结束后，储能辅助开关动作，储能辅助接点 31－32、41－42 断开，电机失电，储能结束。

18.4 指 示 灯 回 路

指示灯回路如图 18-4 所示。

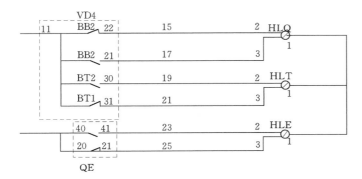

图 18-4 指示灯回路

BB2 为开关位置辅助接点，开关在分闸位置时回路 15 导通，回路 17 断开，指示灯 HLQ 显示开关分闸，开关在合闸位置的时候回路 15 断开，回路 17 导通，指示灯 HLQ 显示开关合闸。BT1、BT2 为手车位置辅助接点。手车在试验位置时，回路 19 导通，指示灯 HLT 显示试验位置状态。手车在工作位置时，回路 21 导通，指示灯 HLT 显示工作位置状态。QE 为地刀位置辅助接点，地刀合闸时回路 25 导通，指示灯 HLE 显示地刀合闸，地刀分闸时回路 23 导通，指示灯 HLE 显示地刀分闸。

18.5 温 湿 度 控 制 器 回 路

温湿度控制器回路如图 18-5 所示。

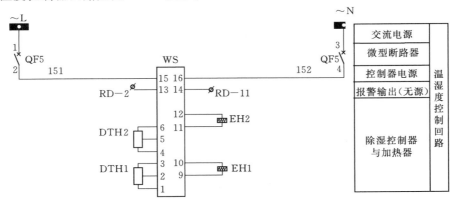

图 18-5 温湿度控制器回路

DTH1、DTH2 为温湿度传感器，一个装在中置柜的开关室里，另一个装在电缆室里。

EH1、EH2 为加热器，一个装在开关室里，另一个装电缆室里，装在电缆室里的加热器功率较大。

温湿度控制器作用是给开关柜加热或者除湿。开关柜里很多元器件的正常工作对温度和湿度都是有要求的，温度过低元器件不能正常工作或者会损坏，湿度过高，会在绝缘表层形成凝露，降低绝缘性能。

传感器 DTH1、DTH2 采集开关室和电缆室里的温度、湿度的数据，发送到控制装置，控制装置将设定值与收到的数据进行比较，如果达到地洞条件，加热器 ETH1、ETH2 的回路就导通。13、14 为温湿度控制器的告警接点，当装置有故障或者失电时，接点闭合，发告警信号。

18.6 照 明 回 路

照明回路如图 18-6 所示。

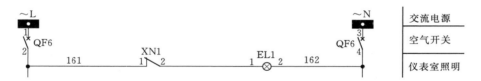

图 18-6 照明回路

XN1 为开关柜门的行程接点。开关柜门打开时，XN1 常闭接点闭合，灯泡通电，柜门合的时，XN1 接点断开，灯泡失电。

18.7 带 电 显 示 装 置 回 路

带电显示装置回路如图 18-7 所示。

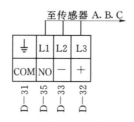

图 18-7 带电显示装置回路

L1、L2、L3 分别代表高压的 A、B、C 三相，感应一次设备是否带电，标正负号的位置接装置电源，D31、D35 接闭锁接点。当高压部分有电时，指示灯亮，同时装置发出闭锁信号，当高压部分无电时，指示灯灭，装置解除闭锁信号。带电显示装置失电或者告警的时候，会发出闭锁信号，闭锁地刀。

18.8 闭 锁 回 路

闭锁回路如图 18-8 所示。

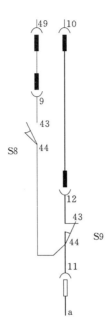

图 18-8 闭锁回路

S9 为 43-44 手车工作位置辅助接点，S8 为 43-44 手车工作位置辅助接点。接点 a 连接至合闸闭锁电磁铁。

手车既不在工作位置也不在试验位置时，合闸闭锁电磁铁失电，断开合闸回路，防止手车在工作位置和试验位置之间时开关合闸。

第19章　中置式开关柜安装验收及质量标准

安装前必须完成基础浇筑施工。开关柜出厂时其设备的技术参数已调至最佳工作状态。安装时应根据工程需要与图纸说明，将开关柜运至特定的位置，如果一排开关设备排列较长（10台以上），拼柜工作应从中间部位开始。一般情况下柜体拼装应与主母线的安装交替进行，这样可避免柜体安装好后，安装主母线困难。

19.1　安　　装

19.1.1　柜体安装

（1）卸去开关柜吊装板及开关柜后封板。

（2）松开母线隔室顶盖板（泄压盖板）的固定螺栓，卸下母线隔室顶盖板。

（3）松开母线隔室后封板固定螺栓，卸下母线隔室后封板。

（4）松开断路器隔室下面的可抽出式水平隔板的固定螺栓，并将水平隔板卸下。

（5）在此基础上，依次于水平、垂直方向拼接开关柜，开关柜安装不平度不得超过 2mm。

（6）当开关设备已完全拼接好时，可用 M12 的地脚螺栓将其与基础槽钢相连或用电焊与基础槽钢焊牢。

19.1.2　主母线的安装及电缆连接

（1）用洁净干燥的软布擦拭母线，检查绝缘套管是否有损伤，在连接部位涂上导电膏或者中性凡士林。

（2）按照 U、V、W 三相主母线上的编号依次拼装相邻柜主母线，将主母线和对应的分支母线搭接处用螺栓穿入，上螺母扣牢但不紧固。

（3）按规定力矩紧固主母线及分支母线的连接螺栓。

（4）母线应柔顺地插入套管中、绝缘隔板定位、固定好。

（5）扣上母线搭接处的绝缘盒套。

（6）在连接电缆时，若电缆截面太大，可先拆开电缆盖板，将电缆穿过电缆密封圈后与对应的一次出线连接，随后将此盖板合并后用螺栓紧固。电缆孔处密封圈开口大小应在安装现场视电缆截面而裁定。当电缆头与出线连接好后，需用专配电缆夹将电缆夹紧，以防电缆坠落。

19.1.3　二次线的穿接

（1）将开关柜继电器、仪表室顶端的小母线顶盖板固定螺栓松开，然后移开，留出施工空间。

（2）安装并连接小母线。

（3）当二次线为电缆进出时，移开柜底左侧二次电缆盖板及柜侧走线槽盖板，进行二次电缆连接，随后将二次电缆盖板及柜侧走线槽盖板盖好。

（4）用预制的连接排将各柜的接地主母线连接在一起，并在适当位置与建筑预设的接地网相连接。

（5）将所拆卸的开关柜后封板、母线隔室顶盖板（泄压盖板）、可抽出式水平隔板等复原后用螺栓紧固。

19.1.4 安装后封板

安装并紧固后封板，确保防护等级。

19.2 质 量 标 准

19.2.1 土建施工的质量标准

土建施工应按设计要求预埋基础型钢，工程质量应符合设备安装规范，并核对土建基础尺寸符合安装要求。基础型钢安装后，其顶部宜高出抹平地面 10mm；手车式成套柜按产品技术要求执行；开关柜单独或成列安装时，其垂直度、水平偏差以及盘、柜面偏差和盘、柜间接缝的允许偏差应符合表 19-1 的规定。基础型钢应有明显的可靠接地。一般在两端引出与主接地网相连，以保证设备接地。

表 19-1　　　　　　　　　　　开关柜单独或成列安装的允许偏差率

项　　　目		允许偏差/mm
垂直度（每米）		<1.5
水平偏差	相邻两盘顶部	<2
	成列盘顶部	<5
盘面偏差	相邻两盘边	<1
	成列盘边	<5
盘间接缝		<2

19.2.2 柜体安装的质量标准

（1）将柜体按编号顺序分别抬（叉或吊）到基础槽钢之上，使之地脚螺孔和基础槽钢上面的开孔对正。先用 4 个螺钉插入孔内，然后找平找正。

（2）找平找正应用水平尺、磁性吊线坠和钢板尺，并准备 0.1～1mm 厚的凹形片。先测量柜体正面的垂直度，测量方法是将磁性吊线坠分别至于柜体正面的两个前立柱上，然后把铅垂放下，再用钢板尺分别测量垂线上部和下部与前立柱的距离，如相等则说明柜体前后垂直于基础槽钢；如下部距离大，则说明柜体前后面向前倾斜，应该在柜体下框架前面的螺孔处垫凹形板调整，直至上下相等；反之，柜体向后倾斜，则在下框架后面垫凹形板调整。

（3）用同样的方法测量并调整柜体的倾面，最后再测量一次正面并细调一次，直至前后左右的铅垂线上下距离相等为止，其误差应不大于 0.5mm。

（4）对于多台成列安装时，应先一台一台按顺序校正，并调整柜间间隙为 1mm 左右，然后把柜与柜之间侧面上的螺钉上好稍紧；再进行整体的调整，误差较大的还要作个别调整。最后将柜之间的螺钉上好，放上平垫、弹簧垫拧紧，螺钉的穿过方向应一致。多台柜的安装要保证柜顶的水平度，必要时可用凹形片调整。

（5）开关柜应柜面一致，排列整齐。其水平误差不应大于 1/1000，垂直误差不应大于其高度的 1.5/1000。

19.2.3 母线安装的质量标准

（1）母线连接用的紧固件应采用符合国家标准的镀锌螺栓、螺母和垫片。

（2）母线平直时，贯穿螺栓应由下向上穿，其余情况，母线应置于维护侧，螺栓长度宜露出螺母 2～3 丝牙。

（3）螺栓的两侧均应有垫片。相邻螺栓的垫片应有 3mm 以上的净距离，螺母侧应装弹簧垫片。

（4）母线的着色按 U 相为黄色、V 相为绿色、W 相为红色，一般排列顺序为从上到下、从左到右、从里到外。

19.2.4 二次安装工艺

（1）导线束穿越金属构件时，应套绝缘衬管加以保护。

（2）二次铠装电缆进入柜后，应将钢带切断，切断处的端部应扎紧，并将钢带接地。

（3）接到端子和设备上的绝缘导线和电缆芯应有标记。

（4）导线不应承受减少其正常使用寿命的应力。

（5）电缆芯和导线的端部应标明其正确的回路编号，字迹清晰且不易脱色。

19.2.5 接地线安装的质量标准

外壳及其他不属于主回路或者辅助回路的所有金属部件必须接地；三芯电力电缆终端处的金属护层、控制电缆的金属护层必须接地，塑料电缆每相铜屏蔽和钢铠应锡焊接地线接地。二次回路接地应设专用螺栓，成套柜应装有供检修用的接地装置。

（1）接地体（线）的连接应采用焊接，焊接牢固。接至电气设备的接地线，应用镀锌螺栓连接；有色金属接地线不能采用焊接时，可用螺栓连接。

（2）接地体引出线的垂直部分和接地装置焊接部位应作防腐处理。

（3）柜的接地应牢固良好。装有可开启的门，应以裸铜软线与接地的金属构架可靠地连接。

19.2.6 电缆安装的质量标准

电缆头制作方法可分为普通热收缩式、普通冷收缩式和预制式 3 种。其基本要求为：

（1）导体连接良好。

（2）绝缘可靠。

（3）密封良好。

（4）有足够的机械强度。

19.3　开关柜安装后的调试

（1）调整手车导轨，且应水平、平行，轨距应与轮距相配合，手车推拉应轻便灵活，无阻卡及碰撞现象。

（2）调整隔离静触头的安装位置应正确，安装中心线应与触头中心线一致，且与动触头（推进柜内时）的中心线一致；手车推入工作位置后，动触头与静触头接触紧密，动触头顶部与静触头底部的间隙符合产品要求，接触行程和超行程应符合产品规定。

（3）调整手车与柜体间的接地触头是否接触紧密，当手车推入柜内时，其触头应比主触头先接触，拉出时应比主触头后断开。

（4）结合操作机构的试验，检查手车在工作位置和试验位置的定位是否准确可靠。在工作位置动触头与静触头准确可靠接触，且能分、合闸操作；在试验位置动、静触头分离，且能分、合闸操作。

（5）二次回路辅助开关的切换触点应动作准确，接触可靠，柜内控制电缆或导线束的位置不妨碍手车的进出，并应固定牢固。

（6）电气连锁装置、机械连锁装置及其之间的连锁功能的动作准确可靠，符合产品说明书上的各项要求。

（7）按规定项目进行电气设备的试验。

19.4　验　　收

开关柜安装完成后应进行分、合闸操动机构机械性能，防误闭锁和连锁实验。不同元件之间设置的各种连锁均应进行不少于3次的实验，以检验其功能是否正确。

（1）设备安装水平度、垂直度在规定的合格范围内。

（2）所有辅助设施安装完毕，功能正常。

（3）柜门开闭良好，所有隔板、侧板、顶板、底板的螺栓齐全、紧固。

（4）开关操作顺畅，分合到位，机械指示正确，分、合闸位置明显可见。

（5）防误装置机械、电气闭锁应动作准确、可靠。

（6）外壳、盖板、门、观察窗、通风窗和排气口防护等级符合要求，有足够的机械强度和刚度。

（7）柜内照明齐全。

（8）柜的正面及背面各电器、端子排等编号、名称、用途及操作位置，标字清楚未有损伤脱色。

（9）带电部位的相间、对地、爬电距离、安全距离应符合产品的技术要求。同时检查柜中设备正常时不带电的金属部位及安装架构是否接地可靠。

（10）对照原理接线图仔细检查一次母线和二次控制操作线的接线是否正确、可靠、牢固，同时应用 1000V 绝缘电阻表测试二次线的绝缘电阻，一般应大于 $10\text{M}\Omega$。互感器二次是否可靠接地。

（11）对于移开式（手车）柜还要检查以下项目。

1）检查防止电气误操作的"五防"装置齐全，并动作灵活可靠。

2）手车推拉应灵活轻便，无卡阻、碰撞现象，相同型号的手车应能互换。

3）手车推入工作位置后，动触头顶部与静触头底部的间隙应符合产品要求。

4）手车和柜体间的二次回路连接插件应接触良好。

5）安全隔离板应开启灵活，随手车的进出而相应动作。

6）柜内控制电缆的位置不应妨碍手车的进出，并应牢固。

7）手车与柜体间的接地触头应接触紧密，当手车推入柜内时，其接地触头应比主触头先接触，拉出时接地触头比主触头后断开。

19.5　收尾工作和资料整理

19.5.1　结尾工作

（1）开关柜安装工作结束后，应将柜内工具或异物清理完，并清点工具，关好柜门。

（2）对支架、基座、连杆等铁质部件进行防锈防腐处理，对导电适当部分涂以相应的相序标志（黄、绿、红）。

（3）撤离安装使用设备，整理清扫工作现场。

（4）安装人员全部撤离工作现场，并接受现场验收，办理工作票终结手续。

（5）提交安装的技术文件资料，并存档保管。

19.5.2　在验收时应提交的资料文件

（1）工程竣工图。

（2）变更设计的证明文件。

（3）制造厂提供的产品说明书、合格证件、设备出厂试验报告、厂家图纸等技术文件。

（4）根据合同提供的备品备件清单。

（5）施工记录、安装报告。

第20章　中置式开关柜状态评价导则

开关柜状态评价分为元件状态评价和整体状态评价两部分。

20.1　开关柜元件状态评价

1. 开关柜元件划分

根据开关柜各元件的独立性，将开关柜分为柜体、断路器、隔离开关（隔离手车）、接地开关、电流互感器、避雷器、站用变压器和电压互感器8个元件。

2. 开关柜元件状态量扣分标准

开关柜元件状态量扣分标准见表20-1。

表 20-1　　　　　　　　　　　开关柜元件状态评价标准

元件 \ 评价标准	正常状态		注意状态		异常状态	严重状态
	合计扣分	单项扣分	合计扣分	单项扣分	单项扣分	单项扣分
柜体	≤30	≤10	>30	11~20	21~30	>30
断路器	≤30	≤10	>30	11~20	21~30	>30
隔离开关（隔离手车）	≤30	≤10	>30	11~20	21~30	>30
接地开关	≤30	≤10	>30	11~20	21~30	>30
电流互感器	≤30	≤10	>30	11~20	21~30	>30
避雷器	≤30	≤10	>30	11~20	21~30	>30
站用变压器	≤30	≤10	>30	11~20	21~30	>30
电压互感器	≤30	≤10	>30	11~20	21~30	>30

3. 开关柜元件状态评价方法

开关柜元件状态评价应同时考虑单项状态量的扣分和元件合计扣分情况。

当任一状态量单项扣分和所有状态量合计扣分达到表20-1中正常状态规定时，视为正常状态。

当任一状态量单项扣分或所有状态量合计扣分达到表20-1中注意状态规定时，视为注意状态。

当任一状态量单项扣分达到表20-1中异常状态或严重状态规定时，视为异常状态或严重状态。

20.2 开关柜整体状态评价

开关柜整体状态评价应综合其元件的评价结果。当所有元件状态评价为正常状态时，整体评价为正常状态；当任一元件评价为注意状态、异常状态或严重状态时，整体评价应为其中最严重的状态。开关柜柜体状态量扣分标准见表 20-2。断路器状态量扣分标准见表 20-3。电流互感器状态量扣分标准见表 20-4。避雷器状态量扣分标准见表 20-5。隔离开关（隔离手车）、接地开关状态量扣分标准见表 20-6。电压互感器状态量扣分标准见表 20-7。站用变压器状态量扣分标准见表 20-8。

表 20-2　　　　　　　　　　　开关柜柜体状态量扣分标准

状态量		劣化程度	基本扣分	判　断　依　据	权重系数	扣分值（应扣分值×权重）
分类	状态量名称					
家族缺陷	同厂、同型、同期设备被通报的故障和缺陷信息	III	8	严重缺陷未整改的	2	
		IV	10	危急缺陷未整改的		
运行巡检	整体状态观察	IV	10	异常声响或气味	2	
	外观检查	II	4	密封不良，或柜门变形、未加锁，或螺栓松动	1	
	柜内照明、温控	I	2	柜内无照明、温控装置，或不能正常工作	1	
	柜内风机运转状况	II	4	不能正常运转（额定电流小于2500A）	3	
		III	8	不能正常运转（额定电流大于等于2500A）		
	带电显示装置	III	8	不能正常显示	2	
	分合闸位置指示	III	8	不能正确指示	3	
	电流表、电压表等表计指示状态	II	4	不能正确指示	2	
	接地连接锈蚀、松动	III	8	设备与接地断开	3	
	控制辅助回路元器件工作状态	I	2	端子排锈蚀、脏污严重	1	
试验	绝缘电阻	IV	10	大于制造厂的规定值	4	
	测控及保护装置	IV	10	不能正常工作，不能正确动作	4	
	联锁性能检查	IV	10	不符合运行规定	4	
	局部放电检测	IV	10	检测到明显的局部放电	3	
	导电回路电阻	III	8	大于制造厂规定值的1.2倍	3	
	SF_6 气体或干燥气体泄漏	II	4	补气间隔大于一年	3	
		III	8	补气间隔小于一年		
	交流耐压试验	IV	10	交流耐压试验不合格	4	
其他	设备铭牌、标识	II	4	不齐全或模糊无法辨识	1	
	设备反事故措施计划	III	8	设备反事故措施未执行	3	

表 20 - 3   断路器状态量扣分标准

状 态 量		劣化程度	基本扣分	判 断 依 据	权重系数	扣分值（应扣分值×权重）
分类	状态量名称					
家族缺陷	同厂、同型、同期设备被通报的故障和缺陷信息	Ⅲ	8	严重缺陷未整改的	2	
		Ⅳ	10	危急缺陷未整改的		
基本情况	额定短路开断电流	Ⅳ	10	小于安装地点的最大短路电流	4	
	累计开断故障电流	Ⅳ	10	达到制造厂规定值	4	
	累计机械操作次数	Ⅳ	10	达到制造厂规定值	4	
运行巡检	SF₆压力表或密度继电器	Ⅲ	8	外观有破损或渗漏油	3	
		Ⅳ	10	压力表指示异常		
试验	二次回路绝缘电阻	Ⅳ	10	绝缘电阻低于规定值	4	
	导电回路电阻测量	Ⅳ	10	大于制造厂规定值的 1.2 倍	4	
	辅助开关	Ⅳ	10	出现卡涩或接触不良等现象	4	
	操动机构最低动作电压	Ⅳ	10	最低动作电压查出 30%～65% 额定电压范围	4	
	分合闸线圈电阻	Ⅰ	2	偏离制造厂规定值的 1.2 倍	1	
	分合闸弹簧	Ⅲ	8	锈蚀或卡涩	3	
	SF₆ 气体泄漏	Ⅱ	4	两次补气间隔大于一年小于两年	3	
		Ⅲ	8	两次补气间隔大于半年小于一年		
		Ⅳ	10	两次补气间隔小于半年		
	机械特性	Ⅳ	10	分合闸时间、同期性和速度不符合制造厂规定值	4	
	真空灭弧室真空度的测试	Ⅳ	10	不符合制造厂规定值	4	
	交流耐压试验	Ⅳ	10	交流耐压试验不合格	4	
其他	设备铭牌、标识	Ⅱ	4	不齐全或模糊无法辨识	1	
	设备反事故措施计划	Ⅲ	8	设备反事故措施未执行	3	

表 20 - 4   电流互感器状态量扣分标准

状 态 量		劣化程度	基本扣分	判 断 依 据	权重系数	扣分值（应扣分值×权重）
分类	状态量名称					
家族缺陷	同厂、同型、同期设备被通报的故障和缺陷信息	Ⅲ	8	严重缺陷未整改的	2	
		Ⅳ	10	危急缺陷未整改的		
试验	绕组绝缘电阻	Ⅲ	8	一次、二次绕组绝缘电阻与初始值相比有明显变化	3	
	一次绕组电阻	Ⅳ	10	与出厂值有明显偏差	4	
	极性检查	Ⅳ	10	与铭牌标示不符	4	
	励磁特性曲线	Ⅲ	8	与同类型互感器或制造厂提供的励磁特性曲线有明显偏差	3	
	局部放电	Ⅳ	10	局部放电量大于规定值	4	
	交流耐压试验	Ⅳ	10	交流耐压试验不合格	4	

表 20 - 5　　　　　　　　　　　　避雷器状态量扣分标准

状态量		劣化程度	基本扣分	判　断　依　据	权重系数	扣分值（应扣分值×权重）
分类	状态量名称					
家族缺陷	同厂、同型、同期设备被通报的故障和缺陷信息	III	8	严重缺陷未整改的	2	
		IV	10	危急缺陷未整改的		
运行巡检	外观检查	II		外形损坏、表面脏污	2	
试验	在线检测泄漏电流表（避雷器动作计数器）动作状况	I		动作试验不合格	1	
	绝缘电阻	IV		大于规定值，或与前一次及同类型的测量数据相比有显著变化	4	

表 20 - 6　　　　　隔离开关（隔离手车）、接地开关状态量扣分标准

状态量		劣化程度	基本扣分	判　断　依　据	权重系数	扣分值（应扣分值×权重）
分类	状态量名称					
家族缺陷	同厂、同型、同期设备被通报的故障和缺陷信息	III	8	严重缺陷未整改的	2	
		IV	10	危急缺陷未整改的		
运行巡检	控制辅助回路部件工作状态	I	2	端子排锈蚀、脏污严重	1	
	传动部件	III	8	脱落、有裂纹或紧固件松动等	3	
试验	外观检查	II	4	触头过热、变色	3	
		III	8	触头烧损		
试验	机械操作	IV	10	分合闸不到位	4	
	机械联锁	IV	10	机械联锁不可靠	4	
	导电回路电阻测量	IV	10	大于制造厂规定值的 1.2 倍	4	
	交流耐压	IV	10	交流耐压试验不合格	4	

表 20 - 7　　　　　　　　　　　　电压互感器状态量扣分标准

状态量		劣化程度	基本扣分	判　断　依　据	权重系数	扣分值（应扣分值×权重）
分类	状态量名称					
家族缺陷	同厂、同型、同期设备被通报的故障和缺陷信息	III	8	严重缺陷未整改的	2	
		IV	10	危急缺陷未整改的		
试验	联结组别和极性	IV	10	与铭牌和端子标示不符	4	
	电压比	IV	10	与铭牌标示不符	4	
	绕组绝缘电阻	IV	10	一次、二次绕组绝缘电阻不符合规定值	4	
	局部放电	IV	10	局部放电量超过规定值	3	
	交流耐压试验	IV	10	交流耐压试验不合格	4	

表 20 - 8 站用变压器状态量扣分标准

状 态 量		劣化程度	基本扣分	判 断 依 据	权重系数	扣分值（应扣分值×权重）
分类	状态量名称					
家族缺陷	同厂、同型、同期设备被通报的故障和缺陷信息	Ⅲ	8	严重缺陷未整改的	2	
		Ⅳ	10	危急缺陷未整改的		
运行巡检	外观	Ⅲ	8	有异常声响、振动	3	
试验	绕组直流电阻	Ⅳ	10	相间差别大于三相平均值的 4%；或线间差别大于三相平均值的 2%；或与以前相同部位测得值相比，变化大于 2%	3	
	绕组绝缘电阻、吸收比和极化指数	Ⅳ	10	绝缘电阻换算至同一温度下，与前一次测试结果相比变化明显；或吸收比（10～30℃温度下）低于 1.3；或极化指数低于 1.5	4	
	交流耐压试验	Ⅳ	10	交流耐压试验不合格	4	
	局部放电	Ⅳ	10	局部放电量超过规定值	4	
其他	设备铭牌、标识	Ⅱ	4	不齐全或模糊无法辨识	1	
	设备反事故措施计划	Ⅲ	8	设备反事故措施未执行	3	

第21章　中置式开关柜状态检修导则

21.1　总　　则

21.1.1　状态检修实施原则

状态检修应遵循"应修必修，修必修好"的原则，依据设备状态评价的结果，考虑设备风险因素，动态制定设备的检修计划，合理安排状态检修的计划和内容。

开关柜状态检修工作内容包括停电、不停电测试和试验以及停电、不停电检修维护工作。

21.1.2　状态评价工作的要求

状态评价应实行动态化管理。每次检修后应进行一次状态评价。

21.1.3　新投运设备状态检修

新投运设备投运初期（新设备投运后2年内）按照《输变电设备状态检修试验规程》（Q/GDW 168—2008）规定，应进行例行试验，同时应对设备及其附件（包括电气回路和机械部分）进行全面检查，收集各种状态量，并进行一次状态评价。

21.1.4　老旧设备的状态检修实施原则

对于运行达到一定年限、故障或发生故障概率明显增加的设备，应根据设备运行及评价结果，对检修计划及内容进行调整，必要时增加诊断性试验项目。

21.2　开关柜检修分类及检修项目

21.2.1　检修分类

按工作性质、内容及工作涉及范围，将开关柜检修工作分为A类检修、B类检修、C类检修、D类检修。其中A、B、C类是停电检修，D类是不停电检修。

1. A类检修

A类检修是指开关柜的整体解体检查和更换。

2. B类检修

B类检修是指开关柜局部性检修，元件的解体检查、维修、更换、试验及处理。

3. C 类检修

C 类检修是指开关柜的常规性检查、维护和试验。

4. D 类检修

D 类检修是指开关柜在不停电状态下的带电测试、外观检查和维修。

21.2.2 检修项目

开关柜的检修分类和检修项目见表 21-1。

表 21-1 开关柜的检修分类及检修项目

检修分类	检修项目
A 类检修	A　开关柜现场全面解体检修
B 类检修	B　开关柜元件的更换和检修 B.1　断路器 B.2　电流互感器和电压互感器 B.3　绝缘子（套管） B.4　母线或分支导体 B.5　避雷器 B.6　隔离开关（触头） B.7　站用变压器 B.8　二次元件 B.9　其他
C 类检修	C.1　例行试验 C.2　清扫、维护和检查 C.2.1　检查电压抽取（带电显示）装置 C.2.2　检查主回路 C.2.3　检查辅助及控制回路 C.2.4　检查断路器本体和机构 C.2.5　检查隔离开关及隔离插头 C.2.6　检查电流互感器 C.2.7　检查电压互感器 C.2.8　检查避雷器 C.2.9　检查电缆及其连接 C.2.10　检查联锁性能 C.2.11　更换零部件
D 类检修	D.1　检修人员专业巡视 D.2　带电检测

21.3　开关柜状态检修策略

（1）开关柜状态检修策略既包括年度检修计划的制订，也包括缺陷处理、试验、不停电的维修和检查等。状态检修策略应根据设备状态评价的结果动态调整，包括"正常状态"检修策略、"注意状态"检修策略、"异常状态"检修策略和"严重状态"检修策略。

1）"正常状态"检修策略。对被评价为"正常状态"的开关柜，应执行 C 类检修。

根据设备实际状况，C 类检修可按照正常周期或延长一年执行。在 C 类检修之前，可以根据实际需要适当安排 D 类检修。

2）"注意状态"检修策略。对被评价为"注意状态"的开关柜，应执行 C 类检修。如果单项状态量扣分导致评价结果为"注意状态"时，宜根据实际情况提前安排 C 类检修。如果仅由多项状态量合计扣分导致评价结果为"注意状态"时，可按正常周期执行，并根据设备的实际状况增加必要的检修或试验内容。

对被评价为"注意状态"的开关柜，应适当加强 D 类检修。

3）"异常状态"检修策略。对被评价为"异常状态"的开关柜，应根据评价结果确定检修类别和内容，并适时安排检修。实施停电检修前应加强 D 类检修。

4）"严重状态"的检修策略。对被评价为"异常状态"的开关柜，应根据评价结果确定检修类别和内容，并尽快安排检修。实施停电检修前应加强 D 类检修。

（2）年度检修计划每年至少修订一次。根据最近一次设备状态评价结果，考虑设备风险评估因素，并参考制造厂家的要求确定下一次停电检修时间和检修类别。在安排检修计划时，应协调相关设备检修周期，尽量统一安排，避免重复停电。

（3）对于设备缺陷，应根据缺陷性质，按照缺陷管理有关规定处理。同一设备存在多种缺陷的，也应尽量安排在一次检修中处理，必要时可调整检修类别。C 类检修正常周期宜与试验周期一致。不停电维护和试验根据实际情况安排。

（4）根据设备评价结果，制定开关柜状态检修策略，见表 21-2。

表 21-2　　　　　　　　　　　开关柜状态检修策略

设备状态	检 修 策 略			
	正常状态	注意状态	异常状态	严重状态
推荐周期	正常周期或延长一年	不大于正常周期	适时安排	尽快安排

第 22 章　中置式开关柜反事故技术措施要求

（1）高压开关柜应优先选择 LSC2 类（具备运行连续性功能）、"五防"〔防止误分（误合）断路器；防止带负荷拉（合）隔离开关；防止带电合接地开关、挂接地线；防止带地线（接地开关）合断路器（隔离开关）；防止误入带电间隔〕功能完备的产品。

（2）高压开关柜其外绝缘应满足以下条件：空气绝缘净距离：≥125mm（对 12kV），≥300mm（对 40.5kV）；爬电比距：≥18mm/kV（对瓷质绝缘），≥20mm/kV（对有机绝缘）。如采用热缩套包裹导体结构，则该部位必须满足上述空气绝缘净距离要求；如开关柜采用复合绝缘或固体绝缘封装等可靠技术，可适当降低其绝缘距离要求。

开关柜"五防"的核心是通过开关柜的机械和电气强制性联锁功能（误分合断路器为提示性），防止运行人员误操作，避免人身及设备受到伤害。因此，高压开关柜必须采用"五防"功能完善的产品。

由于原有的外绝缘距离在开关柜凝露或者严重积污的情况下，不能达到其应有的绝缘水平，因此，在试验验证的基础上，提出了对开关柜内空气绝缘净距离及爬电比距的要求。

目前由于开关柜尺寸设计越来越小，其内部空气净距离不满足标准要求，部分厂家采用了热缩套包裹导体来加强绝缘。运行经验表明，该技术不能满足安全运行的要求，因此对采用热缩形式的，其设计尺寸按裸导体要求，如开关柜采用复合绝缘或固体绝缘封装等可靠技术，可适当降低其绝缘距离要求，但还应通过凝露和污秽试验。

（3）开关柜应选用 IAC 级（内部故障级别）产品，制造厂应提供相应型式试验报告（报告中附试验试品照片）。选用开关柜时应确认其母线室、断路器室、电缆室相互独立，且均通过相应内部燃弧试验，燃弧时间为 0.5s 及以上，内部故障电弧允许持续时间应不小于 0.5s，试验电流为额定短时耐受电流，对于额定短路开断电流 31.5kA 以上产品可按照 31.5kA 进行内部故障电弧试验。封闭式开关柜必须设置压力释放通道，交接验收时应检查泄压通道或压力释放装置，确保与设计图纸保持一致。

本条依照《预防交流高压开关柜人身伤害事故措施》（国家电网生〔2010〕1580 号）要求。内部燃弧试验时考核开关柜防护能力的重要手段，对于开关柜内部可能产生电弧的隔室均应进行燃弧试验，燃弧时间根据保护系统切除的最大时间取 0.5s。内部燃弧的试验电流应等于开关柜内断路器的额定短路耐受电流，对于 31.5kA 以上的产品由于试验能力的影响，可暂时按 31.5kA 进行试验。

封闭式开关柜应设计、制造压力释放通道，以防止开关柜内部发生短路故障时，高温高压气体将柜门冲开，造成运行人员人身伤害事故。

【案例】　2009 年 9 月 30 日，某供电公司某 220kV 变电站一 10kV 开关柜内部三相短路，电弧产生高温高压气浪冲开柜门，造成 2 名在开关柜外进行现场检查的运行值班员被电弧灼伤，其中 1 人经抢救无效死亡。该事故造成人身伤亡事故的主要原因是该开关柜出厂时未设计制造压力释放通道，当开关柜内部发生三相短路时，高温高压气体将前柜门冲开，造成人身伤害。

（4）用于电容器投切的开关柜必须有其所配断路器投切电容器的试验报告，且断路器必须选用 C2 级断路器。用于电容器投切的断路器出厂时必须提供本台断路器分、合闸行程特性曲线，并提供本型断路器的标准分、合闸行程特性曲线。用于电容器投切的断路器，条件允许时，可在现场进行断路器投切电容器的大电流老炼试验。

电容器组投切时，断路器如果发生重燃，将会产生很高的重燃过电压，常会造成电容器组的损坏。依据国家标准，断路器根据其重燃率分为 C1 级和 C2 级，C1 级为容性电流开断过程中具有低的重击穿概率，C2 级为容性电流开断过程中具有非常低的重击穿概率。对于投切电容器组的断路器，应选用 C2 级。

由于电容器开关操作频繁，其动作特性可能会因操作弹簧的性能下降而改变，规程规定此类开关应在例行试验时测量其形成特性曲线，而此曲线必须与该开关的出厂曲线及该型号开关的标准曲线相比较方可得出是否合格的结论。因此，要求制造厂在出厂时提供本台产品的测试曲线及本型号产品的标准行程曲线。

（5）高压开关柜内一次接线应符合《国家电网公司输变电工程通用设计 110～500kV 变电站分册（2011 年版）》要求，避雷器、电压互感器等柜内设备应经隔离开关（或隔离手车）与母线相连，严禁与母线直接连接。开关柜前面板模拟显示图必须与其内部接线一致，开关柜可触及隔室、不可触及隔室、活门和机构等关键部位在出厂时应设置明显的安全警告、警示标识。开关柜柜内隔离金属活门应可靠接地，活门机构应选用可独立锁止的结构，可靠防止检修时人员失误打开活门。

【案例】 2009 年，江西某运行单位人员在对开关柜内电压互感器进行更换时，由于电压互感器与母线避雷器共处一个隔室，在隔离手车已退出情况下，运行人员误触母线避雷器，造成多名人员伤亡。经检查发现，母线避雷器与母线直接连接，未通过隔离手车隔离，人员在拉出手车后，误认为避雷器、电压互感器等均不带电，造成误触带电部位。

（6）高压开关柜内的绝缘件（如绝缘子、套管、隔板和触头罩等）应采用阻燃绝缘材料。

高压开关柜内的绝缘材料应采用阻燃型材料，防止开关柜起火燃烧。

（7）应在开关柜配电室配置通风、除湿防潮设备，防止凝露导致绝缘事故。

由于热缩材料、复合绝缘材料、固体绝缘材料在开关柜中的大量应用，开关柜对地、相间尺寸大大减小，低于空气绝缘下的设计标准，且部分材料存在质量不稳定，未经过高低温试验、老化试验、凝露污秽等试验考核，造成运行中开关柜时常发生绝缘故障，因此，通常运行单位在高压配电室加装通风、除湿设备，改善开关柜运行环境，减少凝露引起的绝缘事故。

（8）开关柜设备在扩建时，必须考虑与原有开关柜的一致性。

由于开关柜扩建时需与原有开关柜并接，所以应选用与原有开关柜同一厂家、同一型号的开关柜产品。

（9）开关柜中所有绝缘件装配前均应进行局放检测，单个绝缘件局部放电量不大于

3pC 。

（10）基建中高压开关柜在安装后应对其一、二次电缆进线处采取有效封堵措施。

（11）为防止开关柜火灾蔓延，在开关柜的柜间、母线室之间及与本柜其他功能隔室之间应采取有效的封堵隔离措施。

高压开关柜由于是成排布置，一般柜体内部各隔室均有完整分隔，但部分母线间未采用有效封堵，一旦柜内发生火灾，则可能通过母线处发生延燃，造成"火烧连营"的严重后果。

（12）高压开关柜应检查泄压通道或压力释放装置，确保与设计图纸保持一致。

泄压通道和压力释放装置是防止开关柜内部电弧后对运行操作人员造成伤害的重要保障。2010年，某公司某变电站运行操作人员在开关柜附近工作，开关柜内部发生故障，故障电弧冲出开关柜前柜门，造成人员受伤。事后检查发现该型开关柜未设置压力释放通道。

（13）手车开关每次推入柜内后，应保证手车到位和隔离插头接触良好。

（14）每年迎峰度夏（冬）前应开展超声波局部放电检测、暂态地电压检测，及早发现开关柜内绝缘缺陷，防止由开关柜内部局部放电演变成短路故障。

超声波局部放电测试和暂态地电波测试能够有效发现开关柜内存在的因导体尖叫、屏蔽不良等产生的空气中放电现象，通过对测量数值的比较分析可以对开关内部绝缘情况进行评估，及时发现绝缘缺陷。

（15）加强开展开关柜温度检测，对温度异常的开关柜强化监测、分析和处理，防止导电回路过热引发的柜内短路故障。

目前开关柜测温有很多种方法，可以采用测量开关柜表面温度间接反映开关柜内发热情况，也可采用无线、光纤等技术手段，对开关柜内带电导体部位直接测温，也可在开关柜体上加装红外测量玻璃，在通过红外测温设备进行测量。

（16）加强带电显示闭锁装置的运行维护，保证其与柜门间强制闭锁的运行可靠性。防误操作闭锁装置或带电显示装置失灵应作为严重缺陷尽快予以消除。

（17）加强高压开关柜巡视检查和状态评估，对用于投切电容器组等操作频繁的开关柜要适当缩短巡检和维护周期。当无功补偿装置容量增大时，应进行断路器容性电流开合能力校核试验。

第 23 章 中置式开关柜巡检项目及要求

23.1 真空开关巡检项目及要求

（1）绝缘件：瓷件无破损、无异物附着。

（2）引线：引线无过热变色。

（3）声音：无异常声。

（4）操动机构状态：弹簧机构弹簧位置正确。

（5）储能电机：无异常。

（6）操动机构状态：与运行位置相一置。

（7）真空灭弧室：外观无异常。

（8）金属件：无锈蚀。

23.2 开关柜巡检项目及要求

（1）断路器、手车及接地闸刀：分、合闸指示器同运行方式一致。

（2）指示灯：指示正确。

（3）设备内部：无异声、无异味。

（4）声音：无异常声。

（5）闭锁及带电显示装置：显示正常、闭锁正常。

（6）柜体：密封良好，无变形锈蚀、接地良好。

（7）观察窗：齐全、无缺损。

（8）孔洞：封堵严密。

（9）柜内照明：良好。

（10）加热器及防凝露器：工作正常。

（11）示温蜡片或测温纸：无变化。

（12）绝缘件：瓷件无破损、无异物附着。

（13）泄压通道：安装正常。

第24章 中置式开关柜检修

24.1 开关柜的闭锁功能

（1）防止带负荷操作隔离开关。断路器处于合闸状态时，手车不能推入或拉出，只有当手车上的断路器处于分闸位置时，手车才能从试验位置移向工作位置。该连锁是通过联锁杆及手车底盘内部的机械装置及合、分闸机构同时实现的，断路器合闸通过连锁杆作用于断路器底盘上的机械装置，使手车无法移动。只有当断路器分闸后，连锁才能解除，手车才能从试验位置移向工作位置或者从工作位置移向试验位置。并且只有当手车完全到达试验位置或者工作位置时，断路器才能合闸。手车开关与底盘车连锁装置如图24-1所示。

（2）防止带电合接地闸刀，只有当断路器手车在试验位置及线路无电时，接地闸刀才能合闸。

电力线路采用"手拉手"供电方式，

图24-1　手车开关与底盘车连锁装置

且中置柜内断路器位于试验位置时，出线侧仍有可能从其他变电站供电过来。在合接地开关前须确保出线侧无电，现在主要有三种闭锁操作方式。

1）采用验电手车。在合接地开关之前，将断路器手车拉出柜外，然后推入验电手车，在验明确无电压后合上线路接地开关。

2）开门验电。当断路器处于试验位置，且带电显示装置检测到线路无电压，打开柜门验明确无电压后，合上接地开关。

3）依靠线路侧带电显示闭锁装置的作用。只要线路侧带电显示闭锁装置指示无电，闭锁打开，即可进行合接地开关的操作。

方法一操作量很大，相当于不用验电手车停电操作的两倍，现在只有母线验电和接地操作，采用专门的验电手车和接地手车。方法二被部分电力部门采用，操作程序较复杂。

方法三是现在采用较多的一种方式。在断路器处于试验位置时，只有当线路侧无电，并且带电显示装置有电且正常，闭锁电磁铁有电且正常，方可合接地开关。带电显示装置或闭锁电磁铁任一发生故障或失电，都将无法进行合闸操作。目前尚未发生因带电显示装置闭锁故障而发生的带电合接地开关事故。带电显示传感器故障或断线时，会在带电显示器上通过指示灯反映出来。

1）采用机械强制连锁。断路器手车处于试验位置时，接地闸刀操作孔上的闭锁板应能按动自如，同时导轨上的挡板和导轨下的挡板应随闭锁板灵活运动。手车处于工作位置或中间位置时，闭锁板应无法按下。接地闸刀与导轨闭锁板如图 24-2 所示。

（a）地刀分闸　　　　　　　　　　　　　（b）地刀合闸

图 24-2　接地闸刀与导轨闭锁板

2）采用电气强制连锁。只有当接地闸刀下侧电缆不带电时，接地开关才能合闸。安装强制闭锁型带电显示器，接地闸刀安装闭锁电磁铁，将带电显示器的辅助触点接入接地闸刀闭锁电磁铁回路，带电显示器检测到电缆带电后闭锁接地闸刀合闸。电气连锁装置如图 24-3 所示。

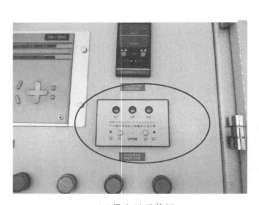

（a）带电显示装置　　　　　　　　　　　（b）闭锁电磁铁与地刀操作孔封板

图 24-3　电气连锁装置

（3）防止接地闸刀合上时送电。接地闸刀处于合闸位置时，由于操作接地闸刀时按下了操作孔上的闭锁板，其传动机构带动柜内手车右导轨上的挡板挡住了手车移动的路线，同时挡板下方另一挡块顶住了手车的传动丝杠连锁机构，使手车无法移动，因而实现接地闸刀合闸时无法将手车移入工作位置的连锁功能。装置同图 24-2。

（4）防止误入带电间隔。

1）断路器室门上的微机五防锁只有专用钥匙才能开启。微机五防锁如图24-4所示。

2）断路器手车拉出后，活门挡板自动关上，隔离高压带电部分。挡板封闭如图24-5所示。

图24-4　微机五防锁

图24-5　挡板封闭

3）开关柜后封板采用螺栓固定，只能用专用工具才能开启。

4）在线路侧无电且手车处于试验位置时合上接地闸刀，门板上的挂钩解锁，此时可打开电缆室后门。后柜门锁扣如图24-6所示，柜体锁板如图24-7所示。

5）电缆室后门未盖时，接地闸刀传动杆被卡住，使接地闸刀无法分闸。

（5）手车式开关柜有防误拨开关柜航空插头功能。只有当手车处于试验位置时，才能插上和拔下航空插头，手车处于工作位置时，航空插头被锁定，不能拔下。航空插头闭锁如图24-8所示。

图24-6　后柜门锁扣

（a）地刀分闸

（b）地刀合闸

图24-7　柜体锁板

279

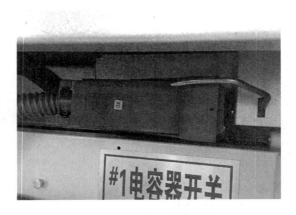

图 24-8　航空插头闭锁

（6）母分开关与母分插头手车之间的联锁。送电时，母分开关在试验位置，母分插头手车才能摇至工作位置（防止带负荷分合插头手车），母分插头手车在工作位置时，工作位置的母分开关才能合闸。停电时，母分开关分闸后摇至试验位置，母分插头手车才能摇至试验位置。

24.2　作业中危险点分析及控制措施

作业中危险点分析及控制措施见表 24-1。

表 24-1　　　　　　　　　　　　作业中危险点分析及控制措施

序号	危险点	控　制　措　施
1	防止触电伤害	1. 应由两人进行，一人操作，一人监护； 2. 手车柜在手车拉出后，触头盒应有绝缘隔板可靠隔离； 3. 将其他运行中的设备门锁死并在相邻间隔挂"止步，高压危险"标示牌，在检修间隔挂"在此工作"标示牌； 4. 使用电气工具，其外壳要可靠接地，施工电源线绝缘良好，按规定串接漏电保护装置； 5. 对于施工电源、直流电源、合闸电源应有防触电的措施
2	防止机械伤害	1. 事前把所有储能部件能量释放掉； 2. 严禁将手、脚踩放在断路器的传动部分和框架上； 3. 在进行机械调整时，将控制、保护、储能电源断开
3	防止身体伤害	1. 工作中必须戴安全帽； 2. 工作负责人（监护人）随时提醒作业人员

24.3　检 修 作 业 前 的 准 备

1. 检修前的资料准备

（1）检修前应认真查阅设备安装记录、检修记录、设备运行记录、故障情况记录、缺陷情况记录和红外测温结果。对所查阅的资料进行详细、全面的调查分析，以判定开关柜的综合状况，为现场具体的检修方案的制定打好基础。

（2）准备好设备使用说明书、记录本、表格、检修报告等。

2. 检修方案的确定

（1）编制作业指导书。

（2）拟定检修方案，确定检修项目，编排工期进度。

3. 备品备件、工器具、材料准备

在开工前必须预先准备检修工器具、材料、备品备件、试验仪器和仪表等，并运至检修现场。仪器仪表、工器具应试验合格，满足本次施工的要求，材料应齐全。

4. 检修环境（场地）的准备

（1）在检修现场四周设一留有通道口的封闭式遮栏，并在周围背向带电设备的遮栏上挂适当数量的"止步，高压危险"标示牌，在通道入口处挂"从此进出"标示牌。

（2）在作业现场指定位置摆放好检修工具、量具、材料、备品备件和测试仪器及垃圾箱。

24.4 检修作业前的检查

（1）检查操作电源、电动机储能电源、闭锁电源、照明电源均在断开位置。

（2）检查断路器在试验位置且在分闸状态，电动机未储能。采用手动分合断路器一次确保在分闸位置未储能。

（3）检查接地闸刀（接地线）应处在接地状态。可在开关柜体后观察接地闸刀的位置。

（4）检查带电显示器无指示，储能、分合闸指示灯无指示。

（5）手车处于试验位置时，接地闸刀闭锁板应能按动自如。

（6）接地闸刀的闭锁电磁铁应完好。

（7）活门挡板与手车机械连锁正确。

（8）电缆室后门机械连锁正确。

24.5 "五防"闭锁装置检修作业步骤及质量标准

24.5.1 开关柜的活门及活门提升机构的检修

（1）检查所有机械件及连接件有无变形、损坏，有变形、损坏的及时进行处理或更换。

（2）检查活门机构及活门提升机构上的紧固件有无松动，弹簧卡圈、弹性挡圈、紧固螺钉等有无振动、断裂、脱落。弹簧卡圈、弹性挡圈如弹性不足应更换。

（3）检查机构运动及摩擦部位，对导杆及转轴清理后涂润滑脂。

（4）检查手车、活门及提升机构。将手车推至柜体试验位置时，活门不应该打开。检查手车在推进过程中是否运行自如，无卡涩受阻现象；手车动触头与活门之间应有明显的间隙，手车与活门无干涉现象。检查活门是否动作自如，活门在打开时是否保持平衡，活门复位后是否遮住触头盒。

24.5.2 底盘车的连锁检修

底盘车主要由连杆机构和锁板器构成连锁装置。应检查与底盘车连接的锁板、连锁板、舌板、挡板的固定螺钉是否松脱、各连板有无变形、动作是否可靠。

（1）锁板检查。

1）手车在推进过程中锁板带动四连杆机构锁住合闸机构，使推进过程不能合闸。

2）在合闸状态下，机构上的滚轮压住锁板，使丝杠在试验位置或工作位置时被锁住不能转动，达到手车不能推进或移出的功能。

（2）连锁板检查。

1）接地开关合上后，底盘车在试验位置不能推进到工作位置。

2）在运转过程中底盘车上的连锁板如被碰歪不能自由活动，需将其首先校直可自由活动，否则连锁板可能锁住丝杠使其无法运动。

（3）舌板检查。

1）只有当底盘车在试验位置到位后，舌板才能动作，断路器才能退出柜体。

2）底盘车在工作位置时，舌板不能动作，手车不能退出柜体。

（4）挡板检查。

只有当操作手柄插入丝杠并扣死时，丝杠才可以转动，手车才能动作。

需要注意的是，底盘车在推进过程中，如接地开关处于合闸位置，不能强行推入，否则会损坏导轨连锁；底盘车推进到工作位置后，听到"咔哒"声或工作位置指示灯亮后需停止推进，不能强行操作，否则丝杠上的螺钉断裂不能正常工作。

24.5.3 接地闸刀连锁功能的检修

1. 检查"防止带电误合接地开关"的连锁功能

（1）断路器手车处于试验位置或者柜外时，接地闸刀才能合闸。

（2）断路器手车在工作位置时，接地闸刀操作机构处闭锁板不能动作，接地闸刀无法合闸。

（3）采用高压带电显示装置，防止带电合接地闸刀。应观察带电显示装置电压指示灯，若指示馈线带电，操作人员不得合接地闸刀。

2. 检查"防止接地闸刀处于合闸位置合断路器"的连锁功能

接地闸刀合闸后，导轨连锁的挡板伸出，当断路器手车处于试验位置时，挡板挡住手车底盘，使手车不能从试验位置移至工作位置。

3. 检查"防止误入带电间隔"的连锁功能

（1）接地闸刀与电缆室后门存在机械连锁，接地闸刀处于分闸位置，接地闸刀连杆后方锁扣卡住电缆室后门，使其不能打开。接地闸刀处于合闸位置，接地闸刀连杆后方锁扣处于解锁状态，电缆室后门才能打开。

（2）电缆室后门未关好时，接地闸刀操作连杆处于闭锁状态，接地闸刀不能分闸。

4. 防误拔开关柜航空插头功能的检修

检查"防止手车在工作位置，插拔航空插头"的连锁功能。

（1）手车推进至试验位置，手车上的"航空插头连锁推板"推动连锁装置上的尼龙滚轮转动，可带动同轴的锁钩动作。当手车从试验位置推进至工作位置时，航空插头连锁准确动作，锁杆锁住航空插头。此时手车上的航空插头无法退出航空插座。

（2）手车在工作位置时，航空插头不能拔出，在受到强烈震动时，航空插头也不会脱离插座，确保断路器可靠动作。

（3）上述连锁功能若存在动作失灵、机构故障等情况，不能强行操作，应查明原因及时处理。

5. "五防"闭锁装置检修后的验收

（1）手车推入柜内后，只有断路器手车已完全咬合在试验位置或者工作位置时，断路器才能合闸。

（2）断路器在试验位置或者工作位置合闸后，断路器手车无法移动。

（3）接地闸刀合闸后，当断路器手车处于试验位置时，手车不能从试验位置移至工作位置。

（4）手车在工作位置或者试验与工作位置中间时，断路器不能合闸。

（5）电缆室后门未盖时，接地闸刀传动杆应被卡住，接地闸刀无法分闸。

（6）手车在工作位置或者试验与工作位置中间时，航空插头不能取下。

（7）接地闸刀处于分闸状态时，电缆室后门无法打开。

（8）手车在工作位置或者试验与工作位置中间时，接地闸刀不能合闸。

24.6 收 尾 工 作

（1）检修工作结束，应关闭电缆室门，将接地闸刀及开关手车恢复至工作许可时的状态，使开关柜其他部件恢复到工作许可时状态。

（2）拆除检修围栏，整理清扫工作现场，检查接地线。

（3）填写检修报告及有关记录，召开班会总结，整理技术文件资料，并存档保管。

（4）接受现场验收，办理工作票终结手续，检修人员全部撤离工作现场。

24.7 中置式开关柜 C 级检修标准化作业

24.7.1 修前准备

（1）检修前的状态评估。

（2）检修前的带电检测和现场摸底。

（3）备品备件、工器具和材料的准备。备品备件见表 24-2，工器具见表 24-3，材料见表 24-4。

表 24－2 备 品 备 件

序号	名 称	规 格	单位	数量	备注
1	分闸线圈		只	2	必备
2	合闸线圈		只	2	必备
3	储能电机		个	1	必备
4	断路器辅助开关		只	1	必备
5	储能回路行程开关		只	1	必备
6	开关小车行程开关		件	1	必备
7	触头盒		只	1	
8	加热器		件	1	
9	带电显示器		件	1	
10	电磁锁		个	1	
11	传感器		只	2	
12	支持瓷瓶		只	2	
13	触指触片		片	若干	
14	螺丝	8mm、10mm、12mm	只	若干	

表 24－3 工 器 具

序号	名 称	规 格	单位	数量	备注
1	通用工具箱		套	2	
2	木榔头	中号	把	3	
3	弯嘴钳	200 mm	把	2	
4	卡簧钳	内卡、外卡	把	2	
5	专用工具		套	1	

表 24－4 材 料

序号	名 称	规 格	单位	数量	备注
1	银砂纸	0#	张	3	
2	汽油	90#	kg	5	
3	导电脂	—	kg	0.3	
4	金属漆		组	1	
5	漆刷	1寸半	把	2	
6	绝缘胶布	KCJ－21	圈	1	
7	研磨膏	380 粒	盒	1	
8	润滑剂	二硫化钼	支	2	
9	小毛巾	普通	块	10	

（4）危险点分析与防范措施见表 24－5。

表 24 - 5 　　　　　　　　　　　　危险点分析与防范措施

序号	危 险 点		预 控 措 施
1	使用合格安全工器具		所使用的梯子、安全带、防护用具和电动工器具必须合格，在现场使用前要检查
2	工作范围	走错间隔	设专人监护，工作现场至少 2 人一起工作，履行好工作票手续，开好现场交底会。相邻间隔在运行，应有明显隔离措施和警告，防止误入带电间隔，误碰带电设备
		随意扩大或更改工作范围、工作内容	必须先履行工作票许可手续后，方能进入工作现场，做好"二交一查"工作
		触及柜内带电部位	母线、线路不停电时，禁止进入柜内检修
3	感应电		挂好保安线，做好安全措施，加强监护；在工作区域内必须能够看到有可能来电方向的接地线或接地闸刀
4	电源	接电源	使用触电保护器，2 人一起工作，试验前检查绝缘线。接线前做好防脱落措施
		检修电源	必须按规范接取和使用，电器设备、电源设施在使用前检查完好
5	梯子	高空坠落、高空坠物	登高时设专人护梯子，工作现场戴好安全帽，拆搭使用工具袋
		梯子摆放不平稳，梯子、绝缘棒搬运未按要求	工作时梯子摆放平稳，搬运长物时应横向两人搬运
		登高时工作人员滑落或坠落	梯子要有防滑措施
6	试验相关	误入试验区域	试验区域围好安全围绳，设置警示灯，挂警示牌，加强监护
		工作时未穿绝缘靴	按要求穿绝缘靴或使用绝缘垫
		断路器传动时，工作班成员内部或工作班间在工作中协调不够，易引起人身伤害或设备损坏事故	二次班传动时在断路器上挂断路器传动提示牌，未取下之前严禁其他工作班人员上断路器工作
7	对开关机构检修		必须将操作机构中的弹簧能量释放，防止伤人。操作电源、控制电源已切断，并确认断路器处于分闸状态
8	设备上遗留物品		清理工作现场，清点物品，认真检查工作现场，严格履行好验收制度
			拆、卸的零件应放置在平稳的地方，必要时固定，防止坠落
9	工作协调		在开关小车调整过程中，作业人员必须上下协调，统一指挥

（5）开关柜检修作业流程如图 24 - 9 所示。

24.7.2　检修项目及工艺要求

24.7.2.1　高压开关柜检修

1. 断路器本体及小车检修

（1）弹簧储能释放：断开储能电源，开关手动合闸、分闸，释放机构弹簧储能压力；再断开控制电源。

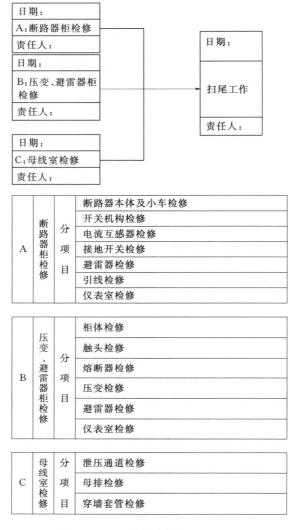

图 24-9 开关柜检修作业流程图

（2）断路器手车检查：动、静触头表面光滑无损伤，弹簧完好，无变形，无发热现象，接触深度满足厂方说明书要求。触指表面涂有中性凡士林。

（3）断路器绝缘件检查：本体绝缘材料、静触头绝缘套管无破损，无裂纹，无放电痕迹，绝缘件表面清洁，无积尘，支持绝缘子，断口支撑杆，绝缘拉杆清洁。外观无损伤、无放电痕迹。

（4）断路器小车的防误检查：

1）路器小车在试验位置，合闸后，小车不能摇动（入）；

2）路器小车在工作位置，合闸后，小车不能摇动（出）；

3）路器合闸后，小车不能摇动；

4）述防误应闭锁可靠，电气、机械装置动作灵活，无卡涩应，转动轴、齿等部位涂有润滑油，固定螺钉无松动，轴套、压簧、开口销完好。

（5）断路器行程开关、二次插件检查：二次接线良好，无松动，防护套完整，无损坏，开关通断声清晰。

（6）真空包检查：外观检查，无放电痕迹及裂缝，外面揩擦清洁。

（7）测量灭弧室触头开距及超行程：触头开距及超行程应符合制造厂的规定。

（8）断路器清扫：先打开机构箱面板，先对机构箱部分进行清理，使用干净的毛刷刷除电机合、分闸电磁线圈、辅助开关以及机构其他部分上的灰尘，清理完毕后盖上面板，再用干净的干棉布擦真空灭弧室外表面、绝缘骨架内腔、外表面以及绝缘子，最后擦机构箱外表面。小车或柜检查、清扫、无变形、锈蚀，各紧固处无松动，焊接可靠，接地良好，小车进出灵活。

2. 开关机构检修

（1）分、合闸线圈检查：分合闸线圈的直流电阻和绝缘电阻测试，满足预试规程及厂方说明书要求。测量绝缘电阻后应充分放电。

（2）分、合闸脱扣器的检查：分合闸的半轴与扇形板扣合适当，能正常脱扣，限位止钉、连锁板良好，间隙合适。手按分合按钮，能顺利分合闸，分合闸指示器正确。切换可靠，复归正常，连杆不弯曲变形，与主轴连接良好，接点烧毛的必须处理。几个分闸脱扣器及铁芯在同一轴线上。

（3）传动件的检修：各部件检查，加润滑脂，各部件无变形、弯曲、损坏，联接牢固，轴销良好，并帽紧固。各传动部件检查、清洁加润滑脂，调换不合格部件。各轴、轴销挡卡无弯曲、变形、损伤，活动灵活。各焊接处牢固，紧固处无松动，棘轮棘齿、齿轮等完好无卡涩，轴承良好，储能定位件可靠，不自行脱扣。能正常储能及释能，手动储能正常。

（4）分、合闸弹簧检查：分、合闸弹簧等无变形锈蚀。橡皮缓冲定位正确，橡皮无破损。

（5）辅助开关、行程开关的检查：

1）切换可靠，复归正常，连杆不弯曲变形，与主轴连接良好，接点烧毛的必须处理；

2）接触良好，行程开关切换适当，复归迅速；

3）接线牢固，绝缘良好，胶木无破损。

（6）储能电机检查：

1）轴承、电机检查无破损，传动齿轮正常，储能时间符合要求；

2）电机的绝缘电阻符合厂方说明书要求。

（7）闭锁小线圈检查：动作可靠无卡涩变形，线圈完好（针对VD4断路器）。

（8）机构五防检查：

1）断路器小车在试验位置，合闸后，小车不能摇动（入）。

2）断路器小车在工作位置，合闸后，小车不能摇动（出）。

3）断路器合闸后，小车不能摇动。

4）上述防误应闭锁可靠，电气、机械装置动作灵活，无卡涩应，转动轴、齿等部位涂有润滑油，固定螺钉无松动，轴套、压簧、开口销完好。

（9）活门检查：活门动作可靠，无变形现象，传动部件转动灵活无卡涩变形，加油润滑。

3. 电流互感器检查

（1）外观检查：外壳清洁，无裂纹、焦臭、放电痕迹。

（2）接线检查：电气接线正确，相色清晰，相间及对地空气距离不小于125 mm，外包覆绝缘完好，无破损，放电，接头螺丝紧固，无发热现象。

（3）接地检查：铁芯接地可靠，接地引线之间连接可靠，接地线截面符合要求。

4. 接地开关检修

（1）接触面检查：触头接触位置正确，动静触头对齐，接触深度足够（＞90％的动触片宽度），开距不小于125 mm，与带电设备间空气距离不小于125 mm。触头、触刀无腐蚀变形或损坏，触头弹簧正压力满足厂方说明书要求。

（2）助力弹簧检查：外观完好无断裂，变形，固定螺钉无松动。

（3）辅助开关检查：外观无破损，开闭灵活，可靠，清晰，二次接线完好。

（4）传动部件检查：传动部件操作灵活，无变形，卡涩，齿轮、拐臂无缺齿、破损，开口销完好，接触面涂中性凡士林。

（5）机械指示：分、合闸指示位置正确，到位，标志清晰，与手车、柜门的机械联锁可靠。

5. 避雷器检查

（1）外观检查：外观清洁，无破损，安装牢固无放电痕迹。

（2）接地检查：接地排附合设计要求，与主地网直接连接，避雷器接地线与接地排直接连接，连接可靠。

（3）引线检查：避雷器引线安装牢固，连接可靠。

6. 一次引线检查

（1）绝缘套管检查：外观完好清洁，无裂纹，放电痕迹，安装牢固。

（2）瓷瓶检查：瓷瓶外观清洁，完好无破损，安装牢固无放电痕迹。

（3）引线检查：接头接触面搭接平整，无发热现象，螺丝紧固，用力矩扳手无松动，力矩要求满足厂方说明书要求。接头处包覆绝缘完好，安装牢固。

（4）接地母排检查：接地排符合设计要求，与主地网直接连接，连接可靠。

7. 仪表室检查

（1）仪表指示：各仪表指示正常。

（2）小开关检查：切换开关、远方/就地开关、操作开关、储能电源开关、状态指示器外观完好无破损，操作灵活，接点切换可靠正确。

（3）二次元器件检查：

1）端子排、导线、元器件无破损，接触良好，排列整齐，编号清晰；

2）二次回路绝缘电阻符合预试要求。

（4）带电显示器检查：外观正常，接线紧固。

（5）温控器及加热器的检查：温度、湿度的显示是否正确，加热器的投切温度设置是否正确。

24.7.2.2　压变柜、避雷器柜检修

1. 手车检查

小车或柜检查、清扫、无变形、锈蚀，各紧固处无松动，焊接可靠，接地良好，小车进出灵活。各机械闭锁可靠、电磁锁、带电显示器等良好。

2. 触头检查

动、静触头表面光滑无磨损，弹簧完好，无变形，无发热现象，接触深度满足厂方说明书要求。触指表面涂有中性凡士林。

3. 熔断器检查

熔断器熔管无破损，底座接触紧密良好，相间及对地空气距离不小于 125 mm。

4. 压变检查

压变外观清洁，无破损、裂纹，无放电痕迹，安装固定螺钉无松动，铁芯接地良好。

5. 避雷器检查

避雷器外观清洁，无破损、裂纹，无放电痕迹，安装固定螺钉无松动，接地引线接地良好。

6. 仪表室检查

（1）仪表指示：各仪表指示正常。

（2）小开关检查：切换开关、状态指示器外观完好无破损，操作灵活，接点切换可靠正确。

（3）二次元器件检查：端子排、导线、元器件无破损，接触良好，排列整齐，编号清晰。二次回路绝缘电阻符合预试要求。

（4）带电显示器检查：外观正常，接线紧固。

24.7.2.3　母线室检修

1. 泄压通道检查

胶木、尼龙螺丝完好，泄压通道无异物阻挡或卡死。

2. 母排检查

（1）接触面检查：接头接触面搭接平整，无发热现象，螺丝紧固，用力矩扳手无松动，力矩要求满足厂方说明书要求接头处包覆绝缘完好，安装牢固。

（2）相间及对地距离：母排相间及对地空气距离不小于 125mm。

（3）套管检查：外观完好清洁，无裂纹，放电痕迹，安装牢固。

（4）绝缘检查：母线包覆绝缘无破损，平整无气泡，安装牢固无脱落。支持瓷瓶外观清洁，完好无破损，安装牢固无放电痕迹。

（5）固定金具检查：固定良好，材料满足规程要求。

3. 穿柜套管检查

套管表面清洁，无裂纹、无放电痕迹，套管接地可靠，安装紧固，底板有隔磁处理。套管带电部位相间及对地空气距离不小于 125mm。

24.7.2.4　扫尾工作

1. 断路器一次设备检查

一次接头、触指，涂上导电脂，各搭接面接触良好、可靠。

2. 本体及机构清扫

清洁。

24.7.2.5 检修记录卡

设备检修记录卡见表24-6。

表24-6　　　　　　　　　　　　设备检修记录卡

变电站：_____　　检修日期：_____　　天气情况：_____

设备命名：_____　　设备型号：_____　　出厂编号：_____

序号	检修项目	技　术　要　求	检修结论
1	开关柜检修		
1.1	断路器及小车检修		
1.1.1	真空包检查	外观检查，无放电痕迹及裂缝，外面揩擦清洁	
1.1.2	触头开距/mm	触头开距应符合制造厂的规定	
1.1.3	接触行程/mm	接触行程应符合制造厂的规定	
1.2	断路器机构检修		
1.2.1	油缓冲作用行程间隙/mm	油缓冲作用行程间隙应符合制造厂的规定	
1.3	电流互感器检查	CT外表无污垢，无破损，一次接地端子及二次接地端子接地牢固、可靠，各绕组的接线是否正确	
1.4	接地开关检修	无变形、松动等现象；动静触头齿合良好，辅助开关、行程开关接点切换可靠，各传动部件，转动灵活	
1.5	避雷器检查	避雷器外表无污垢，无破损，一次引线联结部分无发热、变形、松动等现象	
1.6	一次引线检查	一次引线联结部分无发热、变形、松动等现象，相间、对地空气距离满足规程要求	
1.7	仪表室检查	各指示器、切换开关、操作开关元件工作正常	
2	压变柜、避雷器柜检修		
2.1	手车检修	小车或柜检查、清扫、无变形、锈蚀，各紧固处无松动，焊接可靠，接地良好，小车进出灵活。各机械闭锁可靠、电磁锁、带电显示器等良好	
2.2	熔断器检查	熔断器熔管无破损，底座接触紧密良好，相间及对地空气距离不小于125mm	
2.3	压变检查	压变外观清洁，无破损、裂纹，无放电痕迹，安装固定螺钉无松动，铁芯接地良好	
2.4	避雷器检查	避雷器检修参照1.5项避雷器检修	
2.5	仪表室检查	仪表室的检查参照1.7项仪表室的检修	
3	母线室检修	泄压通道胶木、尼龙螺丝完好无异物阻挡或卡死，母排接头接触面搭接平整，无发热现象，螺丝紧固，母排相间及对地空气距离不小于125mm	

反措、缺陷处理及遗留问题说明：

　检修结论填写说明：满足技术要求打"√"；不满足技术要求打"×"并在备注栏进行说明；没有该项目的打"/"。

工作负责人：　　　　　　　　　　　　　　　工作班成员：

24.8 10kV 真空断路器（VD4 厦门 ABB）C 级检修标准化作业

24.8.1 修前准备

（1）检修前的状态评估。

（2）检修前的带电检测和现场摸底。

（3）备品备件、工器具和材料的准备见表 24-7～表 24-9。

表 24-7 备 品 备 件

序号	名 称	规 格	单位	数量	备注
1	分闸线圈		只	1	
2	合闸线圈		只	1	

表 24-8 工 器 具

序号	名 称	规 格	单位	数量	备注
1	通用工具箱		套	1	
2	弯嘴钳	200 mm	把	1	

表 24-9 材 料

序号	名 称	规 格	单位	数量	备注
1	银砂纸	0#	张	3	
2	润滑脂	lsoflex TopasNB52	支	1	kluber（厦门 ABB 厂家供货）
3	润滑剂	二硫化钼	支	2	
4	小毛巾	普通	块	10	

（4）危险点分析与防范措施见表 24-10。

表 24-10 危险点分析与防范措施

序号	危 险 点	预 控 措 施
1	人身触电	确认设备处于检修状态
2	工作中误碰相邻运行设备	注意与相邻运行间隔保持一定的距离； 严禁擅自移动或变更值班员所做的安全措施（安全遮栏，临时围栏等）； 作业过程中注意与相邻带电设备保持足够的安全距离（10 kV）不小于 0.7m
3	移动小车过程中，小车滑落损坏，压伤人体	将手车拉至检修移动台前，检查锁扣是否已锁住手车，要防止锁扣未锁住而滑出跌落； 移动过程中要至少两人配合，防止小车倾倒； 将手车推入柜里"试验位置"后，检查确认联锁杆已锁住手车
4	搬动小车时，受力点位置选择不对，造成设备损坏	将小车从移动平台向地面或从地面向移动平台转移时，严禁将导电臂作为受力支撑点

序号	危　险　点	预　控　措　施
5	机构和开关本体检查时，开关误动伤害人体	检查机构和断路器前，确认断路器处于分闸状态，并释放分、合闸弹簧能量； 插上航空插头前，提醒相关人员，防止电机储能时，伤害工作人员； 必要时工作前先切断储能电源及二次控制电源
6	工作班之间或工作班成员间协调不够，造成人员伤害或设备损坏	二次传动或高压试验工作必须先征得工作负责人同意；二次传动时在断路器上挂断路器传动提示牌，未取下之前严禁检修试验人员对断路器进行任何操作；要操作开关前必须提醒相关人员
7	安全措施未按规定变动或恢复，补充安全措施未及时拆除，造成设备损坏	工作中要变动安全措施必须按相关规定执行； 工作结束将设备（断路器、远方/就地控制开关、储能开关等）恢复至工作许可时状态； 补充安全措施在工作结束后应立即拆除

24.8.2　检修项目及工艺要求

24.8.2.1　断路器本体检测与维护

（1）清扫并检查断路器绝缘支持件、接触面、手车触指等：断路器支持绝缘件表面应无污秽物，无裂纹、无破损。各接触面应无发热迹象，紧固螺丝不松动。手车触指无碰撞变形，无严重电烧损、发热痕迹，镀银层无剥落现象迹象，卡固弹簧良好。

（2）检测触头开距、压缩、触头磨损量（此项在必要时进行）：根据厂家提供的开关使用说明书，在一般性维护时，该项目不做，只在真空灭弧室更换或机构尺寸调整后须做该检测。

（3）固定螺丝、开口销、传动、转动部位检查与润滑：固定螺丝、开口销（或碟形弹簧销）完好，各转动部位无卡滞、严重磨损现象，传动部件无扭曲变形、损坏现象。

（4）航空插头检查：外壳无破损，二次触指片完好，弹性良好，无明显的氧化现象。

（5）绝缘件检查、清扫：各绝缘件无污垢、无破损。

（6）缓冲器检查：缓冲器完好。

24.8.2.2　对操作机构进行检查与维护

1. 脱扣器的检查与维护

（1）检查分、合闸线圈固定螺丝：螺丝不应松动，固定可靠。

（2）检查分、合闸线圈的铁芯是否对准脱扣杆（板）：铁芯中心对准分、合闸脱扣中心。

2. 检查机构内二次接线

二次接线桩头无松动，接触可靠，导线无发热，破损，老化现象。

3. 辅助开关检查

辅助开关应切换正确、到位。辅助接点无毛刺、烧弧现象，接触可靠。各接线端子紧固，接触良好。外壳无破损。

4. 检查各部位螺母、螺钉、轴销，转动动部位润滑

各紧固螺母应无松动；开口销、轴销并全并无严重磨损痕迹。

5. 储能操作检查，电动分合闸操作试验

先手动储能操作无异常后进行电动储能操作；电动储能时间一般不大于 15 s；储能行

程开关切换正确可靠；电动分合闸无异常。

24.8.2.3 其他相关设备及功能的检查与维护

（1）防误闭锁功能检查（电气、机械）：功能完好，闭锁可靠。

（2）紧急解锁装置功能检查：紧急解锁功能完好。

24.8.2.4 扫尾工作

对所有检修项目逐项进行检查，要求无漏检项目，做到修必修好；检查设备上有无遗留物，要求做到工完场清；检查现场安全措施，要求恢复至工作许可时状态；将设备（断路器、远控/就地切换开关等）恢复至工作许可时状态。

24.8.2.5 检修记录卡

检修记录卡见表 24-11。

表 24-11 设 备 检 修 记 录 卡

变电站：_____ 检修日期：_____ 天气情况：_____
设备命名：_____ 设备型号：_____ 出厂编号：_____

序号	检 修 项 目	技 术 要 求	检修结论
1	触头开距（必要时进行）/mm	12 ± 2.0	
2	触头磨损量累计（必要时进行）/mm	不大于 2.0	
3	触头超行程（必要时进行）/mm	$4^{+1.0}_{-1.5}$	
4	绝缘支持件及开关外壳清扫检查	绝缘支持件完好，开关外壳无裂纹，无放电痕迹	
5	小车触指检查清扫	导电部位无发热、变色、放电现象，镀银层无剥落现象迹象，卡固弹簧良好	
6	机构二次接线检查	二次线绝缘良好，搭接可靠	
7	辅助开关及储能行程开关切换检查	外观无破损，切换正确可靠，接触良好，无发热迹象	
8	手动、电动储能动作检查	储能过程无异常，电动储能时间一般不超过 15s	
9	断路器、机构传动部件销、卡检查，转动摩擦部位检查并润滑	各转动摩擦部位无严重磨损，开口销或碟形弹簧安装可靠，滚动或滑动轴承无破损，传动部件无变形、扭曲、损坏现象	
10	分闸脱扣器检查	线圈无发热变色痕迹，绝缘良好 铁芯动作无异常、二次线接头可靠	
11	合闸脱扣器检查	线圈无发热变色痕迹，绝缘良好 铁芯动作无异常、二次线接头可靠	
12	手动、电动分、合闸操作试验	多次分合闸操作均无异常	
13	接地闸刀检查	动作灵活无异常，接地可靠	
14	机械"五防"闭锁装置功能检查	功能正常	

反措、缺陷处理及遗留问题说明：

检修结论填写说明：满足技术要求打"√"；不满足技术要求打"×"并在备注栏进行说明；没有该项目的打"／"。

工作负责人：	工作班成员：

第25章 中置式开关柜检修工艺

本章以西门子8BK20型中置式开关柜为例介绍开关柜的检修工艺。

25.1 产 品 结 构

开关柜系由柜体和可移开部件两大部分组成。柜体结构采用折边立柱。柜体的外壳和各功能单元的隔板均采用优质热镀锌钢板弯制、铆接而成,分隔成手车室、母线室、断路器室、电缆室、低压室,每一单元均接地。铠装式手车柜外壳防护等级符合IP4X的要求,满足"五防"要求。高压部分的顶部装有泄压活门,电缆室底部装有接地铜母线,当手车推入柜内,即能通过接地铜母线可靠接地;断路器室底部左侧还开有二次电缆长方孔,电缆可沿左侧通到低压室,手车室中部两侧装有供手车进出的导轨。

柜体机构见图25-1。

手车由联锁、支架和断路器本体组成,推进机构安装在联锁中部。支架两侧面各装有2个轮子,内装滚珠轴承,使得手车可轻便灵活地推进、拉出。手车分为断路器手车、隔离手车、电压互感器手车、接地手车等。

PT手车由动触头、支撑绝缘子、PT、熔断器、避雷器、放电计数器等元件组成,PT手车如图25-2所示。

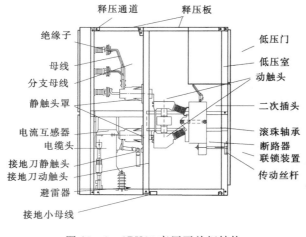

图25-1 8BK20高压开关柜结构

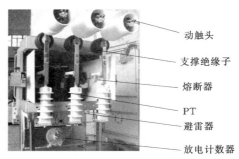

图25-2 PT手车

当需要将母线接地时,有两种方案:如果有母线接地刀,则可使用母线接地刀直接接地;如果开关柜没有母线接地刀,则需要使用专用的接地手车将母线接地。具体操作时,须先将PT手车取出,然后将接地手车置入PT柜内,将接地手车移入工作位置即可完成母线的接地（接地小车上的短接铜排通过手车滑动接地端子与铜排连接到接地铜母线，完成接地）。接地手车与 PT 手车在结构上相类似，其区别是接地小车只有动触头及短接铜排。接地手车及其滑动接地和柜体滑动接地如图 25 - 3～图 25 - 5 所示。

可移开部分的位置开关 SL 的位置如图 25 - 6 所示，接点状态见表 25 - 1。

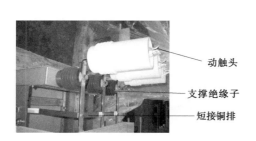

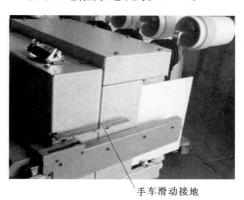

图 25 - 3　接地手车

图 25 - 4　接地手车滑动接地

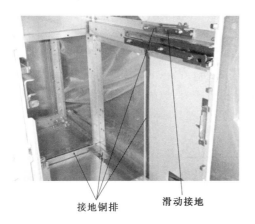

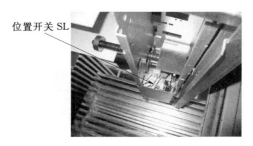

图 25 - 5　柜体滑动接地

图 25 - 6　位置开关 SL 的位置

表 25 - 1　　　　　　　　　　　　　　位置开关的接点状态表

接点号	手车试验位置	手车推进过程	手车工作位置
11 - 12	闭合	打开	打开
21 - 22	闭合	打开	打开
31 - 32	闭合	打开	打开
41 - 42	闭合	打开	打开
13 - 14	打开	打开	闭合
23 - 24	打开	打开	闭合
33 - 34	打开	打开	闭合
43 - 44	打开	打开	闭合

25.2 五 防 联 锁 功 能

防止接地开关在合闸时，开关柜送电。如果接地开关未分闸，则接地开关操作轴上的销子未复位，阻挡联锁板向上，接地开关联锁如图25-7所示，此时钥匙将无法打开断路器推进摇杆的操作孔，推进摇杆操作孔如图25-8所示，使手车无法摇进到工作位置。

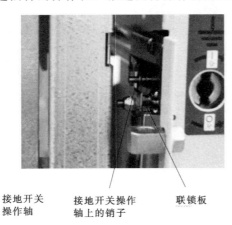

接地开关　　　接地开关操作　　　联锁板
操作轴　　　　轴上的销子

图25-7　接地开关联锁

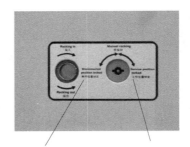

手车推进摇杆　使用钥匙来控制手车推进摇杆操作
操作孔　　　　孔盖板的开闭（如果接地刀合闸，
　　　　　　　则盖板无法打开）

图25-8　推进摇杆操作孔

防止带电合接地开关。只有当断路器手车处于试验位置，且电缆头处无电时，接地刀操作孔盖板才能被打开，然后才能将接地刀操作手柄插入，操作接地刀。接地刀操作如图25-9所示。

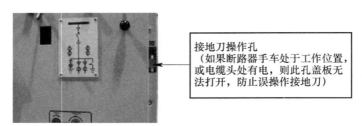

接地刀操作孔
（如果断路器手车处于工作位置，
或电缆头处有电，则此孔盖板无
法打开，防止误操作接地刀）

图25-9　接地刀操作

防止误入带电间隔：

（1）如果是机械联锁，则当接地开关分闸时，后门即被接地刀轴延长杆端部的连件卡住，防止误操作打开电缆室门。

（2）如果是电磁联锁，则当接地刀分闸时，电磁锁失电，从而无法打开柜后门。

防止带负荷推拉可移开部件。当手车处于合闸位置时，断路器主轴上的挡块阻止联锁顶杆上升，断路器合位联锁如图25-10所示，此时钥匙将无法打开断路器推进摇杆操作孔，使手车无法进行推拉操作。当断路器手车处于工作位置时，高压门通常不能被打开。如果在紧急情况下要强制打开高压门，可通过高压门紧急解锁装置开门，紧急解锁孔如图

25-11 所示。

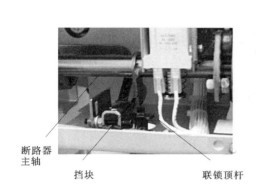

断路器
主轴
挡块 联锁顶杆

图 25-10 断路器合位联锁

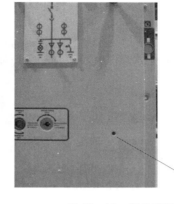

紧急解锁孔

图 25-11 紧急解锁孔

紧急解锁使用方法：使用 4mm 内六角扳手，顺时针方向向内旋，直至内部内六角小螺栓和门锁销脱落，然后按常规方法开门。恢复时，需将紧急解锁孔内拧下的内六角小螺栓和门锁销再装回原处即可。

防止可移开部件在移动过程中合闸。当手车处于移动过程时，联锁顶杆（见图 25-10）上升，与其同步的防止合闸顶杆也同时上升，顶住与合闸棘爪同步的连杆，阻止合闸机构动作（包括机械合闸和手动合闸），从而防止断路器误合闸。断路器防误合联锁如图 25-12 所示。

当二次插头未插上断路器时，高压门将无法关上，从而无法将断路器从试验位置推进到工作位置。二次插件如图 25-13 所示。

与合闸棘爪同步的连杆 防止合闸顶杆

图 25-12 断路器防误合联锁

芯触头未插时，高压门会被此零件阻挡

图 25-13 二次插件

25.3 维 护 周 期

一般情况下，开关柜和真空断路器手车要一起进行停电维护检查。开关柜在正常运行环境条件下，可每 5 年进行一次常规维护；若环境中有过多灰尘、潮湿或污秽，则维修保养工作的周期应缩短。

临时性维护。出现下列情况之一时，应退出运行，进行维护。

（1）出现绝缘不良、放电、闪络或击穿时。

（2）开关柜柜内元器件损坏时。

（3）开关柜出现活门、接地杆联锁卡滞现象时。

（4）出现其他影响安全运行的异常现象时。

25.4 维护检查的项目

25.4.1 "五防要求"

检查确认 8BK20 开关柜的五防联锁功能是否符合"五防"要求。

25.4.2 手车室

手车室的维护检查项目：

目测检查。

检查行程开关 SL 的触点。

检查手车触头的啮合深度，必须在主母线室和馈线室都停电的情况下进行。

清洁触头，检查触头的紧固情况，并在触头上重新涂黑色润滑油脂；必须在主母线室和馈线室都停电的情况下进行。

检查活门联锁机构是否可靠，并对活门机构进行清洁和润滑，必须在主母线室和馈线室都停电的情况下进行。

对导轨进行清洁和润滑。

对滑行接地进行清洁，并涂黑色润滑油脂。

对不是长期通电的加热器，检查其工作是否正常。

对手车位置与二次插头联锁进行检查并清洁。

25.4.3 手车

手车的维护检查项目：

目测检查。

对手车一次触头进行清洁，并涂黑色润滑油脂。

检查导电回路的连接是否紧固。

测量手车触头间的距离。

对手车滑行接地片进行清洁，并涂黑色润滑油脂。

对手车滑轮进行清洁和润滑。

检查推进机构的功能。

清洁绝缘件。

检查推进机构与断路器合分闸间的联锁是否可靠。

3AF 及 3AH 真空断路器的维护检修按断路器的作业指导书进行。

25.4.4　母线室

母线室的维护检查必须在主母线停电情况下进行，其维护检查项目有：

目测检查。

清洁绝缘件及母线。

检查母线连接螺栓。

25.4.5　电缆室

电缆室维护检查必须在电缆室停电及接地开关合闸情况下进行，其维护检查项目有：

目测检查。

清洁绝缘件。

检查母线连接螺栓。

检查接地闸刀的功能，对接地闸刀的触头进行清洁，对接地闸刀的传动部分和联锁部分进行清洁并涂黄色润滑油脂。

按电流互感器的技术要求对电流互感器进行相应的试验和维护。

对不是长期通电的加热器，检查其工作是否正常。

25.4.6　低压部分

低压部分维护检查项目：

目测检查。

检查二次导线连接。

按继电保护的技术要求进行相应的检查和试验。

25.5　维护工艺及质量标准

25.5.1　目测检查

目测检查主要是观察开关柜内有无其他杂物；开关柜的间隔密封及内部的清洁状况；绝缘件表面的完好状况；导电体是否有因过热而引起的表面变色或变形；各传动联锁部分是否有变形现象；触头接触状况；静、动触头上是否有烧损，如果有烧损应更换；动触头上的弹簧是否挂紧（检查其间距是否均匀）。

25.5.2　清洁

对绝缘件的清洁一般用干净的布擦拭，必要时可用少量的酒精。对传动结构件先用干布将原有油脂擦拭干净，必要时可用少量的酒精或其他无腐蚀性、不易燃的清洗液清洁。对触头的清洁可用干净的布擦拭，必要时可用少量的酒精。

25.5.3 润滑

润滑可直接用小号漆刷将黄色润滑油脂涂在需润滑的传动结构件上。在触头上用手指涂上少量黑色润滑油脂，涂抹应均匀。

25.5.4 螺栓紧固力矩的检查

对不同规格的螺栓，用力矩扳手检查螺栓是否松动。要求每一个螺栓都必须按照规定的力矩旋紧：M12 螺栓，旋紧力矩 70Nm；M10 螺栓，旋紧力矩 40Nm。

25.5.5 手车的检查

当手车在试验位置时，检查断路器是否能可靠合分闸，接地开关是否能正常操作。在工作位置时，二次插头必须保持良好接触，并且不能被拔出，断路器能可靠电动/手动合分闸，接地开关不能操作。

25.5.6 联锁装置的检查

检查手车在试验位置和工作位置之间移动时，断路器应处于分闸状态，接地开关不能合闸。

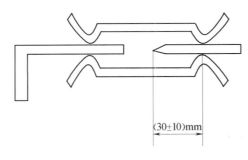

(30±10)mm

图 25-14　手车触头的啮合深度

25.5.7 手车触头的检查

检查触头中心距。其尺寸应满足：相间（210±2）mm。手车触头的啮合深度为（30±10）mm，如图 25-14 所示。测量方法为：在静触头上涂少量黑色润滑油脂，按操作说明将手车推至运行位置，再将手车拉出柜外，然后测量手车动静触头啮合时留在静触头上的压痕。必须在母线侧和馈线侧停电情况下检查。

25.5.8 接地操作杆的检查

将接地刀手柄插入接地刀操作孔，在 90°范围内作顺时针和逆时针旋转，各部分应旋转灵活，不得有卡滞现象。接地开关合上时应可靠接触。手柄未转到位时，接地刀操作手柄应无法取出。

25.5.9 活门联锁机构的检查

要求活门机构能够开关自如，活门应左右平衡上下作升降运动。当打开活门时，触头暴露；活门复位时，触头盒被遮盖。对活门导杆和轴套等进行清洁和润滑。活门传动杆和活门打开机构如图 25-15 和图 25-16 所示，在手车推进开关柜前，必须将活门关闭，否则将引起设备损坏。必须在母线侧和馈线侧停电情况下检查。

25.5.10 行程开关的检查

当断路器在试验位置时，SL 辅助开关状态与图纸所示状态相同；当断路器在中间位置时，SL 所有节点打开；当断路器在工作位置时，SL 辅助开关状态翻转。

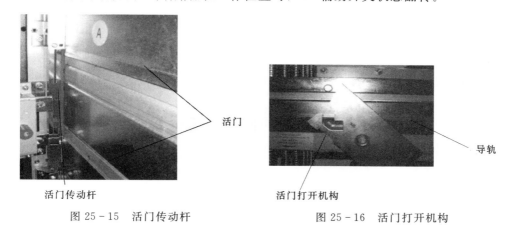

图 25-15　活门传动杆　　　　　图 25-16　活门打开机构

25.5.11 接地装置的检查

对柜内的接地回路进行检查，保证柜中接地母线可靠接地。

25.5.12 主回路电阻的测量

按照图 25-17 接触电阻测量点示意图所示，对主回路电阻进行测量。测量值应符合出厂资料的要求。

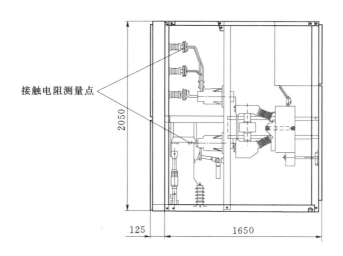

图 25-17　接触电阻测量点示意图

25.5.13 收尾工作

（1）检查是否有工具或异物遗留在柜内。

（2）按程序盖好母线室释压通道盖板、母线室盖板及电缆室盖板。

（3）关上电缆室门（如果有门）或盖板。

（4）确认活门已关闭。

（5）推入可移开部分，并将开关柜恢复到维护前的状态。

（6）清理现场，清点工具。

25.6 可能发生的问题及其处理方法

可能发生的问题及其处理方法见表 25-2。

表 25-2　　　　　　　可能发生的问题及其处理方法

序号	问题描述	问题原因	处理方法
1	断路器不能电动合闸	1. 二次插未插上； 2. 二次控制回路接线松动； 3. 断路器未储能	1. 插上二次插头； 2. 将有关松动的接头接好； 3. 手动或电动储能
2	断路器不能合闸	1. 手车未到位，处于试验位置和工作位置之间； 2. 断路器推进操作孔钥匙未拿下	1. 把手车摇到试验位置或工作位置； 2. 取下钥匙
3	手车推不到工作位置或无法打开断路器推进操作孔盖板	1. 活门未关闭； 2. 接地开关未分闸； 3. 断路器未分闸	1. 取出断路器，将活门关闭； 2. 把接地开关分闸； 3. 把断路器分闸
4	手车无法从工作位置摇出	断路器未分闸	把断路器分闸
5	手车在试验位置无法拉出柜外	联锁销未打开	将联锁销提起并向外旋出
6	接地开关合不上	1. 手车在工作位置； 2. 电缆头带电； 3. 接地开关操作手柄未插到底	1. 把手车摇到试验位置； 2. 检查电缆头带电原因并解除； 3. 将接地开关操作手柄插到底
7	PT、CT 耐压击穿	1. 外壳受损； 2. 绝缘不良	更换 PT、CT
8	带电显示器灯不亮	1. 传感器击穿； 2. 带电显示器故障	1. 更换传感器； 2. 更换带电显示器
9	电磁锁不会合	电磁锁故障	更换电磁锁
10	CT 二次侧无信号	1. CT 二次短接线未解除； 2. 连接线或连接不良	1. 解除二次短接线； 2. 确保连接线及连接良好

第26章 中置式开关柜常见故障原因分析、判断及处理

26.1 高压开关柜缺陷类型

（1）断路器电气回路缺陷：不能电动分闸，不能电动合闸，不能储能。主要原因为电气部件损坏。

（2）断路器机械部分缺陷：断路器电气部分完好，但不能正常动作，主要原因为机械调整不到位或者机械卡涩。

（3）防误装置缺陷："五防"装置缺陷，不能达到应有的闭锁效果。

（4）其他部件缺陷：绝缘部件、母线、电缆、避雷器、互感器等。主要原因为各部件存在问题，接触面接触不良等。

26.2 开关柜缺陷处理要求

（1）对高压开关柜进行缺陷处理时，尽量避免带电检查，确实需要带电检查时应做好必要的防护措施。

（2）必须正确地判断缺陷部位后才能进行处理。

（3）更换缺陷部件前应做好相应标记，防止变位或者接线错误。

（4）使用表计和仪器时，需注意功能和量程，以及断路器的状态。

（5）缺陷处理结束后，一定要进行自验收，清理作业现场，防止遗忘工具和材料。

26.3 典 型 缺 陷

26.3.1 断路器部分

中置柜断路器发生缺陷时，如在工作位置拒分，则应将母线及线路改检修状态，在母线及线路上各挂一组接地线，强行分闸后查询原因。如为其他异常，则应将断路器改检修状态，将断路器拉出柜外，柜门加锁，查找原因。

（1）闭锁回路。

现象：

闭锁线圈不吸合，或者控制电源跳开。

原因：

1）闭锁线圈损坏。

2）闭锁回路整流板击穿。

3）闭锁回路辅助开关损坏。

处理：

1）用万用表电阻档测量闭锁线圈阻值，如损坏则阻值不正常，更换闭锁线圈。

2）检查整流板是否有击穿痕迹。如损坏则更换整流板。

3）查看闭锁线圈回路辅助开关是否切换正常，可手动使其动作，用万用表蜂鸣功能进行查证，损坏则更换辅助开关，如为机械原因未切换可调整机械行程。

（2）合闸回路。

现象：

不能电动合闸。

原因：

1）合闸线圈损坏。

2）合闸回路整流板击穿。

3）合闸回路辅助开关损坏。

4）断路器辅助开关未切换或节点不正常。

处理：

1）用万用表电阻档测量合闸线圈阻值，如损坏则阻值不正常，更换合闸线圈。

2）检查整流板是否有击穿痕迹，损坏则更换整流板。

3）查看合闸回路辅助开关是否切换正常，可手动使其动作，用万用表蜂鸣功能进行查证，损坏则更换辅助开关，如为机械原因未切换可调整机械行程。

4）检查断路器辅助开关是否切换，用万用表检查合闸回路所使用的节点是否已切换，如损坏则需更换辅助开关。

（3）分闸回路。

现象：

不能电动分闸。

原因：

1）分闸线圈损坏。

2）分闸回路整流板击穿。

3）分闸回路辅助开关损坏。

4）断路器辅助开关未切换或节点不正常。

处理：

1）用万用表电阻档测量分闸线圈阻值，如损坏则阻值不正常，更换分闸线圈。

2）检查整流板是否有击穿痕迹，损坏则更换整流板。

3）查看分闸回路辅助开关是否切换正常，可手动使其动作，用万用表蜂鸣功能进行查证，损坏则更换辅助开关，如为机械原因未切换可调整机械行程。

4）检查断路器辅助开关是否切换，用万用表检查分闸回路所使用的节点是否已切换，如损坏则需更换辅助开关。

（4）储能回路。

现象：

1）储能空开跳开。

原因：

储能电机短路、储能整流板（如有）短路。

处理：

更换储能电机，更换整流板。

2）储能电机不转。

原因：

储能电机断路，整流板（如有）断路，储能辅助开关未闭合。

处理：

更换储能电机，更换整流板。检查辅助开关动作情况，如为机械行程原因，则调整机械行程，如为辅助开关自身原因，则更换辅助开关。

3）储能电机不停转。

原因：

储能完成后储能辅助开关未断开，储能输出机械部件损坏，导致电机不能带动弹簧储能。

处理：

检查辅助开关动作情况，如为机械行程原因，则调整机械行程，如为辅助开关自身原因，则更换辅助开关。检查机械部件，如有损坏则更换相应机械部件。

（5）机械原因。

现象：

电气元件均正常，断路器不能正常动作。

原因：

1）扣接量不合适，或者行程尺寸调整不当。

2）机械卡涩。

3）机械部件变形。

处理：

1）测量各部位机械尺寸是否合适，必要时调整（如非线圈行程原因，建议由厂家技术人员进行调整）。

2）各部位添加润滑脂。

3）更换机械部件。

26.3.2 柜体部分

中置式开关柜柜体发生缺陷后，应根据缺陷类型和缺陷部位，确定停电方式和停电范围，布置相应的安全措施后进行处理。

（1）过热。

现象：

电气接触部位温度过高。

原因：

接触部位接触不良，接触电阻过大，或者负荷过大。

处理：

对过热部位接触面进行处理，如为负荷过大原因则应进行扩容。

（2）避雷器等电气元件损坏。

处理：

更换相应的电气元件

（3）防误闭锁装置缺陷。

现象：

1）接地闸刀在合闸位置，断路器能从试验位置进入工作位置，或者断路器在工作位置，能操作接地闸刀。

2）断路器手车不能进入工作位置。

3）断路器在试验位置，线路不带电，接地闸刀闭锁板不能按下。

原因：

1）接地闸刀带动的柜体导轨连锁机构与底盘车上连锁板存在机械配合问题，不能起到应有的闭锁作用。

2）断路器手车舌片变形。不能正常动作，闭锁底盘车内丝杠，阻止底盘车运动。

3）带电显示器故障，或者接地闸刀闭锁线圈损坏。

处理：

1）检查地刀操作连杆与柜体断路器室侧面导轨上的连锁机构是否脱开，导致两者不能相互配合（需将下柜门打开，拆除侧板后才能观察），如脱开，应重新连接，视脱开部位采取相应的安全措施后进行处理。

2）调整断路器手车上的舌片，使其能正常动作。

3）更换带电显示器或者接地闸刀闭锁线圈。

26.4 现 场 案 例

1. ××变电站 10kV 开关小车拉不出

图 26-1 所标闭锁舌片起到开关小车和地刀相互闭锁作用，当地刀处于合闸位置时，闭锁开关小车，使其仅能在试验位置而无法推入至工作位置。检修过程中共发现 6 台开关小车由于闭锁舌片变形而拉出不出，另有 7 面开关柜内此闭锁舌片变形起不到闭锁作用。将舌片进行更换后缺陷消除。

2. ××变电站 10kV 开关柜过热

检查发现开关母线侧 B 相触头外绝缘颜色变深，连接铜排过热表面发蓝，触头热缩套严重变形，初步判断过热在动静触头结合处。检修人员继续检查相应的开关柜内静触头。

触头固定方式如图 26-2 所示，固定螺栓 5 颗，一颗是 M22 内六角全螺纹，四颗为 M10 内六角，螺栓长度为 75mm。五颗螺栓将静触头固定在触头盒内，触头盒内螺纹

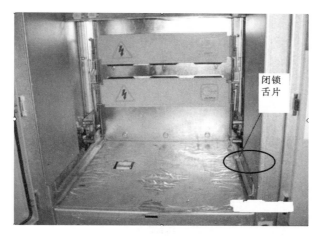

图 26-1 小车地刀闭锁舌片

35mm，静触头厚度 20mm，双铜排厚度 20mm。

图 26-2 触头固定方式

打开关柜后柜门，拆开母线室封板，发现触头盒内铜排严重过热，热缩套烧焦，热量一直传导至母线。因此可以断定发热点在静触头上。设备过热如图 26-3 所示。

将静触头拆下，发现 M10 内六角固定螺栓螺纹根部有损伤的情况，通过尺寸测量，螺栓长度为 75mm，其中旧螺栓螺纹只有 30mm，无螺纹部分的螺杆长达 45mm，而触头盒内螺纹 35mm，静触头厚度 20mm，双铜排厚度 20mm，所以，原螺栓无法起到紧固静触头的作用。将螺栓进行更换后缺陷消除。图 26-4 为螺栓对比，上部为旧螺栓，下部为新螺栓。

3.××变电站 10kV 开关炸毁

情况如下：1 号主变 10kV 插头柜内 B 相主变侧触头盒烧损，插头小车对应 B 相上触头同样存在烧损情况，未对处于柜体下侧的 TA 和仪表室内的二次小线造成损伤。

事故原因分析：手车与柜体各种加工误差的积累引起操作的不到位或局部变形，引起触头接触部位接触电阻增大造成温度升高过热，最终引起烧毁外绝缘发生内部接地故障。更换抽头手车及套管后缺陷消除。炸毁的插头小车如图 26-5 所示，炸毁的触头盒如图

26－6所示。

图 26－3　设备过热

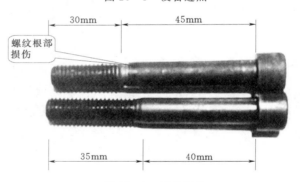

图 26－4　螺栓对比

图 26－5　炸毁的插头小车

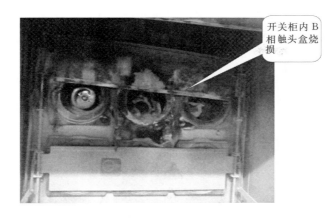

图 26-6　炸毁的触头盒

4.××变电站开关柜安装误差

验收人员对开关小车进行了相关闭锁功能以及小车摇进摇出动作检查，发现部分开关摇进摇出存在问题，由于此问题存在普遍性，验收人员将小车拉出柜外，检查开关柜本体，发现控制开关静触头活门的剪刀撑已发生变形，活门挡板机构如图 26-7 所示。活门挡板机构与小车配合示意如图 26-8 所示。

图 26-7　活门挡板机构

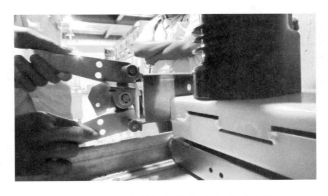

图 26-8　活门挡板机构与小车配合示意

原因为开关小车上的挡板与剪刀撑之间机械配合不良，导致剪刀撑变形。此问题的存在将严重威胁设备的正常运行，会导致开关小车不能在试验位置与工作位置之间正常切换。调整挡板与剪刀撑配合尺寸后缺陷消除。

5. ××变电站地刀铸铝块损坏

××间隔线路地刀无法分闸，检修人员到现场后发现，起到限位功能的操作杆铸铝块断裂，开关柜型号为 KYN，损坏的铸件如图 26-9 所示。

图 26-9　损坏的铸件

操作杆铸铝块断裂，是由于在操作人员在合闸地刀的过程中，操作杆反向转动，强行把地刀合上，从而导致限位铸铝块损坏，从而导致缺陷的发生。更换铸件后缺陷消除。地刀操作方向示意如图 25-10 所示。

6. ××开关不能储能

（1）储能电机持续动作，开关不储能。

此缺陷常见于 VD4/M 型开关，原因极可能为电机输出轴连接螺栓断裂，更换螺栓即可。VD4/M 电机输出轴连接螺栓如图 26-11 所示。

图 26-10　地刀操作方向示意

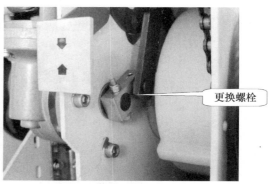

图 26-11　VD4/M 电机输出轴连接螺栓

（2）储能电机持损坏，更换储能电机。

VD4/M 开关储能电机更换步骤：

1）将储能电机电源线从辅助开关上拆除并做标记，VD4/M 电机电源线如图 26 - 12 所示。

2）拆除图 26 - 11 中储能电机输出轴螺栓。

3）拆除电机固定螺栓。VD4/M 电机固定螺栓如图 26 - 13 所示。

图 26 - 12　VD4/M 电机电源线

图 26 - 13　VD4/M 电机固定螺栓

4）以相反顺序装配新的储能电机。西门子 3AH 开关储能电机更换步骤：

①将储能电机前方部件拆除。②拆除储能电机。③以相反顺序装配新的储能电机。

3AH 开关电机前方部件如图 26 - 14 所示。通用 GE 开关储能电机更换方法与西门子 3AH 类似。

7. ××开关控制回路断线

原因为控制回路某处断开，较大可能为分、合闸线圈烧毁。

VD4/M 开关线圈更换步骤：

（1）拆除整流板。

VD4/M 开关整流板如图 26 - 15 所示。

（2）更换相应线圈。

（3）以相反顺序逐一复装。

图 26 - 14　3AH 开关电机前方部件

通用 GE、西门子 3AH 开关线圈更换较简单，其中 3AH 分闸线圈、GE 合闸线圈更换拆除前方部件后更换较为方便。

8. ××开关控制回路断线

经检查，之前出现过两次控制回路断线故障，均由于微动开关线头虚接，导致线头接触不可靠引起。检修人员检查后发现合闸回路不通，经仔细排查，发现合闸闭锁线圈所控制的微动开关线头接触不良（导线内部导电部分已断，但是外部绝缘未断），导致缺陷时

(a)整流板正面　　　　　　　　　　　　　(b)整流板背面

图26-15　VD4/M开关整流板

有时无，极其隐蔽。现场对线头处理后用电烙铁将其焊接在微动开关上，缺陷消除。开关控制回路断线部位如图26-16所示。

此线头应接在微动开关上，现已断裂

图26-16　开关控制回路断线部位

9.××变电站开关柜五防失灵

检修人员一次设备巡检中，发现××变10kV开关室内10kV KYN柜五防功能存在安全漏洞，其中1号电容器开关柜地刀孔卡板不能复归，可能引起带负荷合地刀情况，存在严重安全隐患。开关柜五防闭锁失效如图26-17所示。

1号电容器开关在工作位置，地刀处于断开位置，闭锁孔卡板不能复归，地刀失去五防保护。

在开关柜手车摇孔，地刀操作孔（红圈标示）处加挂五防锁，避免误操作事故发生。开关柜需加装五防锁如图26-18所示。

引起此缺陷的原因为中置柜地刀操作连杆与闭锁连杆的连接部位卡簧脱落，导致两部件脱开。将地刀操作连杆与闭锁连杆重新连接并固定，使其可靠动作，闭锁功能恢复。闭锁失效原因如图26-19所示。闭锁连杆如图26-20所示。地刀拉开时闭锁连杆状态如图26-21所示。地刀合上时闭锁连杆状态如图26-22所示。

闭锁板失效,地刀操作孔处于长期打开状态,随时能操作(开关在工作位置可能引起带负荷合地刀)

图 26-17 开关柜五防闭锁失效

图 26-18 开关柜需加装五防锁

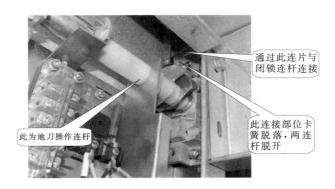

通过此连片与闭锁连杆连接

此连接部位卡簧脱落,两连杆脱开

此为地刀操作连杆

图 26-19 闭锁失效原因示意图

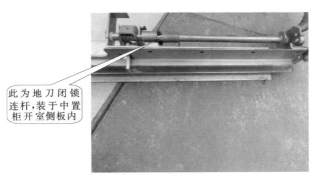

此为地刀闭锁连杆,装于中置柜开室侧板内

图 26-20 闭锁连杆

图 26-21　地刀拉开时闭锁连杆状态

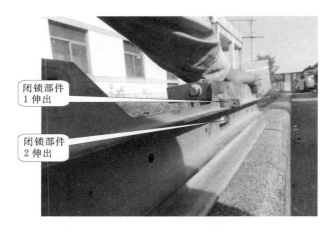

闭锁部件
1 伸出

闭锁部件
2 伸出

图 26-22　地刀合上时闭锁连杆状态

连杆脱落将导致地刀在合位时闭锁部件 1 与闭锁部件 2 仍保持在图 26-21 状态，不能对小车产生应有的闭锁作用。闭锁部件工作原理如图 26-23 所示。

地刀合上时
闭锁部件2将
此舌片顶入，
使手车不能
摇动

地刀合上时
闭锁部件1
伸出挡住此
部位，使小
车不能进入
工作位置

图 26-23　闭锁部件工作原理

10. ××变电站带电显示装置故障

××变电站 10kV 多条线路间隔带电显示装置故障。现象为带电显示灯不亮。变电站 10kV 开关室内开关柜上带电显示装置绝大多数已出现灯不亮的故障，而线路实际带电。

带电显示装置灯显示不正常将直接影响运行监视，给运行人员巡视带来不便。更重要的是该带电显示装置带地刀闭锁功能，通过该装置的验电功能，检验线路是否带电，如果线路停电，则解锁灯亮，地刀闭锁解除，便能合上线路接地闸刀。带电显示装置故障则导致不能根据线路带电情况正确动作，影响线路接地闸刀操作。带电显示器正常情况如图 26-24 所示。带电显示器故障情况如图 26-25 所示。

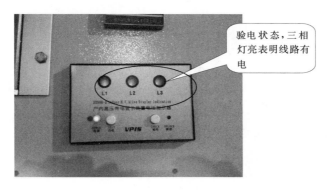

图 26-24　带电显示器正常情况

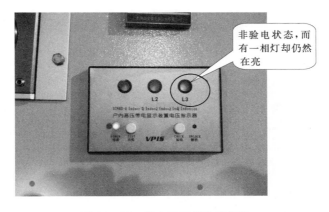

图 26-25　带电显示器故障情况

图 26-24 是表明带电显示装置检测带电线路时的状态，当线路有电时三相灯应全亮，当取消验电时三相灯应全灭。而图 26-25 显示的则是非验电状态，正常情况下应是三相灯全灭，而此却仍有一相灯在亮，导致运行人员误判断。

据了解，该故障原因为生产厂家使用的内部元器件裕量不足，导致元器件击穿烧毁，引发指示不准确或解锁功能失效故障，应对本批次带电显示器统一进行更换处理。

附录　常见开关机构图

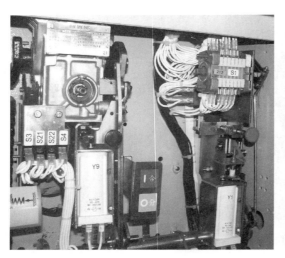

附图 1　西门子 3AH5 操作机构

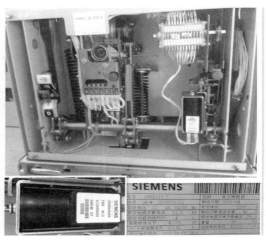

附图 2　西门子 3AH2 型操作机构

附图 3　ABB VD4/M 型操作机构

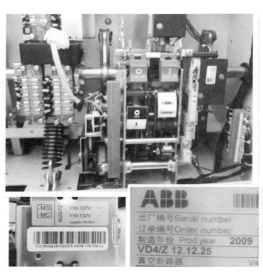

附图 4　ABB VD4/Z 型操作机构

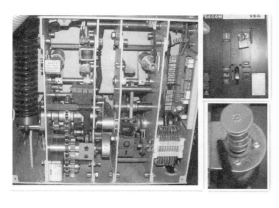

附图 5　VEG 型操作机构

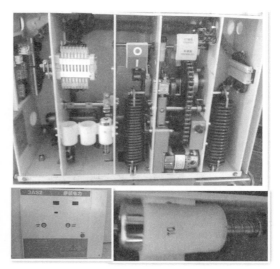

附图 6　伊顿电力 3AS2 型操作机构

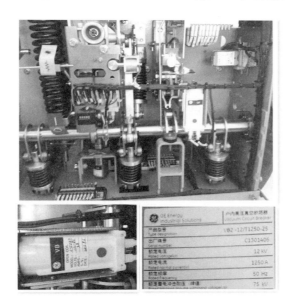

附图 7　GE VB2 型操作机构

参 考 文 献

［1］ 雷玉贵．变电检修［M］．北京：中国水利水电出版社，2006．
［2］ 王树声．变电检修［M］．北京：中国电力出版社，2010．
［3］ Q/GDW－11－35.7－2011.110kV 六氟化硫断路器（3AP1FG）C 级检修现场作业指导书［S］．
［4］ Q/GDW171—2008.《SF₆ 高压断路器状态评价导则》［S］．北京：中国电力出版社．
［5］ 国家电网公司运维检修部．国家电网公司十八项电网重大反事故措施［M］．北京：中国电力出版社，2007．
［6］ DL/T639—1997.六氟化硫电气设备运行、试验及检修人员安全防护细则［S］．北京：中国电力出版社，1997．
［7］ DL/T595—1996.六氟化硫电气设备气体监督细则［S］．北京：法律出版社，1996．
［8］ 郭贤珊．高压开关设备生产运行实用技术［M］．北京：中国水利水电出版社，2006．
［9］ 苑舜，崔文军．高压隔离开关设计与改造［M］．北京：中国电力出版社，2007．
［10］ Q/GDW－11－37.1－2011 GW4 型闸刀 C 级检修现场作业指导书［S］．
［11］ Q/GDW 450—2010《隔离开关和接地开关状态评价导则》［S］．